WIN WIN
하는
해외인프라건설

WIN WIN하는 해외인프라건설
THE KEY TO SUCCESS IN OVERSEAS INFRASTRUCTURE PROJECT

초판 1쇄 발행 2023년 2월 15일

지은이 김원규
저자 이메일 overlimits2gether@gmail.com
펴낸이 장길수
펴낸곳 지식과감성#
출판등록 제2012-000081호

교정 한장희
디자인 정슬기
편집 정슬기
검수 주경민, 이현
마케팅 정연우

주소 서울시 금천구 벚꽃로298 대륭포스트타워6차 1212호
전화 070-4651-3730~4
팩스 070-4325-7006
이메일 ksbookup@naver.com
홈페이지 www.knsbookup.com

ISBN 979-11-392-0916-7(13530)
값 20,000원

- 이 책의 판권은 지은이에게 있습니다.
- 이 책 내용의 전부 또는 일부를 재사용하려면 반드시 지은이의 서면 동의를 받아야 합니다.
- 잘못된 책은 구입하신 곳에서 바꾸어 드립니다.

지식과감성#
홈페이지 바로가기

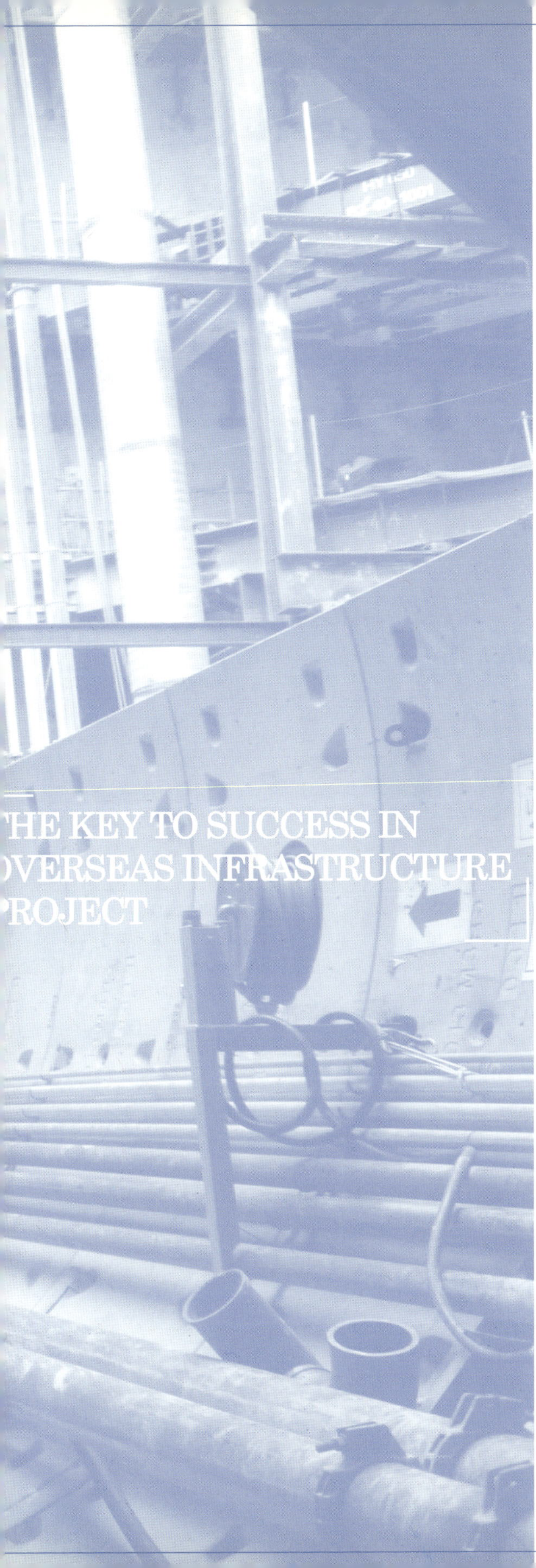

THE KEY TO SUCCESS IN OVERSEAS INFRASTRUCTURE PROJECT

WIN WIN

하는 해외인프라건설

Overseas
Infrastructure
Construction

김원규 지음

지식과감성#

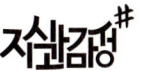

Projects와 회사에서
함께한 동료들을 기억하며...

먼 길을 왔다.
차근차근 걸어서, 구석구석 살펴보면서...

일하는 시간은 사람이 발전하는 시간이다.

졸업 후 설계 회사에서 5년, 그리고 시공해 보겠다고 건설 회사로 넘어가 해외로 진출하고 O&M 조직인 KORAIL에 몸담았다가 현재는 해외 감리로 일하고 있다.

지나온 길을 뒤돌아보며 해외 건설을 향해 걸어오고 있는 이들에게 도움이 될 만한 책 한 권을 남길 생각을 했다.
학계 혹은 연구직에 있는 사람들에게 책 한 권 쓰기가 대수롭지 않은 것이겠지만, 시중에 나와 있는 해외 건설 관련 서적 99%가 책상에 앉아 있던 분들이 내놓은 책이고 현장을 뛰며 땀을 흘렸던 기술자들의 책이 희귀한 현실을 보면 쉬운 일로 생각되지는 않는다.
시공 일선에서 일했던 분들이 남긴 책들도 에피소드 위주여서 해외 건설 참여를 마음에 두고 있는 기술자들에게 실질적인 도움을 제공하기는 어려워 보였다. 이것이 해외 건설을 마음에 두고 있는 기술자가 참고할 만한 책을 만들어 봐야겠다고 달려든 계기가 되었다.

Project마다 다른 시공 환경과 조건에 따라, 다른 시공 과정과 결과를 만들어 내고 이러한 사항들이 Feedback되어 어떤 사항을 고려하여 어떻게 Project를 계획해야 하는지 방법론이 정립되어 발전하고 있다. 즉, 계획은 이미 수행된 시공 과정과 결과를 토대로 하고 있다.
그러므로 계획이 Project의 성공을 이끄는 Key라는 생각에서 해외 건설의 계획과 준비를 주제로 책의 내용을 구성하였다.

내가 걸어온 길

한양대 토목공학과 졸업

한국종합기술개발공사에서 5년
- 한강 종합개발 공사
- 중부고속도로 건설 공사

유원건설에서 10년
- 국내 공사 견적, 현장 관리
- 울산공업용수 도수터널 공사
- Casecnan Hydropower Project in Philippines
- 용담댐 도수터널 공사

GS건설에서 16년
- 홍성-갈산 국도 건설 공사
- Ahmedabad-Vadodara Expressway Lot 2 in India
- TanSonNhat-BinhLoi Road Project in HoChiMinh City, Vietnam
- CEO실 해외 인프라 담당
- Hani-HiPhong Expressway Project Package 7 in Vietnam
- Manila LRT Line 1 South Extension Project Design-Build 입찰
- 해외공사 관리/견적/영업

고려개발 2년
- 해외 Project 수주 활동

한국철도공사(KORAIL) 2년
- Saudi Arabia Riyadh Metro Operation & Maintenance Project 입찰 총괄

㈜ 유신 현재 Team Leader for Torrington and New Mutwal Tunnel Project in Colombo, Sri Lanka

CONTENTS

먼 길을 왔다. 차근차근 걸어서, 구석구석 살펴보면서...	6

들어가며 (PREFACE)

우리는 Engineer다	12
Project 성공 요인으로 계획의 중요성이 커지고 있다	15
해외 건설은 왜 해야 하나?	17

1장
개인 경험 지식 자산 관리
(PERSONAL EXPERIENCE AND KNOWLEDGE MANAGEMENT)

현장에서 Project가 이루어진다	23
Book Smart vs Street Smart	28
경험 기록관리 "기록되지 않은 것은 존재하지 않는 것이다"	33
Project 기록으로 남겨야 할 사항은 어떠한 것일까?	40
Rapport with Project Participants	43
시공 Data는 어떻게 활용될까?	46
실패를 기억하지 않는 한국의 건설	50
기술 정보의 수집	51
새내기 기술자에게 알려 주고 싶은 건설 정보 수집(Data Mining) 방법	54
Personal Knowledge Management with System	83
Construction Knowledge Management	87
Personal Experience and Knowledge Management의 효용성	92

2장
CONSTRUCTION PLANNING AND SCENARIO SIMULATION

Prediction and Prevention NOT Recognition and Reaction	96
Project 정보 수집	100
자료 분석	117
Basic Plan	121
Scheduling	125
Scenario Simulation	134
Optimum Plan : 최선책 확정	158
급속 시공 (Rapid Construction)	159
계획 수립은 Team 구성원 Consensus가 중요하다	162
시공 Schedule의 종류	164

3장
COST ESTIMATION

기술과 비용은 한 몸과 같다	166
Project Cost 구분	169
Project 비용 산정에 영향을 미치는 일반적인 요소들	173
견적 작업 절차	180
수량 산출(Quantity Takeoff)	187
단가(Unit Price) 산출	192
간접공사비(현장 관리비, Indirect Cost)	215
Contingency	237
본사관리비(Overhead Cost)	242
이윤(Profit)	243
어떻게 Project에서 손실이 발생하는지 알아 두자(Cost Overruns on Project)	251

4장
MOBILIZATION

Mobilization이 반이다	258
Mobilization 중 해야 할 일들	261
IT 활용	272
Mobilization 중 주요 업무	274
Mobilization 중 명심해야 할 사항 2가지	278

5장
TO BE A SUCCESSFUL PROJECT MANAGER

Project Manager는 CEO다	283
Project Team 역량 구축에 최선을 다하라	285
존중하는 Leadership 자세를 보여 주자	288
Project 참여자, 관계자와의 소통 Channel을 열어라	289
P3 리포트에 익숙해져라	292
안전과 품질에 신경 써라	294
Project Manager must look out for everyone's future	295
Project에 문제 발생 가능성을 알리는 Warning Sign을 간과치 마라	296

6장
한계를 넘어서 (BEYOND THE LIMITS)

France의 'Millau Viaduct'	299
Arabian Canal Project by Limitless	301
South-North Railway Project 100m 높이 성토	307
Difficulty is Blessing in disguise	309

마치며 (CLOSING)
슬기로운 해외 생활

해외 근무의 기본은 건강을 지키는 것에서 시작한다	313
해외 생활에서 건강을 지키기 위해서	316
해외 생활 먹거리 중 가장 중요한 것이 '물'이다	321
해외 생활 경계 대상 1호는 모기다	325
자주 에어컨에서 벗어나자	328
현지에서 Master Degree를 받아 보자	330
해외 근무와 가족생활	332

참고 문헌	334

들어가며
(PREFACE)

당신의 능력이 무엇이든, 당신의 꿈이 무엇이든
일단 시작하라. 용기 속에는
능력과 힘과 행운, 이 모든 것이 들어 있다.

우리는
Engineer다

우리는 Civil Engineer의 길을 선택한 사람들이다. 그런데 Engineer는 무엇을 하는 사람들인가?

Engineer는 해당 분야의 기술을 이해하고 활용하여 현실 세계에 도움이 되는 것을 만들어 내는 사람들이다. Engineer의 기본 소양은 기술 역량이며 기술 역량의 발전은 호기심과 상상력에서 시작된다.
자신이 담당하고 있는 작업과 관련 기술에 대한 관심, 더 발전된 기술에 대한 호기심, 그리고 새로운 기술을 어떻게 적용할지 생각하고 그러한 상황을 상상해 보는 것이 기술 역량 발전의 핵심이다. 또한 기술자로서 관심 있는 기술의 끝에 서 있고 싶은 욕망이 발전의 원동력이다.

Civil Engineer의 활동 무대인 건설업은 Order Made 사업이다. 여타 산업처럼 공장을 가동하여 일정한 제품을 생산하며 신제품 개발을 연구하는 System이 아니고 매 Project마다 고객의 요구에 맞추어 다른 장소에서 다른 목적물을 만들어 내야 한다.
대형 Project를 경험했다고 작은 규모의 Project가 쉽게 끝내지는 것도 아니며 터널 공사를 해 봤다고 다음 터널 Project가 만만하게 진행되지도 않는다. 각각의 Project가 다른 지역, 다른 상황에서 이루어지기에 똑같이 진행되지 않고 쉽게 다룰 수 있다고 장담키 어렵다. Project 특성이 다르므로 유연하게 경험과 지식을 활용하여 대처해 나가야 한다. 세상살이 큰 고비를 넘었다고 작은 고비가 그냥 쉽게 넘어가 지지 않는 것과 같은 이치이다. 세상에 똑같은 Project는 하나도 없고 어려움이 없는 사업도 없다고 보면 된다.

학교는 체계화된 공학 교육이 중심인데, 실무는 비 학문화된 기술과 경험적 지식이 주류를 이룬다. 다시 말하면 학교에서 배운 것은, 기술의 밑바탕이 되는 지식이기에 실무와 결이 다르므로 회사에서 업무를 수행하려면 하나부터 열까지 새로 배워야 한다.

그래서 회사는 신입 직원들을 위한 교육 프로그램을 준비하고 매뉴얼을 만들어 놓는다. 하지만 건설 업무가 경험과 기술을 바탕으로 하는 비즈니스임에도 불구하고 회사의 기술 역량 축적을 위한 지식과 자료 관리에 소홀한 면이 있었다. 최근의 IT 기술의 보급에 따라 시공 자료를 전산화하고 회사의 모든 업무에 대한 매뉴얼을 만들어 관리하는 것이 일반화되었다.

하지만 시공 기술자들은 자신의 경험을 기록하고 Data화하는데 많이 부족한 것이 현실이다. 그 때문에 회사에서 수집하고 축적한 시공 Data 역시 매우 개략적인데 이는 시공 중 체계적인 자료 수집과 기록관리가 일반화되지 않았기 때문이다.

Knowledge Management의 필요성을 인지한 회사의 주도로 시공 기술자에게 담당했던 Project의 공법, 시공 사례에 대한 기록을 제출을 요구하고 있기는 하나 기본적인 시공 기록 시스템에 대한 검토와 Template가 없이 시행하다 보니 시공 기록이 제출되어도 내용의 상세함이 떨어지기도 하고 기록 방식이 서로 상이하여 적절하게 활용되지 못하고 있는 형편이다.

시공 Data는 해당 Project의 특정 환경에 기인한 것으로 이를 활용하려면 작업 환경과 조건, 동원된 장비와 인력에 대한 상세한 기록과 1일 작업량 Raw Data가 있어야 하는데 아직 그러한 기록 체계가 잡혀 있지 않다.
과거에 공사를 준공하고 제출하던 건설지보다는 한 단계 발전했지만, 공사 계획에 실질적인 참고가 되기에는 부족하다. 더구나 근래에 전문 건설업체를 통한 외주 시공이 일반적이다 보니 이러한 구체적인 시공 기록 작성은 더욱 어려워지고 있는 형편이다.

그리고 실패나 시행착오에 대한 기록을 남기는 것에 너무나 거부감을 가지고 있는 듯하다. 실패와 시행착오는 모든 과정이 잘못된 것이 아니고 일부가 또는 단 하나의 문제가 해결되지 않은 결과이기도 하다. 그러한 문제점에 대한 해결책이 나오고 개선되면 실패했던 방법은 성공을 위해 필요한 방식으로 변신할 수도 있는 것이다.

반대로 성공 속에도 모든 것이 완벽한 것은 아닐 수 있다. 미비했던 사항이 개선되면 더욱 훌륭한 결과를 만들어 낼 수도 있다.
결국 실패의 기록을 남기지 않고 성공의 결점을 감추는 것은 더 나은 성공의 가능성을 막아서는 꼴이 된다. 실패나 성공의 결점이 드러나지 않아 성공의 가능성을 차단하고 기술이 정체하도록 해서는 최정상으로 다가설 수 없다.

"사람은 적당히 게으르고 싶고, 적당히 재미있고 싶고, 적당히 편하고 싶어 한다. '적당히'의 그물 사이로 귀중한 시간을 헛되이 빠져나가게 하는 것처럼 우매한 짓은 없다."

Project 성공 요인으로
계획의 중요성이 커지고 있다

Network 기법을 기반으로 하는 공정관리 Software와 컴퓨터의 발전은 시공 계획이 단순히 일의 순서와 일정을 나타내는 수준을 넘어서 작업의 연관 관계와 일정상 중요도, 비용의 흐름을 쉽게 파악할 수 있게 발전하였다. 또한 이를 활용하면 시공 계획에 특정 상황이 개입하게 될 때 파급되는 영향을 Simulation해 보는 것도 가능해졌다. 다시 말하면 계획 단계에서 Risk에 대한 좀 더 구체적인 평가를 수행할 수 있는 것이다.

그리고 훌륭한 계획은 Data의 양과 질에 좌우된다는 것을 알아 둬야 할 것이다. 바로 경험과 시공 Data를 축적해야 하는 이유다.
Plan-Do-See & Feedback Management Cycle의 중심은 '계획'이다. 건설 Project에서 See & Feedback은 계획에 따른 시공 결과를 확인하고 경험과 시공 Data를 축적하는 것이 될 것이다. Plan은 시공 방법과 시간에 따른 비용까지 고려해야 하므로 Cost Estimation도 Planning의 범주에 들어간다고 볼 수 있다.

다양한 Risk가 존재하고 그에 따른 Damage가 더 크게 다가오는 해외 사업에서 Risk에 대한 사전 검토와 대비의 필요성이 더욱 부각되는 것을 외면할 수 없다.

해외 건설의 가장 중요한 역량이 Project Management이고 Project Management의 핵심이 Planning이라는 것은 주지의 사실인 바, Risk가 Project 수행에 미치는 결과를 Risk 전개 Scenario에 따른 Simulation을 통하여 미리 살펴봄으로써 필요한 대비를 계획에 반영하고 대책을 사전에 마련하는 것이 해외 건설 Planning에서 무엇보다 중요하다고 말할 수 있다.

주목해야 할 사회적 변화에 따른 요구는 급속 시공(Rapid Construction)이다. Project에서 건설 기간이 우선시 되고 시간에 따라 Project의 효용 가치를 평가하는 것이 건설의 New Normal이 되고 있다.
급속 시공은 무엇보다 잘 짜인 대본 같은 시공 계획이 제대로 역할을 하여야 가능하다.

해외 건설은 왜 해야 하나?

건설은 경험과 지식이 무엇보다 중요하며 사업의 성패를 좌우할 수 있다. 그런데 해외 건설은 국내 건설에 비하여 경험과 지식 Data가 부족하다. 이것이 해외 건설의 어려움을 촉발하며 미지의 상황에 대한 불안감을 불러낸다.

하지만 해외 건설은 국내와 건설 회사의 상황에서 해도 되고 안 해도 그만인 선택사항이 아니라 미래 건설산업의 생존과 후배들을 위하여 반드시 기반을 잡아야 하는 시장이며 먹거리이다.

우리보다 먼저 선진국이 된 북유럽 3국을 볼 필요가 있다. 스웨덴, 노르웨이, 핀란드 경우 경제 성장이 정점에 도달하고 국토 발전을 위한 Infrastructure 건설이 완료되자 현지 건설 회사들은 유지보수관리 회사로 전환한 소수의 회사만 남고 문을 닫았다. Skanska와 NCC 2개 스웨덴 건설 회사가 해외 건설에 진출하며 규모와 명맥을 유지했을 뿐 나머지 건설 회사는 회사 규모를 줄이거나 사라지고 말았다. 그래도 북유럽의 터널 관련 장비와 자재 그리고 Engineering 회사는 그 명성을 유지하고 있지만 그들의 사업은 국내가 아닌 해외 시장을 대상으로 하고 있다.

국내 건설산업 역시 국내 시장 규모로는 성장을 지속할 수 없다. 철도, 도로,

항만, 공항 등 Infrastructure 시설이 포화 상태에 근접하고 있고 정부 공사 예정가의 하향화로 기본적인 이익도 기대하기 어려운 실정에 직면해 있다.

또한 노후화되기 시작한 Infrastructure의 유지보수가 중요해지기 시작하며 정부 예산 상당 부분이 투입되게 되면, 국내 Project에 목매고 있는 건설회사들의 앞날은 북유럽 건설 회사들의 전철을 밟을 것으로 예상될 수밖에 없다. 대학교 건설 관련 학과를 지원하는 후배들이 줄어들고 해외 경쟁력이 없는 건설 관련 산업 즉 건설자재 생산업체, 설계 회사 등은 타격을 받고 위축될 운명이다. 그러므로 해외 건설은 피할 수 없는 숙명과도 같다.

해외 건설시장의 규모는 2021년 10.9조 달러를 돌파하여 국내 시장 규모의 10배가 넘는다. 이 중에 인프라 건설시장 규모는 3.4조 달러를 차지한다.

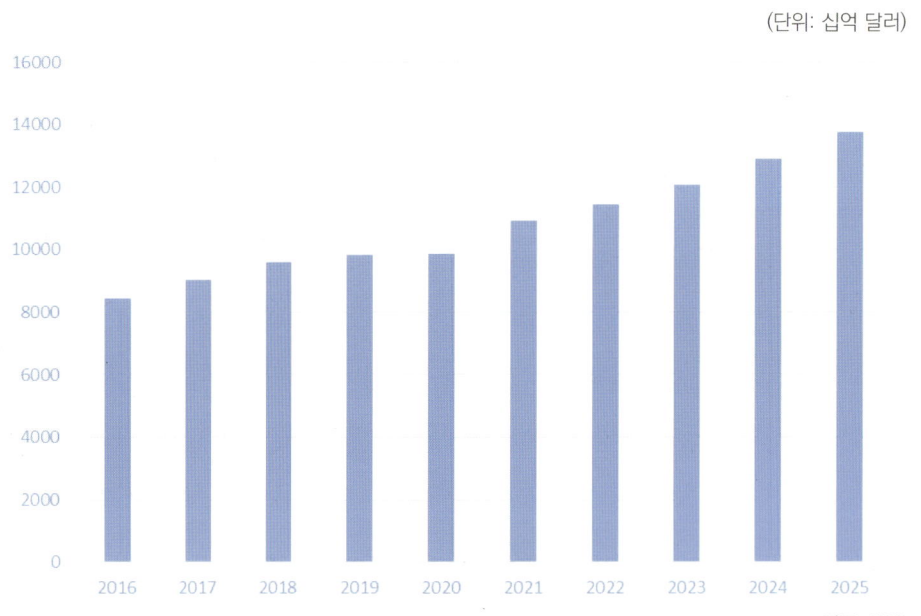

세계 건설시장 현황 및 전망

(단위: 십억 달러)

자료: IHS

국적별 해외건설 매출 점유율 추이(%)

순위	2017		2018		2019	
	국가(기업수)	점유율	국가(기업수)	점유율	국가(기업수)	점유율
1	중국(69)	23.7	중국(76)	24.5	중국(74)	25.4
2	스페인(11)	13.9	스페인(10)	14.2	스페인(11)	14.9
3	프랑스(3)	7.6	프랑스(3)	8.7	프랑스(4)	9.9
4	미국(36)	6.9	미국(36)	6.9	독일(3)	6.6
5	독일(4)	6.3	독일(4)	6.5	미국(35)	5.2
6	한국(11)	5.3	한국(12)	6.0	한국(12)	5.2
7	일본(14)	5.3	터키(44)	4.6	터키(44)	4.6
8	터키(46)	4.8	일본(11)	4.0	영국(3)	4.2
9	영국(3)	4.6	오스트리아(2)	4.0	일본(13)	4.1
10	이태리(11)	3.8	영국(3)	3.9	오스트리아(2)	4.1
11	오스트리아(2)	3.7	이태리(12)	3.3	이태리(11)	3.1
12	스웨덴(2)	3.3	스웨덴(1)	2.8	스웨덴(1)	2.7
13	호주(4)	1.8	네덜란드(3)	2.0	호주(5)	1.8
14	인도(6)	1.5	호주(4)	1.8	네덜란드(3)	1.8
15	네덜란드(2)	1.4	인도(5)	1.5	인도(5)	1.4

ENR's 2022 Top 250 International Contractors

001-100 | 101-200 | 201-250

Rank 2022	Rank 2021	Firm
1	1	Grupo ACS/Hochtief, Madrid, Spain†
2	3	VINCI, Nanterre, France†
3	4	China Communications Construction Group Ltd., Beijing, China†
4	5	Bouygues, Paris, France†
5	6	STRABAG SE, Vienna, Austria†
6	7	Power Construction Corp. of China, Beijing, China†
7	9	China State Construction Engineering Corp. Ltd., Beijing, China†
8	8	Skanska AB, Stockholm, Sweden†
9	10	Ferrovial, Madrid, Spain
10	11	China Railway Construction Corp. Ltd., Beijing, China†
11	13	China Railway Group Ltd., Beijing, China†
12	14	Saipem SpA, San Donato Milanese, Italy†
13	16	Hyundai Engineering & Construction Co. Ltd., Seoul, South Korea
14	15	Eiffage, Velizy-Villacoublay, France†
15	12	Fluor, Irving, Texas, U.S.A.†
16	18	webuild SpA, Milan, Italy†
17	21	China Energy Engineering Corp. Ltd., Beijing, China†
18	17	Royal BAM Group nv, Bunnik, Netherlands†
19	24	Bechtel, Reston, Va., U.S.A.†
20	19	China National Chemical Eng'g Group Corp. Ltd., Beijing, China†

001-100 | 101-200 | 201-250

개발도상국은 Project 자금을 지원하는 Multilateral Development Bank나 자금 공여 국가의 요구에 따라, 또는 현지 건설업체들의 규모와 시공 능력이 떨어지기 때문에 국제입찰로 공사를 발주하는 것이 일반적이다.

최근 중국 건설업체들이 일대일로 사업과 같은 중국 정부의 공사 자금 지원과 저렴한 시공 금액으로 해외 건설시장 진출을 확대하고 있다. 그러나 정치적 상황 변화와 조악한 시공 품질, 공기 지연 등 문제로 각국의 중국 건설업체에 대한 시각이 바뀌고 있는 것도 감지되고 있다.

지금이 적기다. 여기서 해외 건설시장의 주도권을 잡지 못하면 중국과 개발도상국 건설업체에 밀려나서 안방에 앉아 고사할 수밖에 없다.
우리나라의 건설업체는 치열한 경쟁과 국내 건설에서 축적한 경험으로 어떠한 해외공사도 감당할 수 있는 충분한 Potential을 보유하고 있다. 해외 Infrastructure 사업 발주도 단순 시공(Build Only)에서 설계 시공(Design-Build) 방식으로 전환되고, 규모가 대형화되면서 우리 건설업체에 더욱 유리한 환경으로 변하고 있다.
특히 많은 국가와 도시에서 친환경적인 도심 교통 해결책으로 Metro 건설을 계획하고 있으며. 국내 지하철은 안전과 편리함에서 세계의 Bench Mark 대상이 된 상황이기도 하다. 이러한 Metro 건설은 우리나라가 설계와 시공, 신호 체계, 차량 그리고 운영 Knowhow까지 일관된 Service를 제공할 수 있고 경쟁력을 가지고 있는 분야이므로, 국내 건설업체의 좋은 Target이 될 수 있다.

그러므로 건설업계의 밝은 미래를 생각하며, 해외 건설에 좀 더 우리의 힘을 집중해야 할 때이다.

1장 개인 경험 지식 자산 관리
(PERSONAL EXPERIENCE AND KNOWLEDGE MANAGEMENT)

기록 없이 진실을 찾아낼 수 없다.
기록은 진실을 담고 있고 진실은 힘이 있다.
없는 것을 만들어 낼 수 있고, 사람이 바뀌게 할 수 있고,
세상을 변화시킬 힘이 있다.

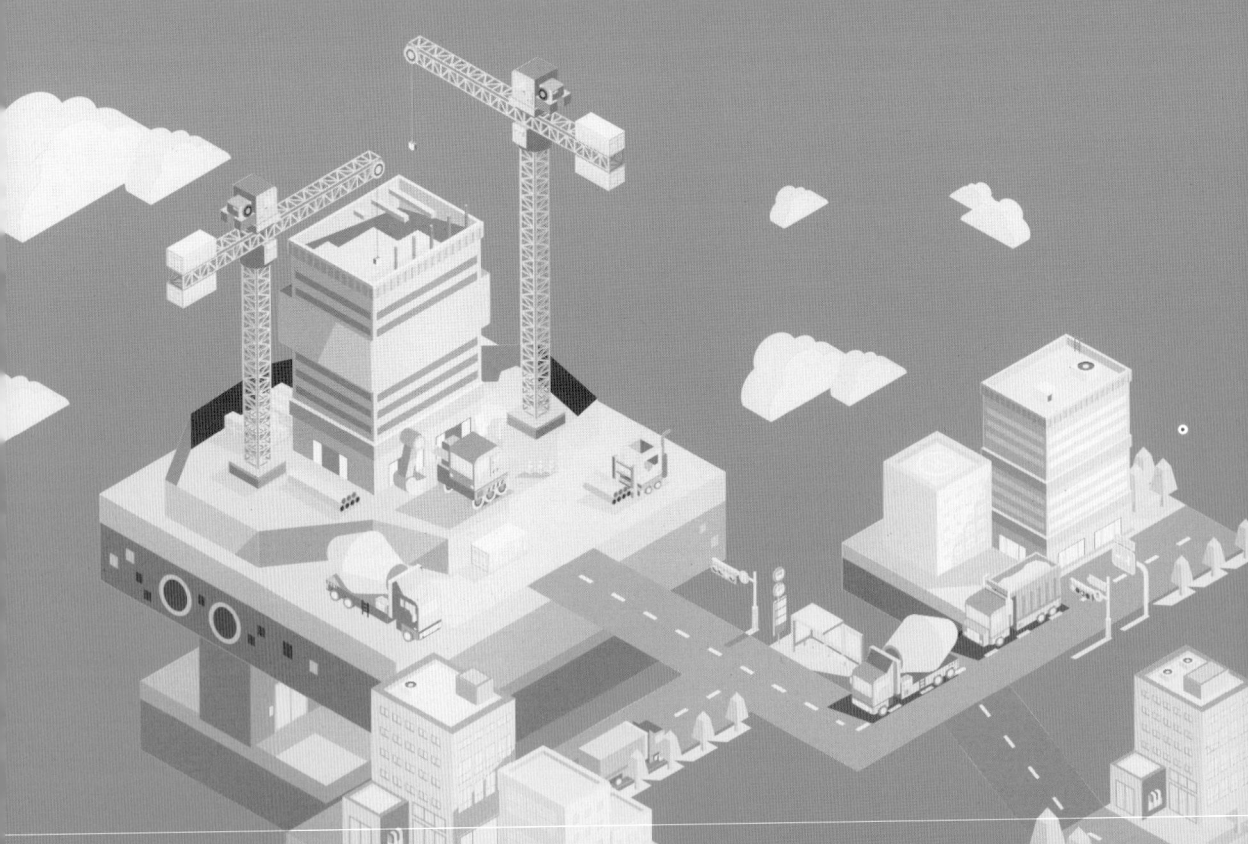

현장에서
Project가 이루어진다

신출 기술자와 고참 기술자 간의 역량 차이는 경험과 축적한 지식에 기인한다고 할 수 있다. 유능한 고참 기술자가 사업 내용을 훑어보고 어떤 방식으로 공사를 진행하고 공사 기간은 대략 얼마나 소요될지 추정하는 것은 본인의 경험과 습득한 Data에 의존하는 것이다.

그러므로 신출 기술자는 직간접 경험을 쌓는 것이 중요한데 사실 경험을 쌓는 것은 단시간에 이루어지지 않는다. 하나의 Infrastructure Project가 일반적으로 3년 이상 공사 기간을 요구하고 공사의 종류도 다양하기 때문이다.

해외 사업의 경우 국가별로 시공 환경이 다양하기에 처음으로 Project를 수행하는 경우 예상치 못한 난관에 봉착하게 되는 경우가 비일비재하며, 이 때문에 손실을 초래하기도 한다. 좋지 않은 결과를 남기는 것은 여러 가지 이유가 있겠으나 그 배경에는 현지 경험과 정보 부족이 자리 잡고 있다.

처음 지하철 현장에 나가서 일했던 시절을 회상해 본다.
본선 터파기 작업에 앞서 토류벽 H-beam 설치 작업이 진행되고 있었는데, Ingersoll-Rand T4 Drill Rig로 지반을 천공하고 15m 길이의 H-beam을 삽입하는 작업이었다. 처음 보는 대형 천공 장비, Air Compressor 그리고 크레인까지 동원되어 작업이 진행되는데 누구도 일에 대해 차근차근 설명해 주거나 장비에 대해 알려 주지 않았고, 작업자와 장비들이 하는 일과 선배들이 내리는 작업 지시를 지켜보며 스스로 깨닫게 되었다. 아마 나뿐만 아니라 다른 사람들도, 그리고 선배들도 그랬으리라 추측한다. 인터넷도, 관련 기술 서적도 볼 수 없었고 경험이나 알고 있는 기술에 대한 공유 개념이 희박하던, 그런 시절이었다.

한참 후에 견적 업무를 하면서 현장에서 일하던 시간 동안 기록하지 못했던 것에 아쉬움이 생겼다. 현장 생활을 통해 작업이 어떻게 진행되고 인력과 장비들이 일하기 위해서 무엇이 필요한지는 알게 되었으나 이를 기록으로 남겨야겠다는 생각은 하지 못했기 때문이다.

예를 들면 Box 구조물 외벽 거푸집을 조립하는데 동원된 작업팀의 인력 구성이 어떻게 되어서 작업량이 어떻게 되는지, $0.9m^3$ Excavator로 도로 성토 사면 고르기와 다짐 작업할 때 시간당 작업량이 얼마나 되는지, 여기에 숙련된 운전자와 비숙련자의 작업량 차이는 어떻게 되는지, 조금 더 호기심을 가지고 관찰하여 자료를 모았다면 좋았을 걸 하는 생각이 들었다.

가장 흔한 Excavator 터파기 작업만 해도 표준품셈에 근거한 작업량 계산 결과와 실제 작업량은 2배 이상 차이가 난다.
표준품셈은 정부의 예산을 산정하기 위한 기준이고 상당 부분 오래전 Data를 근거로 하기에 지금 현장에서 작업하는 실제 상황과는 다를 수밖에 없다. 그래서 현장 Data 수집이 필요하고 중요한 것이다.

생각해보면 Project는 현장에서 만들어지고, 현장의 작업을 상세히 파악하는 것이 모든 건설 업무의 기초가 된다. 다시 말하면 현장에서 작업과 이를 지원하는 업무가 건설관리의 Main Body이다.

건설산업의 핵심은 사람이고 이들의 역량이 어떻게 개발되어야 하는지가 중요하다. 이는 특히 해외 Project에서 더욱 두드러지게 나타난다. 원가 부담을 줄이기 위하여 소수의 정예기술자 파견이 Trend인 해외 건설이기에 각자가 담당 분야의 업무를 처리해야 하고 동료의 도움을 받기도 어렵기 때문이다.

시공을 계획하고 작업을 수행하며 크고 작은 실수와 시행착오가 발생한다. 이러한 실수와 시행착오가 대수롭지 않게 지나가곤 하지만 때로는 중대한 문제를 야기하기도 한다.

> 베트남에서 대구경 Bored Pile 수중 Tremi 콘크리트 타설 과정에 Tremi Pipe가 막히는 상황이 발생하였다. 어쩔 수 없이 콘크리트 타설을 중단하고 Tremi Pipe를 들어 올리게 되었다.
>
> Bored Pile 시공 중에 콘크리트 타설을 중지하고 Tremi Pipe를 들어 올리는 것은 해당 Pile 시공 실패를 의미한다. 80m 길이의 Pile 천공과 철근망 그리고 타설된 콘크리트까지 손해가 막심한 것이다.
>
> Tremi Pipe가 막힌 원인은 경화된 시멘트 덩어리가 콘크리트에 섞여 있다가 Pipe로 투입된 것이었는데 물론 이러한 콘크리트를 공급한 레미콘 회사의 잘못이기도 하지만 펌프카 Hopper에 있던 스크린을 제거하여 Oversize를 걸러 내지 못한 것도 이러한 사고를 야기하는 데 크게 일조하였다.
> 이전의 Pile 시공할 때는 문제가 안 되었지만 이번에 문제가 된 것이다.

인도 고속도로 개통을 앞두고 현장 점검을 실시하던 중 Interchange Ramp 구간 가드레일 설치 방향이 잘못된 것을 발견하게 되었다.

가드레일은 차량 충돌 시 안전을 고려하여 진행 방향으로 Panel이 Over Wrapping되어야 하는데, 반대로 앞쪽 Panel이 바깥쪽으로 겹쳐서 설치되어 있었다. 이 경우 차량 충돌 시 앞쪽 가드레일 Panel이 차량 쪽으로 튀어나와 차량 탑승자를 위험하게 하는 상황을 만들게 된다.

작업자들이 Interchange의 여러 Ramp 구간에서 차량 진행 방향을 알지 못해 발생한 착오였다. 부랴부랴 재시공을 하고 도로를 개통하였다.

인도에서 첫 번째 자동차 전용 고속도로였기에 스피드를 즐기려는 차량들이 몰려들었고, 곡선 Ramp 구간에서 속도를 줄이지 못해 사고가 발생할 때마다 만약 역방향으로 설치된 가드레일을 발견하지 못하였으면 큰 문제가 되었을 것을 생각하며 가슴을 쓸어내렸다.

가능하면 자신이 참여했던 Project를 준공 후에 시간을 두고 방문해 보라.

올림픽 대로 잠실 운동장 구간에 탄천을 가로지르는 청담교가 있다. 알다시피 교량 신축 이음부는 차량 운행에 따른 충격이 전달되어 파손이 쉽게 되고 하자 보수가 집중되는 부위이기에, 청담교 신축 이음부 시공 시 채움 콘크리트 상단에 강도가 높은 Epoxy Mortar를 적용함으로써 내구성을 높여 파손 가능성을 줄이는 시도를 하였다. 올림픽 대로를 개통하고 3년쯤 경과하여 차량을 운전하여 청담교 구간을 지나며 보니 교량 신축 이음부 Epoxy Mortar가 군데군데 깨져 나간 부분이 있었다. 시공할 때 생각으로는 고강도 Epoxy Mortar면 10년은 버틸 줄 알았는데 일반 콘크리트보다도 못한 결과를 보인 것을 확인하였다. Epoxy 자체로는 분명히 콘크리트보다 우수한 물질이나 모래와 섞어 사용 시 물성이 변하고 현장 시공 과정에서 Base 콘크리트와의 접착이 충분치 않아 탈락된 것으로 나타났다.

이렇게 시간이 흐르고 시공했던 시설물이 변화하는 모습과 사람들이 이용하는 형태에서 시공했던 방법에 대한 확신과 시행착오에 따른 깨달음을 얻을 수 있을 것이다. 이는 그 후로 다른 사람들과 일을 하며 설득이 필요할 때 "해 봤는데 결과가 이러했습니다"라고 말할 수 있게 하고 자신의 의견을 전달하는 데 효과적으로 작용할 것이다.

Book Smart
vs Street Smart

우리는 경험과 알고 있는 것에 근거하여 의사 결정을 내리고 생각대로 되리라는 믿음을 갖는다.

태국으로의 여행을 생각해 보자. 이미 태국 여행 경험이 있는 사람들은 방콕 공항에 내려서 어떻게 시내의 숙소로 갈지 고민하지 않는다. 숙소 위치는 어디가 더 좋은지 알아보는 것에 시간을 소비하지 않는다. 이번 여행에서는 어떻게 즐길지와 과거 여행에서 미련이 남았던 것들을 여행 계획에 채워 넣는다. 반면에 초행길인 사람은 어떨까? 여행 계획과 준비에 많은 시간과 노력을 투입해도 현지에서 예상치 못한 상황에 부닥쳐 당황하게 되고 즐거운 여행이라는 목적을 이루지 못하고 돌아올 수도 있다. 다음 여행은 분명히 좀 더 즐길 수 있는 방콕 여행이 될 것이고 그다음은 치앙마이를 여행하게 될 수도 있다.

이렇듯 우리는 경험과 수집한 정보 Data를 근거로 앞으로의 상황을 그려 보고 계획을 세우고 의사 결정을 한다. 그럼에도 직접 경험과 배운 것과는 분명한 괴리가 있다. 계약 Negotiation Meeting Minute에 회의의 내용과 발언이 모두 기록되어 있을지라도 회의의 분위기, 표정과 자세에서 나타나는 상대방의 의도 따위는 알 수 없다.

즉, 경험이 아닌 기록을 통한 학습은 상황에 대한 인식과 반응 능력을 줄 수 없는 것이다.

이론의 관점에서 본다면 이론과 실제와의 차이점은 거의 없다. 하지만 실제의 관점에서 본다면 이론과 실제와의 차이점은 엄청나다. 안전사고 사례에서 그 차이가 극명하게 나타난다.

안전관리는 사고 사례 분석과 방지 대책 수립이 핵심이라 할 수 있다. 유형별 사고 사례를 집계하여 발생빈도가 높은 사고 유형과 원인을 분석하여 사고가 발생하지 않도록 현장 환경을 조성하고 작업자가 위험 가능성을 이해하고 부적절한 행동을 하지 않도록 하는 것이 안전관리의 기본이다.

하지만 설명이 이해는 되어도 실제 상황에서 적용이 안 되어 안전사고가 발생하곤 한다. 즉 직접 경험하지 않은 상황을 만나 기억 속에서 해당 상황에 대해 알고 있는 것을 끄집어내어 상황에 대입하는 반응이 즉각적일 수 없고, 올바른 판단을 내리기가 어렵기 때문이다. 다음과 같은 안전사고 사례를 살펴보자.

사례 1

높이 4.5m의 마제형 수로터널 굴착 공사 중 지반 상태가 불량하여 강지보를 세우고 있었다.
담당 기사는 강지보가 터널 선형을 따라 제대로 설치되어 있는지 가늠해 보기 위해 굴착된 터널 측면을 손으로 짚고 강지보 안쪽으로 몸을 기울이자 벽면이 붕락하여 담당 기사를 덮치고 말았다.

강지보를 설치해야 할 정도의 불량한 암반은 가로세로 암의 절리가 심하고 절리면으로 지하수가 흐르는 매우 불안정한 상태였는데 담당 기사가 손을 짚어 약간의 물리적인 힘이 전달되자 쐐기 역할을 하던 암 조각이 탈락하고 커다란 암석 덩어리가 쏟아진 것이다.
터널 천정이 붕괴한 것도 아니었지만 측면의 대형 암괴가 담당 기사의 급소를 타격하여 결국 사망 사고로 이어졌다.

터널 내 특히 지반 상태가 불량한 곳에서 굴착 면을 터치하는 것은 금기 사항임을 알고는 있었으나 실전에서 체득한 깨달음이 아니었기에 충분한 주의를 기울이지 못하였고 결국 사고로 이어지고 말았다.
젊은 기술자였기에 매우 안타까운 사고였고 이러한 뜻밖의 안전사고를 접하게 된 현장 직원들은 절대로 터널에 들어가서 굴착 면에 손을 대지 않게 되었다.

사례 2

직경 3.5m의 원형 수로터널을 Tunnel Boring Machine(TBM)으로 굴착 중이었다. 굴착된 버럭은 컨베이어를 통하여 TBM 후방에서 대기 중인 Muck Car에 실려 터널 밖으로 운반된다. Muck Car는 TBM 굴착 1사이클의 버럭량에 맞추어 6량이 연결되고 여기에 자재 운반을 위한 Flat Car가 2량이 편성되어 Battery Locomotive에 의해 견인된다.

버럭을 하차하고 필요한 자재를 적재한 후 Muck Car가 출발하는데 Flat Car 끝에 서 있던 작업자가 뒤로 쓰러지며 연결된 Flat Car에 머리를 부딪혀 사망하는 사고가 발생하였다.
Battery Locomotive의 운전은 일반 자동차처럼 출발을 부드럽게 하는 클러치가 없고 전기가 연결되면 직류 모터가 작동하는 방식이라 버럭이 실린 상태이면 중량이 무거워 출발 시 천천히 움직이지만, 공차일 시에는 출발 시 순간적으로 큰 움직임이 발생한다.
사실 버럭 처리 Muck Car의 운행속도는 8km/hr로 매우 느리다고 생각하고 위험성을 간과하고 있었다.

TBM 공법에 의한 터널 굴착이 국내에 도입된 지 얼마 되지 않은 시기이라 이러한 다수의 대형 장비들이 제한된 공간인 터널에서 운영되는 작업에서 안전상 위험성에 대해서 잘 알지 못하였다.

나중에 유사한 장비를 사용하는 석탄 광산업체에 확인 결과 비슷한 안전사고 사례가 빈번하고 주의를 요하는 상황임을 이해하게 되었다.

사례 3

첫 번째 사례와 동일한 터널에서 토사 구간을 만나 인력 굴착 작업을 하던 중 막장 상부가 순식간에 붕락하기 시작하여 작업자들이 후방으로 대피하였으나 한 명의 작업자가 매몰되고 말았다.

붕락부 보강 후 쏟아진 토사를 치우고 사망한 작업자를 확인하였는데 안전화의 끈이 비계의 핀에 걸려 대피하지 못하고 불행한 사고를 당한 것이었다.
긴박한 순간에 사소하게 여겼던 안전화 끈 묶음을 소홀했던 것이 치명적인 결과를 초래하고 말았다.

상기 안전사고 사례에서 보듯이 경험한 것과 알고 있는 것과는 큰 차이가 있다. 그리고 이러한 차이는 건설 전반에 걸쳐 영향을 미치고 예상치 못한 결과를 불러오게 된다.

건설 현장에서의 Risk 관리는 대체로 Project 참여자의 직관, 개인적 판단 및 경험에 의존하는 경향이 크다. 건설 Project는 제조업과 달라 같은 종류의 공사라고 하더라도 지역적 특수성과 지반, 지형 조건 등 자연환경의 차이로 인해 개별 공사의 특성이 서로 다르며 각각 유일하다.

직관은 많은 경험이 축적된 결과로 순간적으로 신속한 판단을 하는 능력이다. 이러한 의사 결정은 직감적이든, 논리적이든, 불확실한 상황이 벌어질 확률이 얼마 정도인지 의사 결정자가 바로 평가하고 대응하는 것이라고 볼 수 있다.
건설업 종사자가 다른 업종에 비하여 상대적으로 연령대가 높고, 다양한 수행 경험이 필요한 이유이다.

경험
기록관리
"기록되지 않은 것은 존재하지 않는 것이다"

Global Construction Business는 마치 War Game 같다. 실력과 자존심의 대결장이다. 도전적인 추진 역량은 기본이고 치밀한 계획, Project 경험과 지식이 Game Changer 역할을 하게 된다. 이것이 부족하면 상대에 비해 빈약한 무장으로 전쟁터에 서는 것과 다를 바 없다. 물리적으로 죽지 않는 점은 Game과 비슷하지만, 기술자의 자존심이 죽고 그 충격은 꽤 긴 시간 동안 지속된다.

국내 유수의 대형 건설 회사는 기술자들이 성장할 수 있는 토양과 기회를 제공하고 있다. 다양한 경험과 Idea를 가진 기술자들과 공사 기록들이 토양이 되고 회사의 새로운 도전이 기회가 된다.
직원들의 실력이 회사의 역량으로 대표되는 것이 건설업의 특성이다.
건설업의 주축은 기술자이고 기술자의 역량은 기술 지식과 경험에 뿌리를 두고 있다.

개인 경험 지식 자산 관리는 다음의 3가지 주제로 다루어질 것이다.

- 경험 기록관리
- 기술 정보의 수집
- Knowledge Management with System

지식의 사전적 정의는 경험이나 교육을 통해 사람이 습득한 사실, 정보, 기술이다. '경험도 지식의 일부'라는 의미이다. 그러함에도 경험을 별도로 떼어낸 것은 경험 지식의 특별함이 건설에 존재하기 때문이다.

사우디아라비아 주베일항만 공사, 리비아 대수로 공사. 우리나라 해외 건설의 전설과도 같은 Project들이다. 만약 이들 Project가 다시 발주된다면 현재의 시공 수준으로도 쉽지 않은 사업이 될 것이다.

1976년 6월부터 1979년 12월까지 3년 6개월간 현대건설이 건설한 사우디아라비아 주베일(Jubail) 산업항의 해상 유조선 정박 터미널(Open Sea Tanker Terminal: OSTT) 공사는 '20세기 최대 역사'로 불리는, 내륙에서 12km 떨어진 바다에 30만 Ton급 유조선 4척이 동시에 정박할 수 있는 항구를 건설하는 Project였다. 당시로서는 최대 규모의 원유 수출항으로 이후 건설되는 많은 원유 수출항 공사의 시금석이 되었다.

먼저 얕은 바다를 길이 8km, 너비 2km로 매립해 항구와 기반 시설을 만드는데 300m 높이의 산 하나가 통째로 바다로 들어가야 하는 대형 매립 공사였다. 매립이 끝나면 세계에서 가장 긴 연장 3.6km의 OSTT를 수심 30m의 바다에 세워야 했다.

일반적으로 규모가 큰 항만 공사에 5,000~2만 Ton 정도의 강재 구조물이 들어가는데 주베일 산업항은 해상 강재 구조물이 10만 Ton이나 설치되는 대규모 공사였다. 2년 동안 하루건너 1,500~2,000㎥의 콘크리트를 부어 넣었고, 이는 110만㎥에 달했다.

매립 공사 후에 공사의 성패를 좌우하는 OSTT의 해상 설치가 이어지는데 OSTT 시공 기초로 89개의 자켓(Jacket)이 필요했다.
자켓은 직경 1~2m의 파이프를 용접하여 만든 가로 18m, 세로 20m, 높이 36m

강재 구조물로 무게가 550Ton이고 높이는 10층 빌딩과 같았다.

출처. 현대건설 한눈에 보는 70년사

현대건설은 입찰 시 자켓은 현지에 공장을 지어 제작하거나 다른 업체에 맡길 생각이었다. 그러나 공사를 준비하면서 현지 상황 파악해보니, 애초 계획대로 하는 경우 빠듯한 공사비가 엄청나게 상승하고 공기도 적기에 맞출 수 있을지 우려스러웠다.

OSTT 공사금액만 해도 2억 9,528만 달러로 Project 전체 공사금액의 31.3%에 달했다. 주베일 산업항 공사의 성패는 OSTT의 기초인 자켓을 얼마나 저렴하게 또

빨리 만드느냐에 달려 있었다.

정주영 회장은 고민 끝에 공사 기간도 단축하고, 이윤도 최대화할 수 있는 기상천외한 방법을 생각해 냈다.
"자켓 강재 구조물 전부를 울산조선소에서 제작해서 해상으로 운반하라."

출처. 현대건설 한눈에 보는 70년사

1만 5,000Ton급 바지와 5,500Ton급 바지(Barge) 두 척을 연결하고, 그 위에 10층 빌딩만 한, 중량이 550Ton이나 되는 거대한 강재 구조물인 자켓을 실은 다음 1만 마력짜리 터그보트(Tugboat)로 끌어오는 것이었다.
울산에서 주베일까지의 거리는 1만 2,000km에 달했고, 세계 최대의 태풍권인 필리핀해역을 지나 동남아, 인도양을 거쳐 걸프만까지, 일반 화물선도 아닌 바지로

89개의 자켓을 4~5개씩 19차례에 나눠 운반하는 것은 가능한 일이라고 생각할 수 없었다.

발주처에서도 그런 무모한 짓이 어디 있느냐고 하면서 자켓의 안전 운반이 보장될 수 없다는 이유로 반대했다. 임직원들도 반대하고 나섰다.

결국 자켓 제작과 해상 수송을 성공적으로 완수하고, 이렇게 운반한 자켓을 페르시아만 해상의 수심 30m나 되는 곳에서, 파도에 흔들리면서 중량 550Ton짜리 자켓을 한계 오차 5cm 이내로 설치하였다.
이렇게 주베일 산업항 공사의 핵심 작업을 완벽하게 수행하여 사우디아라비아의 발주처와 감독청을 거듭 놀라게 하였다.

불가능한 일을 해낸 것이 아니었다. 다만 다른 사람들이 상식이라고, 불가능하다고 믿는 일을 달리 생각하고 실행에 옮긴 결과였다.
어느 하나 쉬운 게 없었다. 현대는 물론 그 당시 어떤 회사도 이런 대형 공사를 해본 적이 없었다.

주베일 산업항 Project는 최대 난공사인 OSTT 공사의 완료와 함께 1979년 12월 완공됐으며, 현대는 세계적인 건설 기업 반열에 올라섰다.

육상과 해상에 걸쳐 모든 공종을 종합한 주베일 산업항 Project는 건설의 백과사전으로 불릴 만큼 다방면의 기술을 습득하는 기회가 되었고, 현대건설의 기술과 능력에 대한 국제적인 공신력을 획득하는 계기가 됨으로써 해외 건설 진출의 기폭제 역할을 하였다.

이렇게 의미가 있는 주베일 산업항 Project의 시공 과정에 대한 상세한 기록이 남겨지고 유사한 Project를 앞둔 기술자들에게 참고가 되었다면 큰 도움이 될 수 있었다는 것은 두말할 필요조차 없다.

그러나 주베일 산업항 Project에 대한 시공 기록은 거의 남아 있지 않은 것으로 보인다. 매일매일을 치열하게 작업을 수행하며 기록을 남길 여유도 없었을 것이고, 그 당시는 기록관리의 필요성이 인식되지도 않았을 터이다.
그 시절 해외 건설 초짜나 다름없던 현대건설이 세계적으로 주목받았던 초대형 난공사를 수행하면서 얼마나 많은 문제에 봉착하고 실패와 시행착오들을 겪었을까? 그 어마어마한 경험과 Knowhow가 세월이 흐른 지금 모두 사라져 버린 것이다.

얼마 전까지도, 가치 있는 자료의 Source가 현장임에도 불구하고 실질적인 공사 자료의 수집과 관리는 생각지도 못하였다. 회사 경영진은 Project 종료 시 손익에만 집중하고 지식 자산으로 추후 사업 수주와 수행에 중요한 역할을 할 시공 Data 수집과 관리에는 관심을 두지 않았다.
미래를 위한 보석을 알아보지 못하고 내팽개치는 건설 경영에서 무슨 개선과 발전을 기대할 수 있을까? 따라서 현장이 끝나면 참여했던 직원들이 흩어지고 시간이 지나면서 건설과정에서 경험하고 습득할 수 있었던 소중한 지식 자산이 사라지고 이야깃거리로 남아 후배들에게 들려진다. 그것도 회식 자리에서….

아마도 선배 기술자들은 군대 이야기만큼 자신이 참여했던 Project 이야기 하기를 좋아할 것이다. "하루 작업량이 얼마나 되었어요? 작업에 투입된 비용이 얼마인가요?" 하고 질문을 해 보라. 대부분은 알지 못하거나 당시는 알고 있었는데 기억이 나지 않는다고 할 것이다. 극히 일부만 "그때 자료가 있는데 찾아보면 나올 거야"라고 대답할 것이다. 기록되지 않고 기억 속에 남은 경험은 대부분 시간과 함께 사라져 효용 가치가 크게 떨어진다. 이는 기술자로서 자산의 손실과도 같다. 그런데 대다수는 그러한 사실을 인식하지도 못하고 있다.

토목 건설은 기록이 필요 없는 학문인가? 경험이 중요치 않은 기술인가? 전혀 그렇지 않다. 경험은 토목 기술의 근간이다. 다만 우리가 그 중요성을 인식하지 못하고 있기 때문이며 이는 우리의 건설 기술 발전이 순항하는 데 필요한 에너지원이 넉넉하지 않은 이유이기도 하다.

의학의 발전은 수많은 임상 기록에 근거하고 있다. 의사들은 환자의 상태에 대한 사소한 변화를 기록하여 남긴다. 이들 임상 기록을 Data화 하여 질병에 대한 치료법을 완성하고 신약을 개발한다. 건설에 의학과 같은 기록 시스템을 도입하면 어떤 변화와 발전이 생겨날까?

기록이 효용성을 발휘하기 위해서는 기록된 내용을 토대로 작업을 계획하고 비용 산출에 어려움이 없어야 한다. 또한 사용했던 작업 방법에 있었던 문제점과 개선 방향이 제시되어야 한다. 성공적으로 작업을 마쳤어도 그 과정에는 시행착오도, 부분적인 실패도 있을 수 있다.
성공적이라는 결과만 내세울 것이 아니라 뒤따르는 사람들이 똑같은 시행착오를 하지 않도록 성공의 그림자로 남아 있는 실패에 대하여 상세히 기록을 남기는 것이 중요하다.

Project 기록으로 남겨야 할 사항은 어떠한 것일까?

적용된 공법에 대한 시공 Data

- 작업 개요, 작업 환경, 기후, 지반 상태
- 세부 작업 진행 순서
- 장비 구성, 장비 가동률, 유류/전력 소비량, 소모성 부품 사용량
- 인력 구성과 Skill 수준
- 투입 자재 현황(설계 수량 외 추가 투입량, 보조 자재)
- 작업 Cycle, 1일 작업량(총 작업 시간), 월간 작업량(작업 일수)
- 작업에 영향을 미친 Factor
- 주요 작업관리 Point
- 품질관리 사항
- 안전관리 중점 사항
- 시행착오 사례와 작업 개선 사항 및 방향

작업별 기록사항 예시

- **토공사(터파기 및 상차, 성토와 다짐)**
    - 작업 내용과 1일 작업량
    - 투입 장비 : 모델과 연식, 정비 상태, 운전원 Skill
    - 작업 시간 : 총 작업 시간, 실 가동 시간, 연료 소모량, 가동 중지 사유

- 토질 : 토질 종류와 지반의 굳기, 지하수
- 작업조건 : 날씨, 기온, 작업 제약 사항
- 상차 장비와 운반 장비 조합과 작업 효율(대기 시간/작업 시간)

- 포장 공사
  - 작업 내용과 1일 작업량
  - 투입 장비 : 모델과 연식, 정비 상태
  - 아스콘 플랜트 용량과 거리, 운반 트럭 용량과 대수
  - 작업팀 구성 인원, 작업 시간
  - 소요 잡자재 및 도구

- 터널 공사
  - 작업 개요, 작업 환경
  - 지반 상태, 발파 계획 & Pattern
  - 천공 : 장비 모델/연식, 천공장 및 개수, 작업 시간, Bit 소모량 & 암질
  - 장약 : 시용 뇌관 & 화약, 장비 모델, 팀 구성 인원, 장약 시간, 화약 사용량
  - 환기 : Ventilation Fan & Duct 모델, 환기 시간
  - Scaling : 발파 후 부석 상태, 작업 장비,
  - 버럭 처리 : 장비 조합(모델 & 연식), 소요 시간
  - Rock-bolting : 사용 Bolt와 수량, 작업 시간, 설치 방법
  - 숏크리트 : 장비 모델/연식, 투입 인원, 숏크리트 수량 및 작업 시간, Rebound율, 콘크리트 배합과 급결제 품명

참여했던 Project 수행 자료는 꼼꼼히 챙겨 두자

- 시공계획서(Method Statements)

- 공정관리 자료
  - Baseline Schedule, Revised Baseline Schedule

- 작업 사진 & 동영상

• 문서
- 발주처, Consultant와 수/발신 문서
- 각종 리포트
- 회의록

• 설계 자료
- Detail Design Drawings & Calculations, Specification
- V.E, 설계변경 자료
- 시공 중 수행 지반조사 보고서

• 계약서
- ITB, GCC & PCC, Employer's Requirements, Negotiation Meeting Minutes
- Tender Drawings, Ground Investigation Report
- 입찰 제안서

• 실행 예산(자재, 협력업체 견적서 포함)

• 집행 원가 정산서(작업별 원가 투입 자료)

• 준공 보고서

Rapport with
Project Participants

Infrastructure Project는 한 사람만의 힘으로 완성될 수 없다. 가까운 팀 멤버부터 발주자, Consultant, 관계된 타 회사, 정부 기관까지, 많은 사람의 참여와 노력이 함께함으로써, 좋은 결실을 맺을 수 있는 사업이다. 여기서 중요한 점은 참여했던 사람들과는 다른 Project에서 만날 가능성이 크고, 때에 따라서는 사업에 꼭 끌어들여야 하는 경우가 종종 발생한다는 것이다. 그러므로 사업 참여자와 좋은 관계(Good Rapport)를 유지하고 그들의 역량에 대해서 기억, 기록하는 것이 중요하다.

GS건설에서 해외 사업 확대라는 전략적 목표를 세우고 싱가포르 사업 참여를 결정하였다. 싱가포르는 해외 사업 난이도 측면에서 최상위 국가로서 품질과 안전관리의 요구 수준이 높고, 작업에 앞서 철저하게 시공 계획에 대한 검증이 이루어지며, 모든 절차가 원리원칙대로 진행되어, 국내 건설업체가 현지 작업 방식에 대한 적응이 필요한 시장이라고 판단되었다.

따라서 해외 사업 인력이 충분치 않은 상황에서 Project 관리에 많은 인원이 소요되는 싱가포르 사업 참여에 대한 반대도 있었으나 초기에 어려움이 있겠지만 해외 사업 확대에 필요한 해외 인력 양성을 위한 사관학교로 싱가포르가 최적이라는 논리에 설득되고 말았다.

사내에 싱가포르 경험자가 없는 상황에서 싱가포르 Project 수주부터 시공까지 끌고 가면서 필요한 해외 인력을 양성해야 할 사관학교 교장에 대한 물색 끝에 현대건설을 끝으로 일선에서 떠나 있던 60대 중반의 싱가포르 Project 경험이 풍부한 분을 고문으로 모시게 되었다.

함께 일을 하면서 주목하게 된 것이 그분의 인맥 관리 역량으로 현지 시공 경험보다 더 큰 도움이 되었다.
10여 년간 싱가포르 Projects 현장 소장으로 근무하면서 함께 일했던 현장 감독과 발주처 담당자들이 이제는 요직의 책임자들이 되어 있었고 현지 건설 회사, 설계회사 사장들과도 폭넓게, 좋은 관계를 유지하고 있어서 입찰과 공사 수행에 어려움이 있어 도움을 요청할 때마다 항상 기대 이상의 도움을 받아 문제들을 해결할 수 있었다.
해외 Project들을 함께하며 쌓은 인맥의 관리에 가장 어려운 점은 지속성이라 할 수 있다. Project가 끝나고 현지를 떠나게 되면, Business를 통한 관계를 계속할 수 없게 되면서 자연스럽게 소통의 기회가 사라지며 멀어지는 것이다.
하지만 이분은 국내에 머물면서도 SNS를 사용하여 소통을 계속하고, 싱가포르를 방문하여 함께 운동하면서, Business를 넘어선 수준으로 관계를 발전시킴으로써, Project로 시작한 인맥을 훌륭한 개인 Network 자산으로 변환시킨 것이다.

이러한 Network 자산의 활용으로 싱가포르에서 다수의 Project 수주와 성공적인 시공 성과를 견인하며 본인의 가치를 증명함으로써 GS건설과 오랜 기간 함께 일할 수 있었다.

싱가포르를 해외 건설 사관학교로 운영하기 시작한 후 10년이 지난 지금 사원, 대리 직급의 직원들이 이제는 차, 부장이 되어 중동 Project에서 핵심인력으로 활동하고, 호주 Melbourne Metro Project를 이끌고 있다.

그들의 얼굴에서 자부심이 느껴진다. 유럽 Engineer 앞에서 쭈뼛대던 모습은 더 이상 볼 수 없다.

초기부터 싱가포르 Project에 참여했던 소장과 공사 부장들은 정년퇴직 후 싱가포르 현지 회사와 외국 건설사로 자리를 옮겨 퇴직 전보다 더 많은 고액의 연봉을 받으며 일하고 있다.

싱가포르 해외 건설 사관학교는 회사와 직원 모두 Win-Win하는 결실을 맺은 것이다.

미래에 내가 어떤 사람이 되느냐는 어떤 사람을 만나고 있는가에 달려 있다.

시공 Data는
어떻게 활용될까?

베트남에서 Precast Concrete I-Girder Beam 상부 구조의 교량 공사 시공을 예로 생각해 보자.

베트남의 북부 Hong River와 남부의 Saigon River는 지류가 많아 도로 건설에 교량 공사가 필수적이고, Prestressed Concrete I-Girder 구조의 교량이 경제적인 이유로 많이 시공되고 있다. 교량 공사는 기초공사(Foundation), 하부공사(Substructure) 그리고 상부공사(Superstructure)로 구분된다.

베트남에서 교량의 기초는 대부분 대구경 Bored Pile을 사용하는데 지반에 따라 말뚝의 길이와 시공 난이도가 변화한다. 하부공사는 교각 구조물로 시공에 영향을 주는 변수가 거의 없다고 할 수 있다. 상부공사도 유사하다. 그러므로 주어진 교량 공사의 시공 계획을 수립하는 것은 유사한 교량의 공사 자료가 있다면, 이를 활용하여 용이하게 검토할 수 있다.

먼저 하부공사의 경우 한 개의 교각을 몇 개의 Lot로 나누어 시공하고 Lot당 작업기간이 얼마였는지를 확인하여, 계획하고 있는 교량의 교각 높이를 몇 개의 Lot로 나눈 후 자료에서 획득한 작업기간을 적용하여 교각 공사 기간을 산정할 수 있다. 상부공사도 유사한 적용이 가능하지만, 기초공사는 토질 변화에 따른 변수를 고려하여, 작업기간을 조정하여야 한다. 또한 작업을 위한 가설공사도 현장의 여건을 파악하여 적절한 방법을 선택하는 것이 필요하다.

즉, 새로운 Project의 공사 계획을 수립하기 위하여 기존의 Data가 매우 유용하며, 이의 활용을 위해서는 시공 기록을 Data화 하여 그 속에서 가치 있는 정보를 추출해 내고 활용할 수 있어야 한다.
사실 이러한 실적 자료의 이용은 편리함과 더불어 현지에서 일반적인 방법 즉, 경제적인 공사 방법을 기초로 하였기에 작업 방법의 선택 오류를 줄일 수 있는 장점이 있다.

예를 들면 국내의 경우 PC Beam의 상부 거치에 대형크레인을 사용하는 것이 일반적이다. 하지만 베트남의 경우 대형크레인이 많이 보급되어 있지 않아 Launching Girder를 주로 사용한다. Launching Girder를 사용하는 것은 경제적이지만 공사 기간은 대형크레인 거치 방법보다 훨씬 긴 시간이 필요하다.
만약 국내에서 유사한 교량 공사 경험을 가진 기술자가 베트남의 교량 공사를 검토하였다면 국내에서 사용한 대형크레인 거치 공법을 당연시하여 계획하게 되고 실제 상황에서는 공기 지연을 맞닥뜨리게 될 것이다.

이처럼 단위 작업에 대한 경험 Data와 함께 교량 하부공사 기간, 상부공사 기간 또는 교량 전체 공사 기간 등 부분별 작업기간에 대한 Data도 매우 유용하다. 이러한 부분 작업에 대한 기록에 꼭 필요한 사항은 작업 상황과 여건에 대한 구체적인 기술이다.

해외 Project에서는 대부분 현지인이나 3국인이 작업의 주축인데 나라마다 현지인들의 체력과 작업 Skill, 그리고 노동 문화가 다르므로 인당 작업 생산성도 차이가 있다. 그러므로 기회가 될 때마다 세밀하게 작업을 관찰하여 작업 패턴과 생산성, 노동 문화를 파악하여 Data화 하는 것이 필요하다.

토공 작업, 포장 작업, 기초공사 등 대형 장비를 사용하는 작업은 현지의 장비 시장 상황에 대한 조사가 필요하다.
우리나라의 경우 장비 임대 시장이 잘 발달되어 있어 쉽게 장비를 사용할 수 있지만, 대부분의 개발도상국의 경우 장비 임대가 매우 어려운 실정이며, 가능하여도 비용이 몹시 비싸기에 쉽게 사용할 수 없다. 때문에, 현지의 건설 회사들은 건설 장비를 보유하고 있기는 하나, 장비 보유 대수가 제한적이고 가동률도 신뢰할 수 없는 상태이다.

따라서 이들 현지 회사에 외주 작업을 생각하고 있다면 장비 보유 현황을 철저히 확인해야 한다. 보유 장비 리스트 제출을 요구하되, 모델과 제작 연도 그리고 투입 가능 시기를 명시하도록 하고, 당해 연도 촬영한 사진을 첨부토록 해야 한다.
대부분 보유 장비 대수가 충분치 못하고 오래된 중고 장비가 대부분으로 가동률이 높지 않으므로 국내에서의 작업량과 차이가 있다는 점도 간과하지 말아야 한다.

그러므로 시공 계획 수립 시 현지 회사의 작업 역량을 자세히 조사, 검토하여 작업기간을 산정해야 하며, 필요시 공기 단축을 위한 추가 장비 투입이 어려운 점에 대해서도 충분히 고려해야 한다.
때문에, 다소 비용적 문제가 있을지라도 하나의 현지 회사에 작업 전체를 맡기기보다 2개 이상의 업체와 계약을 하여 공사를 진행하는 방안을 강력하게 추천한다.

2000년대에 들어서면서 대형 건설업체들은 General Contractor로 Position을 잡으면서 직영 시공에서 전문 건설업체에 외주 시공하는 형태로 시공 방식을 변화시켰고, 요즘에는 직영 시공 시스템을 유지하고 있는 대형 건설업체가 거의 없는 실정이다.

이렇게 외주 시공 방식을 채택함으로써 현장의 기술 직원이 감소하고, 현장에서 시공관리보다 행정적인 업무에 주력하게 되었다. 따라서 현장 작업 효율에 대한 관찰이나 작업 개선 방안 도출 같은 일들은 더욱 어렵게 되고 말았다. 작업 개선 아이디어가 있어도 이를 외주업체가 책임지고 운영하는 현장에 Test하기가 어렵기 때문이다.

하지만 현장 기술자는 작업의 속성과 과정을 속속들이 알고 있어야 한다. 그래야만 계획 수립이 가능하고 협력업체와 공사 계획과 비용에 대한 협의가 가능하기 때문이다. 전문업체가 들이미는 계획과 비용을 여과 없이 받아들이거나 혹은 무턱대고 조정하는 것은 기술자가 아니다.

실패를 기억하지 않는
한국의 건설

우리 건설업체들이 완공했던 세계 건설사에 기록될 만한 해외 건설 Project들이 있다. 성공 스토리만 부각시키고 모든 것인 양 포장되어 회자된다. 그런데 Project 수행에 모든 것이 성공적일 수 있을까?

사실 Project에 참여했던 기술자들은 성공적이었던 일보다 아쉬웠고 실패에 가까웠던 일들이 더 마음에 남고, 담아 두게 된다. 심지어 성공적이었던 일에도 아쉬움은 있다. '좀 더 잘 할 수 있었는데, 다음에는 작업 방법을 이렇게 바꾸면 작업 사이클이 줄어들고 비용도 절감할 수 있을 거야…' 이런 생각을 가지고 다음 Project를 기대한다.
어떻게 성공했는지도 중요하지만, 다음에는 어떻게 하면 더 성공할 수 있을지 생각하는 것이 훨씬 더 중요한 일이다.

대단한 성공 신화 같은 Project 건설에 흠집이 난다고 여기는 걸까? 실패와 극복하지 못했던 사례들은 덮어지고 사라져 버린다. 달의 뒷면처럼 Project의 성공 뒤에는 놓쳤던 부분, 제대로 하지 못했던 어두운 부분들이 실재한다. 이런 사항들이 Open되어 개선책이 논의되어야 기술의 발전이 있고 다음 Project의 성공 가능성을 높이게 될 것이다.

기술 정보의
수집

건설 분야에서 지식은 교육, 경험 그리고 다양한 루트를 통하여 구할 수 있는 정보로부터 쌓을 수 있다.

교육은 학교 외 회사에서 제공하는 사내 교육 프로그램, 기술 자격 등급과 관련한 기술자 보수 교육, 건설엔지니어링협회, 해외건설협회 등 건설 관련 협회에서 제공하고 있는 단기간의 교육과정이 있고, 기술 세미나에 참석하는 기회도 있다.

사회에서 시행하고 있는 교육과정들은 학교보다 훨씬 실제 업무에 근접해 있다. 필요하다고 생각하는 교육이나 관심 있는 분야의 세미나는 기회가 닿는 대로 참여하는 것이 좋다.

해외 건설을 위한 기본적인 교육으로는 해외건설협회나 건설엔지니어링협회에서 주관하는 「해외 Project 계약 관리(FIDIC 계약 조건에 대한 이해, Claim 사례)」, 「P3을 이용한 공정관리」 과정을 추천하고 싶다.

특히 해외 Project 계약 관리에 대한 교육은 계약에 대한 전지적인 관점과 함께 각각의 조항들이 가지고 있는 의미를 알려 주기 때문에 건설 계약에 생소한 기술자에게 큰 도움이 된다. 국내 현장에서는 계약서를 볼 필요가 거의 없지만, 해외 Project에서 계약서를 이해하지 못하고 일하는 것은 마치 축구의 룰을 모르고 경기장에서 뛰는 것과 같다고 볼 수 있다.

또한 현장 견학의 기회가 있다면 가능한 한 참석해서 매의 눈으로 살펴보고 관찰한 것들을 정리하여 두는 것이 좋다. 특히 자신이 참여할 Project와 관련이 있는 현장 견학이라면 궁금한 것들이 있을 터이고, 궁금한 것이 많을수록 실제 Project를 시공하며 시행착오를 겪을 가능성이 줄어들게 될 것이다.

> 유원건설에서 특화 사업으로 Tunnel Boring Machine을 이용한 장대 터널 사업을 선택하였다.
> 기술자인 Owner는 그룹 회사도 아니고 건설 회사 딸랑 하나인 유원건설이 경쟁에서 살아남는 방법으로 기술의 'Specialty'를 강조하며, 그동안 특수 교량 사업에 매진하였으나 성적표가 좋지 않았다.
>
> TBM 공법을 적용한 터널 사업은 사례와 자료가 거의 없어 국내 대형 수로터널 공사를 앞두고 시공 계획 수립이 막막하였다. 그런 중에 TBM 제작사인 WIRTH에서 Project Key Member를 대상으로 TBM공법을 적용한 터널 공사 관리에 대한 Training Course를 제안하여 독일로 가게 되었다.
> 제작사 공장에서 준비한 교육과정을 마친 후 스위스와 이탈리아에 있던 TBM 굴착 터널 현장 견학을 통해서, TBM 터널 굴착에 대하여 그야말로 개안을 하였다.
>
> TBM이 터널 막장에서 굴착 작업 하는 것은 장비가 가동되는 것으로 사실 현장에서 Excavator가 터파기 작업을 하는 것과 그 의미가 다르지 않다. 하지만 굴착된 버럭을 운반하기 위한 Rail과 Switching Point를 설치하고 버럭 처리장을 준비하는 것, TBM을 위한 급수, 전력 공급 라인, 배수, 조명 등 후방 지원 시설, 낙석의 가능성이 있는 교차 절리 터널 상부를 Shotcrete 대신 보강하는 방법 등 머릿속에서 정리가 되지 않던 것들을 눈으로 확인할 수 있었다.

현장 견학을 통해 견식한 것들은 첫번째 TBM 터널 현장에 모두 그대로 적용되었고, Project를 성공적으로 끝마치게 하였다.

이후에도 꽤 많이 해외 현장 견학할 기회가 있었고 매번은 아니지만 생각지 못한 방법이나, 현지만의 공사 방식을 접하여 기술의 지평을 넓히는 데 도움이 되었던 경우가 꽤 있었다.

경험은 배우고 생각하고 계획했던 것이 건설 현장에서 어떻게 이루어지고 어떤 결과를 만들어 내는지 모든 과정과 영향을 미치는 Factor들을 세세하게 확인하면서 만들어진다.

기술 역량은 경험과 지식을 바탕으로 성장하는데, 경험은 기회와 시간을 필요로 하여서 쉬이 얻기 어렵다. 교육과 경험이 아니지만, 지식은 수집한 정보를 이해하여 쌓을 수 있으므로 관심 있는 분야의 정보를 수집하는 노력에 따라 상당한 성취를 얻을 수 있다.

제한된 기회만을 제공하는 경험과 교육보다 인터넷과 회사 내 축적된 자료들이 기술 역량 개발에 더 비중 있는 역할을 할 수도 있다.
수집한 정보는 주제에 따라 지식관리 시스템에 분류, 저장해 놓아두었다가 해당 주제가 필요한 때가 되면 꺼내어 내용을 숙독하며 참고가 되는 내용을 기억하고 발췌하게 된다. 아울러 관련 정보들과 비교, 연결을 통하여 실무에 응용하고 온전히 자신의 지식으로 변환되게 된다.

새내기 기술자에게
알려 주고 싶은 건설 정보 수집
(Data Mining) 방법

1. 회사 내 자료를 수집하자.

사내 자료 Source 중 가장 먼저 추천하고 싶은 곳은 자료실이다.
자료실은 회사 내 도서관이라고 보면 되고 건설 회사답게 기술 서적 위주로 구성되어 있다.
여기에는 시중에 출간된 서적 외에 사내 발행 기술 자료와 Project 관련 각종 기술 보고서, 건설지가 보관되고 있으며 직원들이 참석했던 외부 교육이나 세미나 자료도 볼 수 있다. 이러한 자료들은 On-Line 또는 외부에서 구하기 어려운 종류의 것들이다.
그리고 분야별 기술 잡지들도 비치하고 있는데 기술 잡지들을 통하여 현재 건설 기술 Trend와 New Technology를 접할 수 있다.

다음으로는 회사의 KMS(Knowledge Management System)에 담겨 있는 자료를 살펴보는 것이다.
회사의 규모와 사정에 따라 KMS의 운영 유무와 자료의 많고 적음이 있을 수 있지만, 일반적으로 건설 회사는 어떤 형태로든 회사의 기술 자산을 관리하고 있다. 이렇게 회사가 관리하는 기술 자산은 회사가 주력으로 하는 분야의 자료가 풍부하고, 주력 분야는 실무에서 거론되는 빈도가 높으므로 꼭 탐

독하여 상사들과의 대화를 자연스럽게 이어 나갈 수 있도록 하는 것이 바람직하다.

끝으로 사내 관련 부서들과 부서 직원들이 보유하고 있는 자료들이다. 예를 들자면 기술설계팀, 해외공사관리팀, 해외견적팀, 품질안전관리팀 등 각 부서에서 KMS에 Upload한 자료 외에 세부 Data 또는 Upload 기준에 맞지 않지만 유용한 자료가 있을 것이다.

> 해외견적팀에 근무하는 한 직원은 지속적으로 Project 입찰 시 제공되는 입찰 도서를 수집하였다.
> 단순 시공(Build Only) Project 입찰의 경우 Detail Design과 Full Specification이 입찰 참여자에게 주어지는데, 이러한 자료는 Design-Build 구도의 Project 추진 시 적지 않은 도움이 되곤 한다.
>
> 필리핀 Manila Metro Project의 Viaduct 구간이 Design-Build 방식으로 발주되어 입찰을 위한 설계를 진행하였다. 교량 구간은 대표 단면이 몇 장 되지 않았으나, 정거장 구간은 설계 제안이 쉽지 않았는데 마침 싱가포르 Downtown Line Metro Project 입찰 설계도면에 정거장 상세도면이 있어 이를 활용하여 신속하게 설계를 준비할 수 있었다.
>
> 입찰 설계도면은 PDF 파일로 제공되는데 요즘은 PDF 파일을 CAD 파일로 변환하여 사용하는 것이 어렵지 않다. 무엇보다 Design-Build 입찰 설계는 실패를 고려하여 최소한 비용으로, 신속하게 준비해야 하는 상황에서 큰 도움이 되었다.

이렇듯 각 팀이 보유하고 있는 자료에 관심을 가지고 필요 시 얻어 낼 수 있도록 관계를 돈독히 하는 것이 좋다.

기술설계팀

- 입찰/수행 Project 설계 자료
- 설계변경/V.E 사례
- 각종 기술 검토서

해외공사관리팀

- 수행 Project 실행 예산, 시공 계획, 집행 품의서
- Method Statement, 공종별 검측 Checklists, 현장 Reports
- 기성 청구 서류
- Claim 사례

해외견적팀

- Project 입찰 자료
- 국가별 Site Survey Report

품질안전관리팀

- 품질관리 매뉴얼
- 안전관리 매뉴얼
- 안전사고 사례 모음

기술연구소

- 기술 연구 보고서

시공 단계에 들어가면 실제 작업의 착수에 앞서 준비해야 할 사항들이 있는

데 그중 하나가 Method Statements(시공계획서)이다. 해당 작업의 Method Statement가 Consultant에게 제출되고 승인을 받아야 작업이 시작될 수 있다. Method Statement는 정해진 Format이 있는 것은 아니지만 기본적으로 포함되어야 할 내용과 순서가 있다. 따라서 이러한 영문 Method Statement 견본을 수집하여 그에 맞추어 필요한 작업의 Method Statement를 작성하는 것이 쉬운 방법이다.

다양한 작업의 Method Statement Sample을 수집하게 되면 Method Statement 작성이 훨씬 쉬워지는 것은 당연하다.

사실상 Method Statements를 준비하는 것이 시공 실무자가 해외 현장에서 봉착하게 되는 어려움 중 하나인데 여기에는 영어로 작성된다는 점 외에 국내와 해외라는 환경의 차이가 어려움을 가중시킨다. 국내의 경우 통상적인 작업 방법으로 별도의 설명이 필요하지 않은 부분도 해외에서는 서로 다른 시공 환경에 따른 경험의 이질성 때문에 좀 더 상세해질 필요가 있기 때문이다.

싱가포르의 지하철 공사에서는 200개를 훨씬 상회하는 Method Statements가 작성되는 것이 보통이다.

시공에 필요한 양식 중 하나로 검측 Checklist가 있다.
공종별 검측 Checklist는 작업 주요 사항들을 점검하기 위하여 작성한 서식으로 공사 수행 단계별로 Checklist를 작성하여 관리할 수 있다. 또한 검측 요청서와 함께 Consultant에게 제출하여 작업 사항에 대한 검사를 받기 위한 목적으로도 사용된다.

해외공사관리팀은 Project 수행에 필요한 자료와 각종 양식을 축적, 관리하며 신규 Project 팀에 제공하여 현장 업무 수행을 지원하는 것이 중요한 역할 중 하나이다. 이러한 자료 없이 현장 기술자들이 개인적으로 참고 자료를 구하거나 처음부터 새로 만드는 것은 정말로 시간과 노력을 허비하는 것이 아닐 수 없다.

싱가포르 지하철 공사 Method Statement List

No	Subject /Title
1	Method Statement for Hoarding
2	Method Statement and Risk Assessment for Tree felling
3	Method Statement for Trial Trench Work
4	Site Utilization Plan
5	Traffic Diversion Scheme at Tampines East Station Stage 1
6	Traffic Diversion Scheme at Tampines Central Station Stage Light Phasing
7	Civil Construction Safety Submission (CNSS)
8	Risk Register (Appendix A)
9	Baseline Program (Appendix B)
10	Technical Specifications on New 6.650m Mixed Face EPBMs and Back-up Systems
11	Method Statement for Precast Reinforce Concrete Box Culvert and Precast Concrete U Drain Construction
12	Environmental Management & Monitoring Plan
13	Pre-Construction Topographical Survey Plan for Tampines East Station

No	Subject /Title
14	Method Statement for Contract C925 on Temporary Sewer Pipe Laying
15	Method Statement for Preliminary Pile Load Test of Diaphragm Wall
16	Method Statement for Access to D – Wall Plant
17	Diaphragm Wall – Preliminary Load Test – Reinforcement Details – Compression Test
18	Method Statement for Relocation of Existing running Track & Outdoor Activities
19	Method Statement for Preliminary Load Test of Bored Pile
20	Traffic Diversion Scheme at Tampines East Station – Stage 1
21	Traffic Diversion Scheme at Tampines East Station – Stage 2
22	Traffic Diversion Scheme at Tampines Central Station Light Phasing
23	Traffic Diversion Scheme at Tampines East Station Proposed Finished Road Level – Stage 1
24	Traffic Diversion Scheme at Tampines East Station Proposed Finished Road Level – Stage 2
25	Traffic Diversion Scheme at Tampines East Station Cross Section A-A
26	Traffic Diversion Scheme at Tampines East Station Cross Section B-B
27	Detailing for End Treatment of Concrete Barrier and Signboard Arrangement
28	Traffic Diversion Scheme at Tampines East Station Proposed Finished Road Level – Stage 1
29	Probe Holes Location Plan for D-Wall & CBP

No	Subject /Title
30	Method Statement for Diaphragm Wall Construction
31	Pre-Computation Plan for Diaphragm Wall for Concourse Level at Tampines East Station
32	Longitudinal Section for Proposed Drain
33	Method Statement for Contract C925 on Installation of Noise Barrier
34	Slope Stability Check for Temporary Drain
35	Method Statement for Demolition of Garden Pavilion, Link Way & Bus Stop Shelters
36	Tampines East Station Diaphragm Wall Section E-E, Type 5 Panel Details - N12
37	Tampines East Station Diaphragm Wall Section E-E, Type D1 Panel Details - N14
38	Method Statement for Bored Pile
39	D-Wall Layout Plan
40	Method Statement for Background Noise
41	Method Statement for Existing Drain Strengthening
42	Method Statement for 2M RCU Drain Construction
43	Method Statement for CBP Wall
44	Pedestrian Access / Temporary Path
45	Pedestrian Access Plan Stage 1
46	Method Statement for RCU (Next to Blk 228)
47	Method Statement for Lay Bentonite Pipe on the Live Road
48	Overall Panel Plan/Site Utilization Plan
49	Site Utilization Plan Stage 1

No	Subject /Title
50	Method Statement for Preliminary Pile Load Test of CBP
51	Method Statement for Installation of Noise Barrier
52	Method Statement for Installation, Testing and Commissioning of Stray Current Corrosion Control
53	Method Statement for Temporary Steel Shoring and Decking
54	Method Statement for Bentonite Pipe Crossing the Road
55	Method Statement for 2M RCBC Under The Carriageway
56	Method Statement for Installation of Kingpost (D-Wall)
57	Method Statement for Rotary Coring of Bored Pile Toe
58	Method Statement for Sonic Coring and Logging Test
59	Method Statement for WLT (Tension) in Bored Pile
60	Method Statement for Pile Driving Analyzer (PDA) Test
61	Method Statement for Removal of Abandoned Utility
62	Method Statement for Sonic Coring (D-Wall)
63	Method Statement for Preliminary Pile Load Test of Bored Pile (Tension)
64	Method Statement for Construction of Capping Beam
65	Method Statement for Soil Resistivity Test, Exothermic Welding and Earth Mat Installation c/w Testing & Commissioning
66	Civil Construction Safety Submission (CNSS) – D-Walls, CBPS, Bored Piles (Plunge-In Columns) At Cut And Cover Tunnel (Alternative Design)
67	Civil Construction Safety Submission (CNSS) – Bulk Excavation and Strutting

No	Subject /Title
68	Excavation Plan For Launching Shaft
69	Excavation Plan For Launching Shaft - Stability Check for Critical Slopes
70	Longitudinal Excavation Sequence (Stage 1)
71	Longitudinal Excavation Sequence (Stage 2)
72	Longitudinal Excavation Sequence (Stage 3)
73	Longitudinal Excavation Sequence (Stage 4-1)
74	Longitudinal Excavation Sequence (Stage 4-2)
75	Longitudinal Excavation Sequence (Stage 5)
76	Longitudinal Excavation Sequence (Stage 6)
77	Longitudinal Excavation Sequence (Stage 7)
78	Method Statement for Demolition of Existing Drains
79	Method Statement for Temporary Strutting and Decking at Station Area (Installation & Dismantling)
80	Method Statement for Deep Excavation Works at Cut & Cover Area
81	Method Statement for Installation of Decking Beam Anchor Bolt
82	Method Statement for Capping Beam Installation of D-Wall
83	Method Statement for Demolition of Linkway
84	Method Statement for Pre-Boring in D-Wall
85	Method Statement for Preliminary Pile Load Test for D-Wall (UTP-DW2)
86	Method Statement for Preliminary Pile Load Test for D-Wall (UTP-DW1)
87	Method Statement for Concrete Coring of D-wall Panel

No	Subject /Title
88	Method Statement for Waler Beams & RC Struts
89	Civil Construction Safety Submission (CNSS) – Tunnel Boring Works
90	Method Statement for Deep Excavation Works at Station Area
91	Method Statement for Bored Tunnelling (General)
92	Method Statement for Backfill Grout Plant Installation & Operation
93	Method Statement for Gantry Installation, Testing & Commissioning (Bored Tunnels)
94	Method Statement for Compressed Air Works
95	Method Statement for Repair Work (D-Wall) and Contingency Plan for Tremie Choking
96	Method Statement for 500t Mobile Crane Foundation
97	Method Statement for Muck Pit with Tipping Console
98	Method Statement for Gantry Crane Foundation
99	Method Statement for TBM Cradle
100	Method Statement for Void Filling Behind the Strut Support Bracket
101	Method Statement for Tunnel Eye Construction
102	Method Statement for Repair Work (N119) for the Construction of Strut & Waler
103	Method Statement for Tunneling near Existing EWL Viaduct
104	Method Statement for Recharge Well Installation
105	Method Statement for Tunneling near Tampines Regional Library
106	Tampines Station – Bus Shelter Slab On Traffic Deck
107	Proposal for Hacking of D-Wall N119 at Top & Base Slab Levels
108	Method Statement for Waler & Strut S3/L2T

No	Subject /Title
109	Method Statement for Installation & Testing of ABS Pipe
110	Method Statement for High Strain Dynamic Testing
111	Method Statement for Tunnel Ventilation
112	Method Statement for Construction of Reinforced Concrete Structure Works for Cut & Cover Tunnel at Tampines
113	Method Statement for Reaction Frame Installation
114	Method Statement for Delivery and Assembly of Tunnel Boring Machine
115	Method Statement for Guard Railing Works
116	Method Statement for General Waterproofing System
117	Method Statement for Initial Drive
118	Method Statement for Cutter Head Intervention
119	Method Statement for TBM Changeover to Main Drive
120	Method Statement for Segment Repair
121	Method Statement for Temporary Linkway Shelter at Block 229 Leading to Bus Stop
122	Method Statement for TBM Main Drive
123	Method Statement for Tunnel Eye Construction at C925A
124	Method Statement for Plumbing, Sanitary and Drainage Installation Works
125	Method Statement for CD Door Installation
126	Method Statement for Construction of Reinforced Concrete Structure Works for Tampines East Station
127	Method Statement for Hacking, Cleaning and Pouring Concrete for Diaphragm Wall Panel N1

No	Subject /Title
128	Method Statement for TBM Disassembly and Re-Assembly
129	Method Statement for Plate Bearing Test for Tampines East Station
130	Method Statement for Bulk Fuel Tank Fabrication, Inspection and Testing
131	Method Statement for Pit Excavation
132	Method Statement for Construction of Manhole Shaft and Pipe Jacking
133	Method Statement for Installation and Testing of Touch Voltage Membrane System
134	Method Statement for 1st Stage Concrete
135	Revised Work Sequence at Interface Area C925-C923A
136	Method Statement for Patch Back Drilled Holes on Concrete
137	Method Statement for Utility Pipe Laying Across the Road
138	Method Statement for Repairing Cracks on Track Bed Concrete
139	Method Statement for Installation and Dismantling of Struts (Station S5a, S3a)
140	Pre-Computation Plan for CD Doors Location at GL 16
141	Method Statement for Initial Drive for Bukit Panjang Bound
142	Method of Statement for Manual Erection of Bored Tunnel
143	Addendum to Method of Statement for Manual Erection of Bored Tunnel
144	Method Statement for Cross Passage and Sump
145	Method Statement for Structural Concrete Defects Repair
146	Method Statement of Internal Over Pressure Test (IOPT)

No	Subject /Title
147	Method Statement of Internal Over Pressure Test (IOPT) – Supplementary
148	Method Statement for Repair of Concrete Crack due to Shrinkage
149	Method Statement for Kingpost Cutting
150	Method Statement for Skim Coat & Floor Screeding Works
151	Method Statement for Door Installation
152	Method Statement for Backfilling Work
153	Method Statement for Cat ladders & Hand railings
154	Method Statement for Dismantling Gantry Crane
155	Method Statement for Painting Works
156	Method Statement for Reinstatement of Drain at C925 Site
157	Method Statement for Reinstatement of Drain at C925 Site
158	Method Statement for Cutting of First Layer Reinforced Concrete Struts at Cut & Cover
159	Method Statement for FAT for Pump Panels
160	Method Statement for Hacking of Diaphragm Wall and Guide Wall in Cut & Cover and Station
161	Method Statement for Painting of Pipes for Plumbing and Drainage System
162	Method Statement for Aluminium Ceiling Panel Installation Works
163	Method Statement for Vitreous Enamel and Aluminium Panel Installation Works
164	Method Statement for Installation of Floor & Wall Tiles/Stone (Screed, Render/Plaster Included)

No	Subject /Title
165	Method Statement for Site Testing and Commissioning of Water Handling Equipment
166	Method Statement for Installation of Drainage Pump to Cable Pits at Cut and Cover Tunnel
167	Method Statement for Wall Granite/Homogeneous Tile Drop Test
168	Method Statement for Site Testing of UV Purifier
169	Method Statement for Aluminium Louvre Installation Works
170	Method Statement for 2hr Fire Rated Demountable Wall and Floor Panels Installation Works
171	Method Statement for Cutting of Waler Beam
172	Method Statement for Non-Shrink Grout Patching for Wall Misalignment
173	Method Statement for Roller Shutter Installation
174	Method Statement for the Application of Texkote Coating System on RC Wall Above Ground
175	Method Statement for Structural Steelwork for Entrances, Linkways & Shelters
176	Method Statement for Installation of Fall Arrest System
177	Method Statement for Installation of Fall Arrest System
178	Method Statement for Granolithic Floor Finishing Works
179	Method Statement for Installation of Metal Roof and Roof Ceiling
180	Method Statement for Installation of Steel Frame Under Escalator
181	Method Statement for On Site Pressure Test to Bulk Fuel Tank, Fuel and Vent Pipes
182	Method Statement for Installation of Integrated Artwork (Art on Panels)

No	Subject /Title
183	Method Statement for Demolition of Noise Barrier
184	Method Statement for Installation of Ceiling, Bull – Nose and Metal Furring
185	Method Statement for Lift Gazing Works Above Ground Level (B1L01, B1L02, B1L03, B1L04)
186	Method Statement for The Drain Diversion
187	Drinking Water Pumps Flow Rate test
188	Method Statement For Parapet Wall Stone Cladding Drop Test
189	Method Statement For Cleaning of Ceiling & Wall Cladding Using Mobile Vertical Lift
190	Method Statement For Pavilion Steel Structure Installation
191	Method Statement and Safe Work Procedure for the RCBC Construction at TPJC New Gate
192	Site Utilization Plan for Entrances C & D
193	Method Statement for CBP Wall
194	Method Statement for Retaining Wall Construction at Entrance D (Inside Tampines Junior College)
195	Method Statement for 200mm Dia. Grout Pile Installation
196	Method Statement for King Post Installation in Bored Pile
197	Method Statement for Capping Beam and RC Strut Construction
198	Method Statement and Safe Work Procedure for Drain Construction
199	Design Calculation for Silo Base at Entrance D
200	Method Statement for Pipe Jacking Construction
201	Addendum to Method Statement for Pipe Jacking Construction

No	Subject /Title
202	Method Statement for Temporary Works Strutting & Decking (Installation & Dismantling) Entrance C & D
203	Method Statement for Excavation of Entrance C&D @ Tampines East Station
204	Method Statement for Reaction Wall Construction at Entrance D
205	Method Statement for Reinstatement of Singtel Manhole
206	Method Statement for Under Pass Construction (Mined Tunnel)
207	Addendum to Method Statement for Under Pass Construction (Mined Tunnel)
208	Method Statement for Plate Load Test for Entrance C & D
209	Method Statement for Construction of Reinforced Concrete Structure Works for Tampines East Station Additional Entrance C & D (Excluding Mined Tunnel RC Works)
210	Method Statement for Underpass Permanent Lining Construction (Mined Tunnel)
211	Method Statement for Underpass Permanent Lining Construction (Mined Tunnel) – Reply to LTA Comment
212	Method Statement for Loading and Unloading of Materials
213	Loading and Unloading Method of Statement (Mined Tunnel)
214	Method Statement for the Installation of Steel Structure at Entrances C & D
215	Method Statement for the Installation of Steel Structure at Entrances C & D
216	Method Statement For The Installation Of VE & Aluminium Wall Cladding at Entrances C & D

2. 세계적으로 유명한 건설 장비 회사 Website를 방문해 보자.

기술 발전에 따라 대형화와 자동화가 이루어지고 있는 건설 장비가 건설 기술 발전에 기여하는 바가 상당하므로 이들 장비에 대한 정보를 수집하여 어떻게 활용할 수 있는지를 파악할 필요가 있다.
이 회사들의 Website는 장비 Catalog는 물론 작업 Manual, Handbook, Site Report와 같은 기술 자료를 제공하기도 한다. 이러한 건설 장비 관련 자료를 분야별로 정리하여 두면 유용하게 사용할 수 있다.

현장에서 빈번하게 일어나는 중량물 인양 작업을 생각해 보자.
50Ton 중량의 Steel Box Girder를 교각 위에 거치하려면 얼마의 Capacity를 가진 Crane을 동원해야 할까? 100Ton Crane이면 되지 않을까?
Crane 제작사로 유명한 독일의 LIEBHERR Website에서 제공하는 기술 자료에서 Crane별 Lifting Capacity Table을 살펴보자.
Girder를 설치할 교각 높이가 10m이고 거치할 교각 10m 이내 위치에서 Crane이 작업할 수 있는 조건인 경우, 인양 작업을 위한 Crane Boom의 길이는 20m 정도가 되어야 하므로 110Ton Crane의 안전 인양 중량은 26.8Ton이다. 250Ton Crane의 경우 동일 조건에서 56Ton이 나오므로 250Ton Crane을 동원하여야 무리 없이 Girder를 교각에 거치시키는 작업을 수행할 수 있는 것이다.

이렇듯 장비에 대한 기술 자료를 수집하여 두면 문제가 제기되었을 때 바로바로 대처가 가능하고, 결정에 확신을 가질 수 있다.

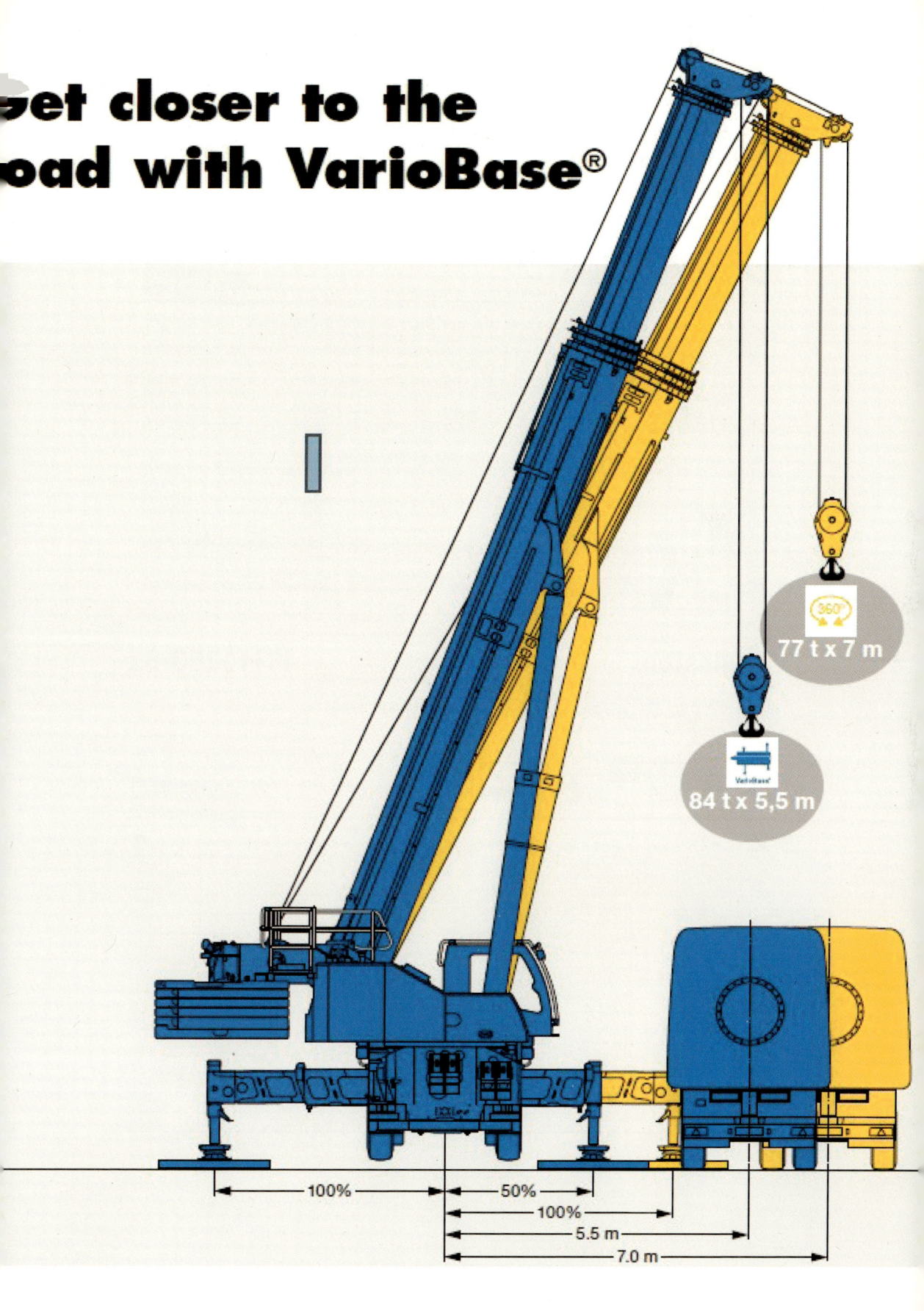

Traglasten   LTM 1100-4.2

Lifting capacities · Forces de levage · Portate · Tablas de carga · Грузоподъемность

EN

VarioBase®

	11,5 m	15,2 m	18,9 m	22,6 m	26,3 m	30,1 m	33,8 m	37,5 m	41,2 m	45 m	47,5 m	48,7 m	51,9 m	52,4 m	55,4 m	56,1 m	60 m	
3	59,6	59,5	59,4	59,4														3
4	54,6	54,9	55	55,1	54,3	49												4
5	46,6	47,3	47,2	47,3	46,7	45,1	39,9											5
6	40,3	40,9	41,6	41,1	40,9	40,5	39,4	32,8										6
7	35,6	36,5	36,9	37	36,9	36,6	35,6	32,6	26,8	21,8								7
8	31,9	32,8	33,2	33,3	33,2	32,9	32,1	31,2	26,5	22,1								8
9	28,4	29,4	29,8	30	29,8	29,5	29,2	27,9	26	21,9	15,6	18,2						9
10		26,3	26,8	26,9	26,8	26,4	26,2	25,5	24,5	21,7	15,2	18	13,4	15,1	12	12,4		10
12		21	21,6	21,7	21,6	21,7	21,1	20,2	19,2	14,3	17,5	12,9	14,9	11,7	12,2	10,2		12
14			17,8	17,9	18	18,2	17,9	18,1	17,3	16,7	13,3	15,7	12,2	14,4	11,4	12	10	14
16			15	15,1	15,5	15,4	15,4	15,2	15,2	14,4	12,4	13,8	11,5	13	10,9	11,6	9,9	16
18				12,8	13,3	13,1	13,2	12,9	12,8	12,6	11,5	12,1	10,8	11,7	10,4	11	9,5	18
20				11,5	11,5	11,2	11,5	11,3	11,3	11,1	10,6	10,7	10	10,1	9,8	9,4	9	20
22					10	10,2	9,9	10	9,8	9,6	9,6	9,3	9,3	8,8	8,7	8,2	7,8	22
24					8,9	9	8,7	8,7	8,5	8,3	8,4	8	8,1	7,7	7,6	7,1	6,8	24
26						7,9	7,8	7,7	7,4	7,2	7,3	6,9	7	6,8	6,7	6,2	5,9	26
28							7	6,9	6,6	6,4	6,4	6,1	6,1	5,9	5,4	5,2		28
30							6,3	6,1	5,8	5,7	5,7	5,3	5,3	5	5,1	4,7	4,5	30
32								5,5	5,2	5	5	4,7	4,6	4,4	4,4	4	3,9	32
34								4,9	4,6	4,4	4,5	4,1	4,1	3,8	3,9	3,5	3,4	34
36									4,2	4	4	3,7	3,6	3,3	3,4	3	2,9	36
38									3,8	3,5	3,6	3,2	3,2	2,9	3	2,6	2,5	38
40										3,2	3,2	2,8	2,8	2,5	2,6	2,2	2,1	40
42										2,8	2,9	2,5	2,5	2,2	2,3	1,8	1,8	42
44											2,6	2,2	2,2	1,9	1,9	1,5	1,5	44
46												1,9	1,9	1,6	1,7	1,2	1,2	46
48													1,7	1,3	1,4	0,9	0,9	48
50														1,1	1,1	0,7	0,7	50

+ 1,5 %   LTM_1100-4.2_Muli_20

Traglasten   LTM 1250-5.1

Lifting capacities · Forces de levage · Portate · Tablas de carga · Грузоподъемность

EN

VarioBase®

	13,1 m	17,4 m	21,7 m	22,4 m	26 m	30,3 m	34,6 m	39 m	43,3 m	47,6 m	51,9 m	54,9 m	56,2 m	59,2 m	60 m	
3	134	120,9	120,2													3
4	127,9	122,7	121,6	121	118											4
5	109,2	109,5	109,5	108,6	106,2	95,5										5
6	89,5	91,2	91,7	87,3	86,2	75,1	67,3									6
7	69,7	72	72,7	69,7	68,7	61,6	56,5	51,2								7
8	55,2	57,3	58,1	56	56,7	53	47,9	44,7	41,4							8
9	45,2	47,2	48	47,3	49,1	45,4	42,3	39,2	36,2	33,4						9
10	37,9	39,8	40,8	39,9	41,5	39,5	37,2	34,6	32,1	29,7	27,3					10
12		29,7	30,7	30,9	31,3	31,4	29,5	27,6	25,7	23,9	22	21,5	20,3	19,7	19,4	12
14		23,2	24,1	24,3	24,7	24,9	24,2	22,7	21,2	19,7	18,1	17,7	16,7	16,2	16	14
16			19,5	19,6	20,1	20,2	20,2	19	17,7	16,5	15,1	14,9	13,9	13,5	13,3	16
18			16,2	16,3	16,7	16,8	16,8	16,1	15,1	14	12,8	12,6	11,6	11,4	11,2	18
20			13,8	13,8	14,2	14,2	14,2	13,9	12,9	11,9	10,8	10,7	9,8	9,6	9,4	20
22					12,2	12,2	12,2	11,9	11,2	10,3	9,3	9,2	8,3	8,1	8	22
24					10,7	10,5	10,5	10,2	9,7	8,9	7,9	7,9	7	6,9	6,7	24
26						9,2	9,2	8,9	8,5	7,7	6,8	6,8	5,9	5,8	5,7	26
28							8,2	7,8	7,4	6,7	5,8	5,8	5	4,9	4,8	28
30								7,2	6,9	6,4	5,7	4,9	4,9	4,1	4	3,9	30
32								6,4	6,1	5,6	4,9	4,2	4,2	3,4	3,3	3,2	32
34									5,4	5	4,3	3,5	3,5	2,7	2,7	2,5	34
36									4,8	4,4	3,7	2,9	2,9	2,2	2,1	2	36
38										3,8	3,2	2,4	2,4	1,7	1,6	1,4	38
40										3,3	2,7	2	2	1	0,9	0,8	40
42											2,4	1,6	1,6	0,6	0,5	0,4	42
44											2	1,2	1,1	0,3	0,2		44
46											1,7	0,9	0,7				46
48												0,5	0,5				48
50												0,2	0,2				50

+ 18,3 %   LTM_1250-5.1_Muli_2

⟨참고할 만한 건설 장비 회사 Website⟩

- CATERPILLAR / KOMATSU – 범용 건설 장비(Dozer/Excavator/Loader/Grader/etc.)

> 💡 Caterpillar Performance Handbook을 꼭 찾아볼 것. Caterpillar 장비의 제원과 성능, 작업량, 운영 비용 등이 상세히 나와 있다. Komatsu Handbook도 장비비 산정 방식과 Data를 상세히 제공하고 있다. Caterpillar와 Komatsu는 세계적인 장비 메이저로 해외에서 주로 사용되는 장비이므로 장비비 기준으로 삼기에 손색이 없다.

- PUTZMEISTER / SCHWING-Stetter – 콘크리트 관련 장비(Concrete Pump, Batch Plant, Mixer Truck)
- BAUER / SOILMEC / THYSSENKRUPP – Bored Pile, Diaphragm Wall, Soil Grouting
- WIRTGEN/GOMACO/VÖGELE – 도로포장 장비(Concrete Slipform Paver/Asphalt Concrete Paver)
- ATLAS COPCO / SANDVIK – 터널 공사용 장비(Jumbo Drill Wagon/Charging Machine/Concrete Spraying Machine/LHD)
- HERRENKNECHT / ROBBINS – Tunnel Boring Machine
- LIEBHERR / TADANO – Crane
- NRS AS / PERI – 교량 가설 장비(Form Traveler/MSS/etc.), System Formwork

3. 자재 Leading Manufacturer's Website를 방문해서 기술 자료 확보.

- 콘크리트 혼화제 - SIKA, MASTER BUILDERS
- 시멘트 - LAFARZ, HOLCIM, 한라시멘트
- 형강 규격(제원/중량/설계Data) - 동국제강
- PC Strand - 동일제강
- 교좌장치와 신축이음 - FREYSSINET, MAGEBA
- Asphalt - SK아스팔트, GS칼텍스

4. 전문분야 기술 보유업체

- Post-tensioning - VSL International, FREYSSINET, BBR, 케이블텍 (CABLETEK)
- Bored Pile & Diaphragm Wall - BAUER FOUNDATION, SOLETANCHE BACHY, TREVI, LT SAMBO
- Form & Scaffolding System - Peri, Doka, Euroform, Huennebeck

5. 전문 Magazine에서 자료 Scrap.

- ENR(Engineering News Record)
- Concrete Construction
- Equipment World
- Bridge Design & Engineering
- Highways
- Tunnels & Tunneling

💡 독일 BAUMA INTERNATIONAL CONSTRUCTION EQUIPMENT EXHIBITION, 프랑스 파리의 INTERMAT, 미국 라스베이거스의 CONEXPO 는 세계 3대 건설 장비 전시회로 3년마다 개최된다. 전시회를 방문하여 세상에 어떤 장비들이 있는지 세세히 살펴보고 트렁크에 Brochure와 기술자료를 가득 채워서 돌아오라.

독일 BAUMA INTERNATIONAL
CONSTRUCTION EQUIPMENT EXHIBITION

파리 INTERMAT International Exhibition for Construction and Infrastructure

미국 라스베이거스 CONEXPO

New world record over 2015 m in long-distance concrete conveying

The previous world record in long-distance concrete conveying has been beaten by 195 m by a Putzmeister concrete pump of type BSA 14000 HP-D - the new record is 2015 m! This new best performance was set up by the French concrete pump service TRANSBETON whilst carrying out refurbishing work in an hydraulic water gallery in Haut Doubs at Le Refrain construction site near the Swiss border.

Description of the construction site

The 3 km long water tunnel with approximately 3.5 m inside diameter is being refurbished over a distance of 1900 m by the building contractor BOUYGUES, on order of the French Electricity Association EDF. To keep costs as low as possible and to minimise the time required, one decided to line the gallery wall with a new concrete shell. The tunnel cross-section was therefore reduced and had to be compensated for by the floor being driven lower and this then also had to be newly filled with concrete. The complete construction site installation with its own concrete mixing plant was situated outside the tunnel and was connected to the hydraulic water gallery by the intake plant.

Choice of concreting method

There was a choice of two methods for placing the 4000 to 5000 m³ of concrete:
- the original transport by vehicles – one decided, however, that this would have been too expensive
- concrete pump conveying – this is a clean, practical and economical solution – and was considered to be the safest method for the construction site personnel. One had, however, never before successfully pumped over such great distances.

After considerable consultation between the General Enterprise BOUYGUES, the pump service TRANSBETON and Putzmeister, the concrete pump manufacturer, one finally chose pump conveying.

Pumping operation

For the long-distance concrete conveying over approximately 2000 m, the customer expected a minimum conveying output of 10 m³/h and a slump in the formwork of at least 16 cm. The building contractor was allowed to modify the concrete if he wanted to as long as he adhered to the contract specifications. So as not to hinder the construction traffic in the gallery, it was not possible to set up a relay pump over the whole length of the tunnel up to the formwork due to lack of space (we will explain the reasons later for the additional concrete pump with an increased share of cement (500 kg/m³ instead of 400 kg/m³) and precisely dosed retarder. And then the conveying of the "normal concrete" began and this was separated by several sponge balls from the slurry. Whilst starting to pump one had switched the transfer tube in the formwork in such a way that the slurry flowed into the return line and could be used again when required. As soon as the sponge balls had passed through the transfer tube, the tube was switched over and the backfilling of the formwork could commence. Whilst the S-transfer tube of the BSA 14000 HP-D switched over to the respective delivery cylinder, the Free Flow Hydraulic control (FFH) prevented uncontrolled pressure peaks in the concrete during world-record conveying. During the total course of the concreting phase, the hydraulic and concrete pressures were recorded by pressures absorbers and printed. Putzmeister engineers have, by the way, logged the measured values in the computer so that further re-search can be carried out at a later date.

A third of the concrete (B 25) consisted of angular aggregates and two-thirds of round/stout aggregates (0/16 mm) which was liquefied and retarded. The super plasticiser is a neutral silicate – 40 times finer by the way than cement and much cheaper than silicium ash.

Just before the end of the individual concreting phases, the concreting team calculated the amount of residual concrete in the delivery line according to the rule of thumb "1 m pipeline = 12 l concrete volume" and adjusted the production of concrete downwards so far that the total amount of concrete (apart from a small "reserve") could be placed from the delivery line into the formwork. After the last concrete had passed through the transfer tube, first the BSA "cleaning pump" was used to clean the front section of the line until the large BSA 14000 HP-D – now with clean delivery cylinders, hoppers and transfer tube – was available again to clean the delivery line that was over 2000 m long. Two so-called Putzmeister "cleaning scrapers" and five relatively hard sponge balls separate here the last concrete charge from the flushing water. The efficiency of the "scrapers" was confirmed here – as, as far as we know, no other cleaning method has functioned safely over distances of up to 600 m.

New world record

Finally the Putzmeister concrete pump BSA 14000 HP-D attained its greatest pumping conveying distance in conveying concrete in the hydraulic water gallery of Le Refrain. The world-record pump conveyed approximately 20 m³/h into concrete into the formwork through a line length of 2015 m – this was clearly more than the previous well-known conveying distance of 1820 m that had set up by a Putzmeister BSA 2109 HP-D on a Japanese construction site. For an hydraulic pressure of 220 bar, the conveying pressure in the concrete was a comparatively modest 95 bar. The BSA 14000 HP-D was, how-ever, a long way off reaching its performance limits. As the placing hose at the end of the pipeline had to be changed manually again and again to the side formwork openings and then to the ridge floor, a greater output could hardly have been placed by the construction site personnel under the local conditions.

With pressure sensors Putzmeister recorded the hydraulic pressure during the whole phase of concreting

With a drive performance of 375 kW the BSA 14000 HP-D attained pumping pressures of up to 260 bar in the concrete. This is the most powerful concrete pump in the world.

Putzmeister Products and Services
Concrete Pumps · Industrial Technology PIT · Telebelt · Mörtelmaschinen GmbH · Dynajet · High Pressure Cleaners · Services · Concrete Project Division CPD · Consulting and Data Technology · Academy

Putzmeister AG
Max-Eyth-Str. 10 · 72631 Aichtal
P.O.Box 2152 · 72629 Aichtal
Tel. +49 (7127) 599-0
Fax +49 (7127) 599-520
www.putzmeister.de
E-mail: pmw@pmw.de

BP 2476-2 GB   Right to make technical amendments reserved. All rights reserved · © by Putzmeister AG 2007 · Printed in Germany (10709RR)

Schematic diagram of long-distance conveying with the PM world-record pump BSA 14000 HP-D on the construction site of Le Refrain behind the formwork). What also made it complicated here was the fact that the construction site was only accessible from one side.

Safety reserves calculated

The concrete conveying did not begin in the hydraulic water gallery but also first covered approximately 300 m outside the tunnel. For pump-ing distances of over 2000 m this means a residence time for the concrete of approximately 2 1/2 hours in the delivery line. If block-ages should occur in the pipeline, one therefore had to have the guarantee that the concrete could be conveyed back to the tunnel entrance or that the concrete could be used to line the floor. When metering the retarder, a compromise was found which took into account both an early stripping of the concreted tunnel section and sufficient safety reserves (double path time) if problems should occur. Also several hours residence time in the delivery line were calculated for the composition of the slurry to be pumped.

Pump station

The Putzmeister concrete pump of type BSA 14000 HP-D was set up near the intake plant below a 6 m³ mixer bunker. The machine with 375 kW CAT Diesel drive is recognised as the most powerful concrete pump world-wide. In accord-ance with the output required and the delivery pressures expected, Putzmeister had equipped the BSA 14000 HP-D for a piston stroke of 2100 mm with 200 mm delivery cylinder diameter. The concrete pump thereby attains delivery pressures of up to 150 bar in rod-side operation. If higher pressures are required, the BSA can easily be changed to head-side pres-surisation and pressures up to 220 bar are attained. By the way, under extreme operational conditions, the machine can also be converted to 180 mm delivery cylinders so that concrete pressures of up to 260 bar can be realised.

Just behind the pressure outlet of the concrete pump, the concreting team of TRANSBETON inserted a so-called gravel brake into the delivery line so that if there is not sufficient concrete charge mixed a blockage occurs right at the begin-ning of the delivery line and not somewhere along the over 2000 m pipe-line. The gravel brake can, by the way, be removed so that blockages can be remov-ed. The Putzmeister ZX delivery line (DN 125 mm) for the pressures expected had been attached space-savingly to the tun-nel wall so that the passenger traffic and transport of material is not hindered in any way.

Placing concrete in the gallery

In front of the formwork the delivery line ended in a transfer tube. This had differ-ent functions – either:
- to guide the concrete into the form-work or
- to change to lining the floor as well as to guide the flushing water whilst cleaning through the reverse line to the entrance of the gallery.

The concrete was made on site at the world-record concrete site Le Refrain. In the background is the mixer plant; in the middle the Putzmeister high pressure concrete pump BSA 14000 HP-D.

A gravel brake between the mixer outlet and the delivery line led to the clogged-up gravel caused by not enough concrete being mixed causing blockages just behind the pump and not over the course of the 2015 m long pipe-line.

At the beginning of construction, the formwork distributor safeguarded at first the connection between the delivery line and the formwork side openings and the ridge connection piece. The formwork distributor was, however, soon removed again as it required too much space in the relatively small tunnel cross-section. A flexible hose was connected up instead at the end of the delivery line – this was hung up first manually into the side formwork openings, respectively con-nected to the ridge connection piece. The commands for the control of the BSA concrete pump (on/off, output adjust-ment) were carried out by phone from the formwork team in the tunnel to the oper-ators of the BSA 14000 HP-D. This made it possible to keep the response times as short as possible.

Cleaning plant

A further pump of type BSA 2100 HE with 200 kW electric motor was available to clean the concrete pump, lines and transfer tubes. It was set up below a 30,000 l water storage tank and due to the high pressures in the cleaning water was equipped with a ball check valve.

The cleaning pump BSA 2100 HE was set up below a water tank with 30,000 l capacity directly next to the mixer bunker and the high pressure concrete pump BSA 14000 HP-D. A sign prevented the concrete spraying whilst the pipeline was being filled.

A special pipe design connected the two Putzmeister pumps to the delivery line. This enabled the complete delivery line system to be clean-ed quickly and the cleaning water to be caught, respectively regained.

Second concrete pump improves mixing quality / Secondary pump for follow-up mixing

During concreting after a conveying distance of approximately 1600 m, gravel pockets of up to 3 m in length kept com-ing out of the delivery line. When the formwork was backfilled, problems occurred during placing due to these rock pockets as the aggregates either butted against the tunnel wall and caused blockages or they already led to block-ages in the end hose.

Due to these reasons, one decided to use an additional small BSA 1005 E as an "additional mixing pump" after a convey-ing distance of approximately 1800 m. This was set up behind the formwork (from the perspective from the entrance to the gallery). Its function was therefore not to support the conveying performance of the BSA 14000 HP-D but to exclusively improve the mixing quality of the concre-te before the formwork was backfilled. The large gravel pockets also at times thoroughly required the full load capacity of the mixer of the small BSA 1005 E.

Concreting process

Before commencing to pump, the BSA 14000 HP-D first conveyed 2.7 m³ slurry into the pipeline that was over 2000 m long. Then 2 m³ concrete were pumped

The concreting team of TRANSPORTBETON had used a small BSA 1005 E as "follow-up mixer pump" just below the formwork.

The delivery line was attached to the tunnel wall so that neither the passenger traffic nor the transport of material was hindered in any way.

Concrete Pump를 사용하여 얼마나 먼 거리까지 콘크리트 타설이 가능한가?

독일 PUTZMEISTER사 Site Report를 찾아보면 자사의 Concrete Pump Model BSA14000을 사용하여 Horizontal Pumping으로 2,015m를 기록했다고 한다. Vertical Pumping은 잘 알려진 Dubai의 Burj Al Arab 빌딩 건설에서 기록한 570m이다.

Site Report는 이러한 최대 거리를 달성하기 위한 장비, 압력을 견디기 위한 Pipe Joint, 콘크리트 배합과 작업 방법-콘크리트 Pumping 시작을 위한 Pipe Lubrication과 종료 후 Pipe Cleaning-에 대해서도 상세히 기록하고 있다.

이러한 Report를 통해서 우리가 얻을 수 있는 정보는 2가지이다.
하나는 Concrete Pumping의 한계치이다. 한계치 안의 거리에 Concrete를 보내야 한다면 동일한 방법을 적용하면 될 것이고 더 먼 거리라면 추가로 Concrete Pump를 설치하여 2차로 Pumping하는 방법이든, 아니면 다른 방법을 계획할 수 있다.

다음은 최대치까지 Concrete Pumping 능력을 끌어올리면서 관련된 요소 기술에 대하여 충분히 이해하는 것이다. BSA14000 Model의 Pumping 시 150bar까지 상승하는 Pipe 내 고압을 견디기 위한 Pipe Joint 기술, 장거리 콘크리트 이송을 위해 최적의 Pumpability를 가지는 콘크리트 배합, 장거리 Pumping에 중요한 Pipe Lubrication과 Cleaning 기술을 터득할 수 있다.

울산공업용수 도수터널 Lining 사례

울산공업용수 도수터널 공사는 낙동강에서 취수한 물을 울산의 공업용수 취수원인 회야댐에 공급하는 사업이었다. 터널 총연장이 약 22km로 직경 3.5m의 독일 WIRTH사에서 제작한 Hard Rock Tunnel Boring Machine 3대를 투입하였고 일부 구간은 NATM 공법으로 굴착하였다.

터널 굴착 작업 진도가 80%를 넘긴 시점에 운영되고 있던 주암댐 도수터널 일부 구간이 붕락되어 용수 공급이 중단되는 사태가 발생하였다.
발주처인 한국수자원공사(현재 K-Water)는 '터널 Lining이 시공되지 않은 구간에서 붕락이 발생되었다'는 사고 조사 결과에 따라 시공 중이었던 있던 울산공업용수 도수터널에 전 구간 Lining을 적용하는 문제를 두고 고민을 하게 되었다.
당초 20% 미만인 터널 Lining 구간을 전 구간으로 변경하는 경우 늘어나는 공사 기간이 문제의 중심에 있었다.

당초 설계에 따른 터널 Lining은 RMR 암 분류시스템에 따라 Type V에 적용되었다. 시공 계획 과정에서 검토해 보니 Lining 구간이 군데군데 떨어져 있어서 Lining Form과 장비 이동에 많은 시간과 인력이 요구되었다. 이 때문에, Lining 시공 비용이 계약금액을 상회하게 되어 손실이 예상되는 관계로 시공 계획 보고 회의에서 터널 Lining 구간을 최소화하여 해당 작업의 적자를 줄이라는 본사 경영진의 주문도 있었다.

현장 팀에서 전 구간 Lining 방안에 대하여 검토한 바, 부분 Lining보다 작업 효율이 대폭 향상되어 손실이 아닌 상당한 이익을 기대할 수 있다는 결과가 나왔다.
남은 문제는 공업용수 부족으로 공장 가동에 어려움을 겪고 있어 낙동강 용수 공급이 시급한 울산공업단지 형편을 알고 있는 발주처가 전 구간 Lining 시 대폭으로 증가할 공기 때문에 결정을 주저하고 있다는 것이었다.

만약, 용수 공급을 늦출 수가 없어 차선책으로 소폭의 공기 증가가 예상되는 Type-IV까지로만 Lining을 추가 적용하는 것으로 결정되면 당초 보다 Lining 시공에서 더 큰 적자가 발생하는 상황이 될 수 있기에 현장 팀도 발주처의 결정만을 기다리고 있을 수 있는 상황이 아니었다.

발주처가 전 구간 Lining으로 설계변경을 결정할 수 있도록 Lining 공사 기간 단축 방안을 찾아내야 하는 것이 지상과제로 대두되었다.

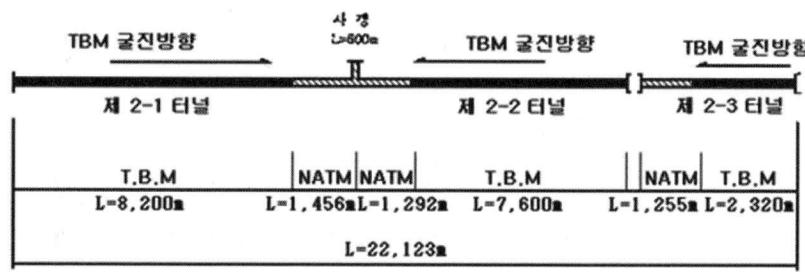

그림 8. 굴착개요

머리를 맞대고 논의한 결과, TBM 굴착 구간은 원래 10m씩 Lining 시공하는 계획을 CIFA의 Full Round Telescopic Steel Form을 각 터널당 2 sets를 투입하여 한 번에 60m씩 Lining을 시공하는 것으로 변경하고 NATM 구간도 10m씩 끊어 Lining 작업하는 방식을 Self-Launching Steel Form L=16m를 사용하여 1.5일 Cycle로 Lining 시공하는 방안으로 수정하였다.

이러한 계획에 가장 난제는 NATM 구간 Lining에 콘크리트를 공급하는 방법이었는데 높이 3.8M의 마제형 터널에 맞는 소형 콘크리트 운반 트럭으로는 1회 Lining 콘크리트 타설 시간이 16시간이 넘게 필요한 것으로 계산되어 1.5일에 1회 Lining 콘크리트 타설 Cycle을 맞출 수가 없었다.

콘크리트 타설 후 Lining 거푸집 탈형 가능 압축 강도인 30kg/cm2에 도달하기 위해서는 12시간이 필요하고, 거푸집 해체 이동 설치에 필요한 12시간을 감안할 때 계획한 대로 전 구간 Lining을 끝내려면 어떻게든 콘크리트 타설 시간을 단축해야만 했다.

이때 PUTZMEISTER Catalog 안에서 보았던 Long Distance Concrete Pumping Site Report를 참조하여, 1,450m 거리를 Pumping 하여 콘크리트를 타설하자고 제안하였다.

다행히 Site Report에 언급되었던 BSA 14000 콘크리트 Pump Model을 국내에서 찾을 수 있었고 PUTZMEISTER 대리점을 통하여 고압용 콘크리트 Pipe Joint를 긴급 수입, 국내의 Pipe에 용접하여 준비하였다.

또한 Report에서 기술된 대로 콘크리트의 Pumpability를 높이기 위한 배합 설계도 진행하였다.

그리고 당초 계약 공기대로 전 구간 Lining까지 끝내겠다고 시공계획서를 준비하여 발주처에 제출하였다. 결국 발주처는 Type-I을 제외한 나머지 구간에 Lining을 적용하는 것으로 설계변경을 승인하였다.

장거리 콘크리트 Pumping 초기에 시행착오가 있었으나 곧 계획한 Lining Cycle Time 대로 작업이 진행되고 당초 계획된 Lining 시공 기간을 1개월이나 단축하며 Lining을 완료하는 대성공을 거두었다.

1,400m가 넘는 거리를 Concrete Pumping 한다는 것은 가능한 일이라 생각하지 않고 있었기 때문에 PUTZMEISTER의 Site Report를 보지 못했다면 굉장히 어렵게 Lining 공사를 해야 했을 것이고 어려움에 비례하여 공사 원가도 증가하였을 것이 분명하다.

Personal Knowledge
Management with System

개인 경험 지식 자산 관리는 호기심과 상상력에서 출발하는 지식 축적 시스템이라 할 수 있다. 경험하고, 읽고, 듣는 것과 함께, 계획적이고 체계적으로 수집된 정보를 자신의 지식 자산 시스템으로 구성하는 데 시간과 노력을 투자하는 것이다.

이는 관찰 내용이나 아이디어를 아무렇게나 낙서하는 대신 계획적이고 쉽게 접근할 수 있는 방식으로 정보를 기록하는 것이다. 역사상 위대한 업적을 남긴 많은 사람이 그들만의 방식으로 지적 번득임을 상세하게 메모하였고 그중 한 사람인 레오나르도 다빈치는 그의 그림과 기계설계에 대한 과학적 관찰 그리고 그림과 기계장치에 대한 아이디어를 상세한 스케치로 기록하여 남김으로써 어떻게 아이디어를 기록하고 관리하였는지를 보여 주고 있다.

기술자로서 역량을 개발하는데 가장 기본적으로 하여야 할 일이 지식관리 Mind를 가지고 지식관리 System을 구상하여 지속적인 관리를 하는 것인데, 가장 기본적이고 중요할 뿐 아니라 기술자로서 의무사항에 가까운 일임에도 불구하고 대다수에게 간과되어 왔다.

우리나라 건설업 초창기를 이끌었던 선배 중에는 기술 자료의 중요성을 깨닫고 자료를 수집하는 데 진심이었던 분들도 있었다.

그 시절 자료는 주로 시행된 설계도서와 외국 서적 그리고 외국업체의 기술 검토 자료들이 주를 이뤘는데 인쇄물로 존재했으므로 그 양이 상당할 수밖에 없었다.

설계 회사 부장으로 고속도로 설계에 존재감이 있었던 선배의 경우 모아 온 자료가 캐비닛으로 3개나 되었다. 또한 그러한 자료를 신줏단지 모시듯 귀하게 여겨서 다른 사람들이 보거나 Copy하는 것을 허락하지도 않았다. 그 시절 다들 그랬기에 신출 기술자는 기술 역량 개발에 목마를 수밖에 없었고 선배가 자료 하나만 보여 줘도 감지덕지하였다.

요즘은 노트북컴퓨터, 휴대폰을 활용할 수 있으므로 언제 어디서나 쉽게 사진이나 동영상을 촬영, 저장하고 공유할 수 있으며 저장된 자료를 꺼내 보기도 한다. 과거 선배 기술자들에 비하면 훨씬 쉽게 자료 관리가 가능한 환경이다. 또한 필요에 따라 Google이나 Naver로 검색하여 정보를 확인할 수 있는 세상이다.

생각해 보면 정보가 넘쳐 나고 있지만 내가 꼭 필요한 정보나 조금 더 깊이 있는 상세한 정보는 그리 쉽게 얻을 수 있는 것은 아니다. 소수의 토목 기술자가 블로그를 통하여 건설 정보를 공유하고 있으나 건설 정보의 교환은 미미한 수준이라고 볼 수 있다.

개인 지식 자산 관리는 경험, 정보 그리고 생각을 정리할 수 있는 구조화된 시스템을 갖추는 것이다. 개인 지식 자산 관리 시스템을 구축하는 목적은 자신의 지식 세계를 통제하여 스트레스를 덜 받고 적은 시간 안에 목표로 한 일을 쉽게 성취할 수 있도록 하는 것이다.

지속적인 역량 발전에 가장 좋은 방법은 배우는 것이고, 지식 자산 관리 시스템의 양과 질을 증진시키는 것이다.

건설 기술자의 Knowledge Management는 Project 경험 기록과 기술 지식 관리 시스템을 구축하여 Project를 계획하고 수행하는 데 합리적이고 신속한 판단과 결정을 할 수 있는 기반을 제공하기 위한 것이다.

4-Stage Process for Personal Knowledge Management

● Capture

지식관리 과정의 시작은 정보를 수집하고 저장하는 것이며 이는 두뇌가 새로운 아이디어를 발전시키는 데 필요한 양질의 Data를 공급하기 위함이다.
정보의 수집은 내가 향후 새로운 Project를 준비할 때 무엇이 필요한지에 Focus를 맞추고 생각하면 쉽게 방향이 잡힐 될 듯하다.

● Organize

정보를 분류하여 Category별 Folder로 저장. File명은 내용을 쉽게 알 수 있게 Key Word를 넣고 활용 가치를 알 수 있도록 중요도를 표시하여 나중에 관련 주제 검토 시 참고할 수 있도록 준비.

예) 기술DB〉터널〉TBM〉HardRockTBM〉굴진〉단층대〉1vid_TBM울산공업용수터널단층파쇄대.doc (vid : very important data)

- 💡 미분류함 Folder를 만들어 수집한 정보를 담아 두고 시간이 될 때 자료를 검토 후 분류하는 것이 중요하다. 미분류함은 내용 검토 없이 자료가 파묻히는 것을 방지하는 역할을 위해 필요하다.

● Distill

하고 있는 일 또는 관심 주제와 관련 있는 Folder의 File을 검토하여 도움이 되는 정보 추출.

 Process

추출한 정보를 비교, 종합하여 이해하고 활용할 수 있는 지식 결과물로 전환.

보통 하나의 Project를 수행하는 과정에서 직접적으로 경험하는 공법과 기술 외에도 이를 선택하기 위하여 비교하는 과정에서 적용 가능한 여러 공법에 대한 자료들을 수집, 검토하게 된다. 이러한 Data Grouping은 하나의 공법에 대한 시공 경험을 통하여 다른 공법들에 대한 이해도를 상승시키는 효과가 있고 추후 유사한 작업 시 공법 선택의 폭을 넓히는 데 크게 도움이 될 것이다.

대구경 Bored Pile 시공을 예로 알아보자.
대구경 Bored Pile 시공을 위해 주로 사용되는 공법은 Earth Drill 공법, RCD(Reverse Circulation Drill) 공법, All-Casing 공법이 있으나 가장 보편적으로 사용되는 공법은 Earth-Drill 공법으로, 우리나라와 달리 암반층이 깊어 마찰말뚝(Friction Pile)이 주를 이루는 동남아 지역에서 특히 많이 시공되고 있다. 하지만 대형 장비 진입이 어려운 환경이나 대심도, 암반층 시공을 위해서 RCD 공법이 고려되기도 한다.
이들 공법은 사용 장비와 굴착, 청소 방법이 다를 뿐 철근망 삽입과 콘크리트 타설은 동일한 작업이다. 따라서 Earth-Drill 공법 시공 경험에 비추어 다른 대구경 Bored Pile의 작업을 이해하는 것이 어렵지 않다.

경험으로 유능한 기술자가 되는 것은 상당한 시간이 요구되지만, 효과적으로 작업을 관찰하고 분석하여 Data화하면 이러한 시간을 단축하고 훨씬 현실성 있는 판단을 내릴 능력을 갖출 수 있을 것이다.

Construction
Knowledge Management

건설업에서 지식은 세 가지로 분류될 수 있다.

- 공개되어 있는 지식 : 건설업 관련 규정, Standards, 기술 Guide 및 제품 데이터베이스. 일반적으로 건설 회사 대부분이 보유하고 있는 정보.

- 조직 Knowledge : 회사의 업무와 관련한 것으로 지적 자본에 해당하며 여기에는 조직원들의 능력, 프로젝트 경험 및 다른 회사(발주처, 협력사, 엔지니어링사 등)와의 연계에 대한 지식이 포함된다.

- Project Knowledge : 재사용 될 수 있는 가장 큰 잠재력을 가진 지식이며 회사 지식의 가장 큰 원천이다. 각 프로젝트에서 조직이 만든 특정 지식(건설과정, 문제, 성과, 솔루션 등)이다.

건설업계가 간과하고 있는 중요한 문제는 모든 현장 작업을 수행하는 프로젝트팀이 일시적인 조직이고, 건설 Data 축적방식이 시스템화되어 있지 않으면, 프로젝트의 완료와 함께 시공 경험과 자료가 Data로 Feedback되지 못하고 사라지는 지식 자산 손실을 심각하게 생각하지 않고 있다는 것이다. 그에 따라 프로젝트를 수행하며 창출된 지식이 재사용을 위해 올바른 방법으로 저장되지 않고 있어 문제를 해결하거나 더 발전된 기술을 창출할 수 있는 원동력으로 활용되지 못하고 있다.

프로젝트에서 적용한 공법의 성과(현장 상황에 따른 결과)와 개선점, 시행착오 그리고 투입 비용 분석 같은 자료가 실제적인 Data와 함께 체계적으로 기록되어 본사로 전달되어 검토되지 않으므로, 이전 프로젝트에서 겪었던 오류와 시간, 비용 손실이 반복되는 현상이 빈번한 실정이다. 경험이 제대로 기록되어 전달되지 않으므로 새로 시작하는 것과 마찬가지이다.

이는 피할 수 있는 Risk를 맞닥뜨리게 하여 프로젝트 성과의 악화로 이어지게 함으로써 회사를 마치 무풍지대에 갇힌 돛단배와 같이 정체되게 만든다.

Project 시공 Knowhow의 이전이 수행되는 회사가 있어도 Project 지식 Data의 재사용과 개선을 염두에 둔 기록 Format을 정하여 요구하지 않으므로, Project 수행 중 Data 축적이 제대로 이루어지지 않고 최종적으로 전달, 공유되는 Data로는 효과적인 경험 지식의 재사용과 개선이 어려운 실정이다.

직원의 지식과 기술은 조직과 시간을 보내면서 성장한다. 그 결과 퇴직을 앞둔 직원들은 가장 높은 수준의 풍부한 전문지식을 가지고 있지만 그들의 퇴직과 함께 그들이 보유하고 있던 지식과 기술이 대부분 회사에서 사라져 버린다.

회사의 잠재력이 줄어드는 것이다. 또한 건설 기업은 많은 지식을 개별 직원 또는 부서에 휴면 상태로 보유하고 있어 활용하지 못하는 상태이기도 하다.

> 중국 황하 도수터널(Yellow River Water Diversion) Project 현장 설명회에 참석했을 때 인상 깊었던 일이 있었다.
>
> 수량이 풍부한 양쯔강물을 황하로 보내기 위한 도수터널 Project의 첫 번째 구간

인 22km 연장의 터널 공사가 발주되었다. 터널 굴착에 TBM 공법을 적용하는 사업으로 발주처에서 보유한 Robbins사의 Double Shield TBM을 사용해야 하는 점이 다소 특이하였다.

Project Site와 TBM Survey를 마친 후 Tea Time에 이탈리아의 세계적인 건설사(IMPRESILIO)에서 참석한 입찰팀과 얘기를 나누게 되었다.
그 팀은 70세라고 자신을 소개한 은발의 기술자와 젊은 기술자의 조합으로 이루어졌는데 노익장이 전반적인 터널 시공 방안을 제시하고 젊은 친구가 제반 입찰서 작성 실무를 담당하는 것으로 역할 분담한다고 했다. 젊은 기술자는 노익장의 말을 경청하고 메모를 하며 세심하게 챙기는 모습이 눈길을 끌었다.
더욱 인상적이었던 것은 노익장의 입에서 술술 나오는 발주처가 보유한 TBM에 대한 기술적 분석 의견이었다. 장비의 제원에 빠삭한 것은 물론, 장착된 유압식 Motor의 Power와 터널의 경암층 굴진 속도에 대한 의견까지, 마치 전체 터널 공사 수행 계획이 이미 머릿속에 다 들어 있는 것 같았다.

노익장의 내공에 듣고 있던 우리는 감탄하였고, 이들 입찰팀의 신, 구 기술자 조합에 찬사를 보낼 수밖에 없었다.

무엇보다 우리는 60세 넘은 기술자가 현업에서 일하는 모습을 볼 수가 없고, 그들과 함께 일을 논의하며 배울 기회가 없기에, 이들의 조합은 많은 생각을 불러일으키기에 충분했다.

우리의 건설 기술자는 부장급이 되면 대부분 관리자로 돌아서고 50세 중반이면 은퇴하여 현업에서 사라진다. 현장에서 일하며 축적했던 경험들은 기록으로 남겨지지 못하고 젊은 사람들은 같은 일을 시행착오를 겪으며 새롭게 배워야 한다.

여기에는 기술자들이 경험의 기록과 새로운 기술 습득을 통한 자기 계발에 무성의하여 기술자로서 가치를 존중받는 단계에 도달하지 못한 것이 주원인이지 않았나 하는 생각이 든다.

효과적인 지식 자산 관리를 구현하려면 다양한 유형의 지식을 공유하는 방법을 논의하는 것이 필요하다. 특히 Project 현장의 경험 지식을 어떻게 기록할지 형식과 분류 방법을 정하여 필요한 자료가 누락되지 않게 하고 자료의 검색이 용이하도록 해야 한다.

이러한 상황을 개선하기 위해 지식 자산 관리 개념의 정립이 꼭 필요하며, 이는 조직 내의 모든 전문지식을 활용하여 조직의 잠재력을 극대화할 수 있는 좋은 방법이다.

지식 자산 관리는 조직이 사용할 수 있는 지식을 최대한 활용하도록 하여 조직의 성과를 극대화하는 지속적인 프로세스로서, 효율적인 접근 방식으로 건설 작업에 적용되어 결과를 Feedback하도록 함으로써, 끊임없이 혁신하고 새로운 지식을 창출하여 회사를 성장시키는 에너지가 되고, 이러한 프로세스와 지식 자산이 미래의 직원에게 전달되어야 한다.

지식 자산 관리는 조직의 의사 결정 능력의 효율성을 높이기 때문에 중요하다. 모든 직원이 조직 내에서 보유하고 있는 전반적인 전문지식에 Access할 수 있도록 함으로써, 신속하고 신뢰할 수 있는 Data에 입각한 결정을 내릴 수 있으므로 더 똑똑한 인적 역량이 발휘되고 회사에 기여할 수 있기 때문이다.

건설 기업에서 지식 자산 관리의 다양한 프로세스가 도입되어 지식 자산 관리 시스템에 통합되면 지식 수집, 저장 및 전달 활동이 개선되어 다른 프로젝트에서 귀중한 정보와 교훈을 얻을 수 있게 된다. 이를 통해 다음과 같은 잠재적 비즈니스 이점을 얻을 수 있다.

- Project 계획 수립 및 비용 산출에 신뢰성 확보
- 신속한 의사 결정 가능
- 경쟁력과 입찰 성공률 향상
- 반복되는 시행착오 가능성 감소
- 업무 효율성과 생산성 증가 – 정보를 찾는 시간 단축, 새로운 직원이 유능해지기까지의 시간 단축
- Project 비용 절감
- 품질/안전관리 활동 보완
- 지식 자산 증가

Personal
Experience and Knowledge Management의 효용성

자신이 확인하고 활용할 수 있는 Data를 가지고 있는 것은 그렇지 않은 것과 큰 차이를 만들어 낼 수 있다. 작업계획을 작성하여 발표할 때 무슨 근거로 작업량을 정했는지, 사례가 있는지 질문이 있을 때 조목조목, 구체적으로 본인이 정리한 자료와 사례를 설명하게 되면, 모두 납득하게 되고 발표한 계획을 타당하게 여기는 것은 물론 발표자에 대한 신뢰감이 상승하게 된다.

해외 Project 초기에 Consultant와 작업 수행 계획에 대하여 많은 협의가 이루어진다. 이때 제출한 계획에 대하여 구체적인 근거 자료를 제시하며 타당함을 입증하며 신뢰를 얻는다면 Project 수행이 훨씬 원활해질 것이다. 그렇지 못해 신뢰를 얻지 못한다면 Project 내내 모든 검증 과정을 거치며 고생하게 될 것이다.

> 베트남에서 Hanoi-HiPhong 간 고속도로 건설 공사는 전 구간이 연약지반으로 연약지반처리가 사업의 기간과 공사비를 좌우하는 핵심 작업이었다.
>
> 설계 회사는 공사비를 고려하여 경제적인 Paper Drain과 Pack Drain 처리공법을 적용하였다. 하지만 용지보상 지연으로 공기 준수가 어려워지고 Paper Drain은 현지 적용 결과 잔류 침하가 많아 공법에 대한 신뢰도가 매우 낮은 수준을 보이고

있었다. Pack Dain 역시 국내 시공 결과 문제점들이 나타나 이후로 거의 채택되지 않고 있는 현실이었다.

연약지반이 제대로 처리되지 않을 경우, 고속도로 사용에 문제가 발생하고 시공 회사의 평판에 악영향을 끼칠 것이 확실하므로 적극적으로 연약지반 공법 변경을 추진하게 되었다.
대상 공법은 공사 기간 단축이 가능하고 압밀과 지반 강도 증진에 효과가 뛰어난 Sand Compaction Pile 공법으로 당연히 공사 비용도 증가할 수밖에 없었다.
때문에, 발주처는 설계변경에 대한 승인을 주저하였으며 공법 변경으로 확실하게 연약지반처리가 되는지에 대한 의구심을 표명하였다.

해결 방안으로 외부 전문가에게 자문받는 방법을 제시하였다.
동남아시아 연약지반에 정통한 Geotechnical Engineering Expert인 Dr. Seah를 초빙하였다. 그는 MIT에서 박사 학위를 받고 많은 동남아시아 Project의 연약지반 작업에 참여하였으며, 방콕의 AIT(Asian Institute of Technology)에서 강의도 하여 그 명성이 발주처에도 익히 알려져 있는 인물이었다.

마침내 연약지반처리에 대한 세미나가 열렸고 발주처 사장 이하 관련 직원들과 설계 회사 기술자들까지 참석하였다.
연약지반에 대한 기술적 분석은 해석 방법과 수치의 적용에 정답이 없어 상당한 논란이 있을 것을 예상하였다. 이러한 사정을 알고 있는 책임 설계사 기술자는 자신들의 당초 설계가 문제가 없음을 주장하며 설계변경에 대하여 부정적 입장을 견지하였다. 이에 Dr. Seah는 본인이 소장하고 있는 시공 자료들을 꺼내 놓았다. 베트남은 물론 동남아시아 다른 국가의 유사한 연약지반에서 적용된 당초 공법과 변경하려는 SCP 공법이 어떤 결과를 보였는지를 시공 전, 중, 후 사진과 함께 측정 Data를 보여 주며 신뢰성 있고, 더 나은 결과를 기대할 수 있는 변경 설계안의 필요

> 성을 역설하였다.
> 제시한 자료 중 특히 준공 후 수년간 사용 중인 상태에 대한 사진과 관찰 Data는 발주자의 의구심을 말끔히 해소시키는데 부족함이 없었다.
> Dr. Seah가 Open한 실제 사례에 대해 설계사는 더 이상 반박하지 못하였고 결국 연약지반 처리공법 변경 제안이 받아들여지게 되었다.
>
> 변경된 공법으로 연약지반 압밀 기간이 단축되고 잔류 침하가 기준치보다 훨씬 줄어들게 되었으며 고부가가치 공법이 증가함으로써 공기, 품질, 원가 세 마리 토끼를 한꺼번에 잡는 효과를 얻을 수 있었다.

건설과정에는 많은 참여자의 이해와 협력이 요구되며 이러한 부분도 Project 관리에 매우 중요하다. 공법이나 기능의 변경이 논의될 때 경험은 가장 설득력 있는 근거이며 관련한 사진 등 Visual 자료가 제시된다면 금상첨화가 될 것이다. 이렇듯이 경험을 체계적으로 축적하고 활용할 수 있도록 Data화 하여 관리하는 것은 기술자로서 길을 갈 때 가장 중요한 자산이고 필요한 일이다.

개인 경험 지식 자산 관리의 끝은 책 쓰기라고 할 수 있다. 자신의 경험과 생각을 정리하여 책 한 권 남기는 것은 기술자라면 꼭 마음에 두고 있어야 할 인생 Bucket List 중 하나가 되었으면 한다.

아마 우리 건설 기술자들이 경험한 것들을 기록, 정리하여 남겼다면 현재 우리의 건설 기술 위상은 세계 정상의 수준이 되었을지도 모른다. 하지만 이제라도 경험 지식 자산 관리의 중요성을 인식하고 모두가 노력한다면 기술자로서 입지는 물론 우리의 건설 수준을 우상향시키는 굳건한 지지대가 될 것이다.

2장 CONSTRUCTION PLANNING AND SCENARIO SIMULATION

주도면밀한 계획성과 그에 이은
효율적인 실행력이 성공의 원동력이다.

Prediction
and Prevention
NOT Recognition and Reaction

Infrastructure Project는 사업 계획, 설계, 건설, 운영 및 유지관리 등 여러 단계로 구분될 수 있으나 가장 비중이 큰 Part는 건설로 볼 수 있으며 운영 및 유지관리를 제외하면 건설의 Project 비중은 90% 이상이라고 볼 수 있다.

따라서 Infrastructure Project의 성공은 건설을 담당하는 시공자의 역량에 좌우될 수밖에 없다. 특히 대규모의 복합적인 공사로 구성된 Project 경우 더욱 그러하다. 이는 Project에 대한 발주자의 의도와 목표가 시공자의 Detail한 검토와 시공 과정을 통하여 변화 혹은 개선되어 실현되기 때문이다. 이를 위해서 시공자는 해당 Project가 요구하는 기술과 경험을 갖춘 인력을 배치하여 Project의 목표와 품질 구현에 부합하도록 건설 계획을 수립하여야 한다.

Infrastructure Project는 단순한 작업이 아니고 복합적인 요소들이 상호 영향을 미치는 일련의 작업들이 긴 시간에 걸쳐 이루어지는 사업이다.

기본적인 Infrastructure인 도로만 해도 기반 조성을 위한 토공 작업과 포장 작업은 물론 배수시설, 여기에 교량과 도로 횡단 구조물 그리고 터널도 포함할 수 있다. 이들 작업들이 어떻게, 언제 시작되어 주어진 공사 기간 내에 완료되어야 하는지 세세한 계획과 준비 없이는 이루어질 수 없다.

토목 건설은 일부 공학 부문을 제외하면 대부분 경험적 사실에 기초하여 이루어지고 있다. 때문에, 건설은 공학이 아니라 'Management'라는 말이 나오기도 한다.

해외 건설에 참여했던 기술자들을 대상으로 한 건설기술연구원의 해외 건설 필요역량 조사 보고서에 따르면 'Project Management' 역량이 가장 중요한 핵심역량이라고 나타났다. 즉 대부분 기술자가 Project를 진행하며 기술이 아니라 사업관리 역량 부족으로 어려움에 봉착한 경험이 있으며, 그 중요성을 절감하였다는 말이다.

흔히 Construction Project Management를 시공 중에 발생하는 문제들을 잘 해결하는 것으로 생각할 수 있지만, Project Management는 잘 준비해서 Construction이 문제에 봉착하지 않도록 하는 것이 Main Task라고 볼 수 있다. 이러한 준비의 핵심이 계획이다.

즉, Project Management의 주목적은 상황을 인지하고 반응하는 것이 아니라 예측하고 예방하는 것이기 때문에 Project Management의 가장 중요한 부분이 계획이고, 계획 수립에서 간과하지 말아야 할 사항은 계획이 기반한 조건 외 다른 상황이 개입할 가능성과 대처할 수 있는지이다.

계획은 Feedback을 통하여 충분한 Data Pool을 구축할수록 타당한 방향을 찾아가게 되고 진가를 발휘할 수 있다.

해외 Project의 시공 계획은 다음과 같은 작업으로 진행된다.

- 정보 수집 : 현장 답사, 건설 환경, Resource 조달, 건설 법규 등 조사

- 자료 분석 : 계약 도서를 검토하여 상세 Work Scope 발췌, 현장 답사와 수집한 현지 정보를 참고하여 주요 작업 수행 방안 검토
- Basic Plan : Project 목표 설정, Milestone & Master Schedule 수립
- Scheduling : 공사를 관리 가능한 체계로 분류. Basic Plan을 토대로 작업 순서와 기간을 정하여 공정관리 Program에 입력 후 계산된 완료 일정을 계약기간과 비교하여 Schedule 조정. 작업별 비용 산정
- Scenario Simulation : Project 수행 중 발생 가능성이 있는 Event가 수립된 Schedule의 공기와 비용에 미치는 영향 분석
- Optimum Plan : Scenario Simulation 결과를 참고하여 계획 보완 후 최적안 확정

Planning은 무엇을, 어떻게 할지를 생각하는 것이며, Scheduling이 언제, 어떤 순서로 완성할 것인지를 구성한다면, Simulation은 상황 변화가 Project에 미치는 영향을 따져 보고 최적의 계획을 수립하게 하는 것이다.

계획의 결과 즉 작업들이 언제, 어떤 순서로 진행되고 얼마만 한 시간이 소요되는지를 알기 쉽게 나타내는 것이 공정표로 크게 Bar-Chart 방식과 Network 방식(PERT/CPM)으로 표현된다.

Bar-Chart는 전반적인 공사 기간을 신속하게 검토하기 위해 발주자, 설계자 및 건설 전문가가 Project의 계획 단계에서 자주 사용한다. 또한 Project와 관계가 있지만 깊이 관여하지 않는 사람들에게 정보를 보고하는 데 유용하다.
Bar-Chart는 Project를 빠르고 시각적으로 Overview할 수 있으며, Color-Coding 및 시간 축척이 가능해, 실제 진행 상황을 계획된 것과 비교하는 좋은 도구이다. 하지만 작업 활동 간의 상호 관계를 전달하지 않는다. 따라서 Bar-Chart를 사용하여 특정 Project의 작업 활동 시작과 완료 날

짜 및 사용 가능한 변동 시간을 계산할 수는 없다.

요약하면 Bar-Chart는 시간 관련 Project 정보를 전달하는 데 매우 유용한 도구로 빠르고 간단하게 작성할 수 있고 사람들이 쉽게 이해할 수 있다는 것이 장점이다. 하지만 작업 활동 간 상호보완성을 보여 줄 수 없다는 한계가 있기에, 중요한 결정은 구체적인 Scheduling 방법을 사용하여 이루어져야 한다.

Bar-Chart가 전체 공사를 한눈에 볼 수 있도록 대표 공사 위주로 간략하게 구성되는 것과 반하여, Network 방식은 세분화된 작업 즉 Activity를 기본으로 작업 순서와 기간을 구성하여 작업의 선후관계를 세세하게 볼 수 있는 특징이 있으며, Activity는 작업기간뿐만 아니라 작업에 필요한 Resource와 비용까지 포함하고 있어서 공정율 파악이 가능하고, 실제적인 공정관리(Plan-Do-Check & Feedback)에 사용할 수 있다.

근래에 들어 Network 공정관리의 필요성과 중요성이 인식되며 컴퓨터를 사용하여 Network Schedule을 생성하고 관리하는 방법을 배울 수 있는 Curriculum이 보편화되었으며, 발주자와 Project 관계자들도 Network 공정관리가 제공하는 이점을 이해하는 시대가 되었다.

그렇기에 거의 모든 해외 Project의 발주자는 Network 방식 공정관리 Program에 의한 시공 계획 제출 및 관리를 기본적으로 요구하고 있으며 시공자도 Project를 위한 전문 공정관리 Program이 필요한 입장이다.

현재 해외 건설 Project에서 일반적으로 통용되고 있는 공정관리 Program은 Primavera Project Planner와 Microsoft Project이다.

Project
정보 수집

그대로 이루어질 것 같은 계획 수립은 정보 수집에서 시작된다.

정보 수집의 중요성은 우리가 익숙한 국내가 아닌 해외 Project이기에 더욱 강조되고, 정보의 깊이와 사실 여부에 있어 철저함이 요구된다. 왜냐하면 잘못된 정보에 기초한 계획은 Project에 매우 심각한 영향을 주기 때문이고 국내와 달리 해외에서 이러한 실수는 좀 더 치명적일 수 있기에 그러하다.

[해외 Project를 위한 정보 수집 범위]

법규와 제도

- 입찰과 계약제도 및 관행, 계약서
- 외국기업 영업 활동에 대한 법규
- 건설 관련 법규(건설법, 노동법, 소방법 등)와 인허가 사항
- 환경, 소음 규제 등 건설 관련 규제 사항

사회, 문화, 자연환경

- 국가안정도, 국민 소득 수준
- 문화/종교적 특성

- 업무 관행, 사회적 부정부패
- 언어 환경과 교육 수준
- 사회 인프라(급/배수, 전력, 도로/철도/항만, 통신) 상황
- 기후, 지형, 지리적 조건

건설산업

- 현지 건설시장 특성
- 현지 노동시장 상황, 노조 활동
- 기자재/장비 시장 상황
- 현지 건설 회사 역량
- 기 진출 외국 회사 동향
- 기 진출 국내 건설 회사 경험(Lesson Learned)

금융환경

- 국가신용도
- 통화 안정성, 환율
- 금융제도와 금리 수준
- 각종 세제와 세무 행정
- 보험제도와 국제, 현지 보험 회사
- 송금 절차와 송금 규제

국내와 해외 Project의 가장 큰 차이점은 정보의 양과 질에 있다.
해외 Project의 경우 찾아볼 수 있는 정보도 제한적이며 추가적인 수집도 Network 부재와 외국어를 사용함에 따른 비효율로 더욱 어려워지기 때문이다.

미국 설계회사인 Parsons Brinckerhoff에서 일하는 한국인 직원에게 들은

말이 있다. "설계에 참고할 책을 찾아 읽어 보는데 미국인은 필요한 정보를 찾아 습득하는 데 반나절이면 충분하지만, 본인은 숙달되어도 2~3일씩 걸린다."

처음 진출하는 국가일수록 조사해야 할 정보는 많고 대부분 자료가 현지어로 쓰여 있다. 영문으로 번역하거나 영문판을 찾아야 하므로, 그에 따른 노력과 시간이 추가로 소요될 수밖에 없다. 더구나 자료를 어디서 어떻게 구해야 하는지도 알 수 없으니 더욱 난감한 상황과 맞닥뜨리게 된다.

우선 현지에 진출해 있는 국내 건설 회사 지사를 방문해서 도움을 받는 것이 좋다. 만약 건설 중인 현장이 있어 방문하여 도움을 받을 수 있다면 실질적인 정보 획득도 가능하므로 금상첨화이다.
그러므로 사전에 질의 사항을 정리하여 방문에 임하도록 하고 만났던 현장 직원들에게 좋은 인상을 남겨 추가로 도움이 필요하면 연락할 수 있도록 하는 것이 바람직하다. 물론 현장 방문 시 국내산 귀한(?) 선물을 들고 가는 것을 잊지 말아야 한다.
가장 중점을 두어야 할 사항은 공사 진행과 관련한 발주처 업무 절차와 관행, 그리고 현지 업체 시공 능력과 공사비 수준과 관련한 정보이다.

다음으로는 협력 가능한 현지 건설 회사를 소개받아 Meeting을 하고 필요한 자료를 요청하는 것도 방법이다. 또한 현지 회사는 발주처 내부 상황에 대하여 잘 알고 있으므로 발주처 정보를 수집할 수 있는 좋은 Source이다. 그리고 현지 기자재 공급 Source에 대한 정보도 얻을 수 있다.

Project를 수주하여 착공을 준비하고 있다면 현지 Engineer를 일부 먼저 채용하여 필요한 정보를 구하도록 하고, 동행하는 것도 좋은 방안이 될 것이다.

만약 처음으로 진출하는 국가의 Pilot Project라면 정보 수집을 고려하여 가능한 조기에 Project Team을 구성하여 현지로 나가 정보 수집 활동을 위한 충분한 시간을 갖도록 해야 한다.

Project 정보 수집에 있어 가장 중요한 부분이 Site Survey, 즉 공사가 진행될 현장을 방문하여 현장 상황을 확인하고 공사 수행과 관련한 사항들을 조사하는 것이다.
다음은 해외 Project Site Survey 양식 Sample이다.

SITE SURVEY CHECK LIST

PROJECT	
LOCATION	
조사자	기간

1	Site Location & Area Description	
2	Climate	
3	Transportation & Facilities	
4	Material Procurement Condition & Unit Price	
5	Equipment Procurement Condition & Rental Cost	
6	Manpower Procurement Condition & Unit Price	
7	Local Sub-Contractor Status	
8	Custom Clearance & Duty	
9	Inland Transportation	
10	Insurances	
11	Taxation, Royalty, Fee	

12	Economic System
13	Social System
14	Major Contact Point & Other Information
15	Major Foreign Construction Companies (Korea & Foreign)
16	Documents & Photographs
17	Special Mention for the Project

1. Site Location & Area Description

1) Site Location & Map (Attachment)
Name & Distance of neighboring city from site   Required Travel Time to the Site
2) Access Road (Distance & Condition)
a) Existing Road near the Site
b) Borrow Pit & Quarry
c) Deposit & Disposal Area (Surplus Soil & Waste)
3) Condition of the Site Surface and Sub-soil
a) Condition of Surface & Drainage Status
b) Condition of Sub-soil
4) River, Valley or Mountain near the Site
5) Source of Major Material (Location, Quantity) near the Site
a) Crushed Stone (Quarry)
b) Sand

c) Soil (Borrow pit)
d) Remicon
e) Ascon
f) Re-bar
g) Structural Steel
h) Con'c Pipes
l) Steel Pipes
6) Location & Condition of Temporary Facilities
a) Camp Facilities & Area :
b) Equip' & Material Laydown Area
c) Fabrication Shop Area (Piping, Structural steel)
d) Temporary Office, Warehouse, Workshop, Mess hall, Laboratory Area :
7) Condition or Status of Temporary Utilities Supply
a) Electricity
b) Water
c) Natural Gas, Oxygen, Acetylene, Nitrogen
d) Communication Facilities
8) Existing Structures On The Site
9) Project under Construction (Name & Contractor)
10) Safety Regulation
11) Miscellaneous

2. Climate

1) Dry Season
2) Rainy Season
3) Annual Rainfall
4) Temperature & Wind Velocity
5) Floods Record
6) Tide Table
* Period, Rainfall, Temperature (Max, Min), Humidity, Work Condition / Meteorological data including Precipitation for last 10 years

3. Transportation & Facilities

1) Road (Distance, Structure Condition & Traffic Jam)
a) To Major City :
b) To Port :
c) To Airport :
d) Bridges (Location & Load Condition) :
e) Vehicle Weight Regulations :
2) Railroad (Distance & Condition) :
3) Port (Name, Location, Service Item, Lift Facilities) :
4) Airport (Name, Location, International or Domestic) :
5) Communication Facilities :

4. Material Procurement Condition & Unit Price

1) Major Material in Local Production :
2) Materials Import Restricted :
3) Duties & Taxes of Import Major Material :
4) Material Unit Price (List Attached) :

5. Equipment Procurement Condition & Rental Cost

1) Availability of Heavy Equipment Rent in Local :
2) Restriction on Mob. (Import) & Demob. (Export) Equipment :
3) Duties & Taxes of Imported Major Construction Equipment :
4) Special Condition of Equipment Procurement from _____ :
5) Equipment Rent Cost (List Attached) :

6. Manpower Procurement Condition & Unit Price

1) Availability & Condition of Local Labor :
2) Working Hour :
3) Existence of Local Trade Union & It's Affection :
4) Restriction on Employment of Foreigner (Labor & Engineer) :
5) Manpower Unit Price (List Attached) :
6) Manpower Supply Agent (Name, Location, Contract Person, Tel, Fax) :

7. Local Sub-Contractor Status

1) Availability of Local Sub-Contractor :
2) Local Sub-Contractor (List Attached) :

8. Custom Clearance & Duty

1) Custom Clearance Fee
a) Brokerage Fee :
b) Container (20 or 40feet) :
c) Bulk (Up to 100R/T, Over 100R/T) :
2) Port Service Charge :
3) Storage Charge :
4) Required Period for Customs Formalities Clearance :
5) Custom Clearance Agent (Name, Location, Contact Person, Tel, Fax) :

9. Inland Transportation

1) Transportation Charge (Excluding Insurance) From   To   Km
a) Container (20 or 40feet) :
b) Bulk (Up to 40feet, Trailer) :
c) Oversize Cargo :   From   To   Km
a) Container (20 or 40feet) :

b) Bulk (Up to 40feet, Trailer) :
c) Oversize Cargo :
2) Unloading Charge (Excluding Insurance)
a) Container (20 or 40feet) :
b) Bulk (Up to 40feet Trailer) :
c) Oversize Cargo :
3) Transportation Agent (Name, Location, Contact Person, Tel, Fax) :

10. Insurances

1) Erection All Risk Insurance (EAR) :   or Contractor's All Risk Insurance (CAR) :
2) All Risk Marine cargo Insurance (MCI) :
3) All Risk Transport Insurance :
4) Worker's Compensation Insurance (WCI)   or Employer's Liability Insurance (ELI) :
5) Third Party Liability Insurance (TPL) :
6) Automobile Liability Insurance (ALI) :
7) Comprehensive Public Liability :
8) Machinery Insurance :
9) Social Insurance :
10) Contractor's Plant & Equipment Insurance (CPE) :
11) Fire Insurance :
12) Car Insurance :
13) Insurance Agent (Name, Location, Contact Person, Tel, Fax) :

11. Taxation, Royalty, Fee

1) Work Permit :
2) Resident Permit :
3) Personal Income Tax :
4) Social Security Tax :
5) Withholding Tax :
6) P-Bond Fee :
7) A/P-Bond Fee :
8) Bid-Bond, Retention-Bod, Maintenance-Bond Fee :
9) Sponsor Fee :
10) Business Tax :
11) Corporation Tax :
12) Sales Tax :
13) Others :

* Convention for the Avoidance of Double Taxation or Double Taxation Avoidance Agreement (DTAA)

12. The State of the Country's Economy

1) Local Currency :
2) Foreigner's Investment Restriction, Necessity of Sponsor Agent :
3) Rate of Inflation during last _____ Years :
4) Main Industries & Products :
5) Economic Cooperation with Korea :

13. Social System - Overview of the Country

1) The Official Name of the Country :
2) Population :
3) Current Language :
4) Religion :
5) Annual Holidays (Calenda Attached) :
6) Special Traditions :
7) G.N.P. :
8) Major Cities :
9) Political Problems :

14. Major Contact Point & Other Informations

1) Major Contact Point(Name, Location, Contact Person, Tel., Email) :
a) Agent :
b) Client :
c) Branch Office :
d) Korea Embassy :
e) Others :
2) Fuel, Electricity & Water Rate
a) Diesel :
b) Gasoline :
c) Electricity :
d) Drinking Water :

3) Catering	
a) Oriental Meal :	
b) Western Meal :	
c) Local Meal :	
4) Air Fare (One Way)	
a) Seoul to :	
b) to :	
5) Rent Car rate :	
6) Communication Expenses :	
a) International Call to Seoul :	
b) Domestic Call :	
7) Estate Rental Charge (Location, Size)	
a) Land for Camp :	
b) House for Camp :	
c) Building for Office :	
8) Vehicle Price (New Purchase, Size)	
a) Bus :	
b) Sedan :	
c) Jeep :	
d) Pick Up :	
9) Camp & Office Furniture and Equipment Cost (New Purchase, Size)	
a) Table :	
b) Chair :	
c) Cabinet :	

d) Telephone :
e) P.C :
f) Copy Machine :
g). Air Condition :
h) Refrigerator :
I) Others :

15. Major Foreign Construction Companies (Korea & Foreign)

- Project Name, Location, Contract Amount (1 Mil. USD), Period
1) Korea Companies
a)
b)
c)
d)
e)
3) Foreign Companies
a)
b)
c)
d)
e)

16. Documents & Photographs

1) Documents (Attached) List :
2) Photographs (Attached) :
3) Name Card List (Copy Attached) :

17. Special Memo for the Project

1)
2)
3)

SK건설 멕시코 Cadereyta 정유 플랜트 및 송유관 Project 사례

환율이 천정부지로 치솟던 1997년 11월 SK건설은 멕시코에서 해외 플랜트 사상 최대인 25억 달러 규모의 초대형 석유화학 공장 건설 공사의 최저 입찰자로 결정되고, 12월 일괄도급 방식으로 계약을 체결한다.

멕시코 국영석유공사(PEMEX)가 발주한 이 Project는 멕시코 북부 Cadereyta 지역에 청정연료를 생산하는 정유 Complex를 건설하는 것으로, 하루 4만 배럴 생산 규모의 수소 첨가 공장, 디젤과 나프타 수소 첨가 탈황 공장, 일산 480Ton 유황 회수 공장 등 9개 공장을 건설하고, 일산 15만 5천 배럴의 원유 정제 및 일산 6만 5천 배럴의 촉매 분해 공장 등 14개 공장을 개·보수 및 현대화하며, 4기의 스팀 보일러 및 50여 기의 탱크를 신설하는 공사도 포함돼 있었다.

이와 함께 Cadereyta-Matamoros(270km), Cadereyta-Minatitlan(1,030km) 두 구간을 연결하는 총연장 1,300km에 달하는 장거리 송유관도 건설하는, Financing에서부터 기본설계, 상세 설계, 기자재 구매, 시공 및 유지보수까지의 전 공정을 수행하는 Project로 1997년 12월 착공해 2000년 6월 완공하게 된다.

SK건설은 멕시코 국영석유회사로부터 입찰 요청을 받았으나 시공자 Project Financing을 해결하지 못해 입찰 참여를 결정하지 못하다가 입찰을 3개월 앞두고 미국 은행권에서 Financing 가능 통보를 받고 곧바로 비상 체제에 들어가 40여 명의 팀원이 밤샘 작업을 한 끝에 3개월 만에 입찰서를 만들어 발주처에 제출한다. 이런 우여곡절 끝에 국가 경제가 IMF에 지원 요청을 하는 어려운 상황에서 Project 수주에 성공한다.
수주 후 1,300km가 넘는 송유관 설계를 위한 현장 답사를 하면서 송유관로 구간에 대한 Site Survey를 입찰 전에 제대로 하지 못한 것이 얼마나 큰 잘못인지 알게 되었다.

급한 상황이라 정유 플랜트에 집중하고 송유관로는 일반적인 수준의 km당 공사비를 적용하여 입찰에 반영하였는데, 조사해 보니 습지와 돌산 그리고 밀림 구간까지 있어 우회해야 하는 구간도 많고, 무엇보다 접근로가 없어 공사 수행이 쉽지 않은 상황인 것이 드러난 것이다. 공사비 상승은 물론 공기 내 완공도 어려운 지경이었다.

회사에서 대책팀을 구성하여 인력을 대거 투입하고, 세부 현장 조사와 설계 그리고 시공을 동시에 진행하여 겨우 공기 내 완료할 수 있었지만, 송유관 공사에서 큰 손실을 보았다.

아무리 입찰 준비 기간이 부족하였어도 현장 답사도 없이, 현장의 상태를 모른 채

> 시공 계획을 세우고 공사비를 산출한 것은 잘못 생각한 것이다. 턱없이 짧은 입찰 기간과 부족한 인원 탓이라 할 수 있겠지만 Site Survey 없이 입찰을 진행함에 따른 후폭풍을 생각했다면 본사에 추가로 인력을 요청하여 현장 답사를 하였어야 맞았다.
>
> 현지 상황만 파악했어도 큰 손실은 피할 수 있었을 것을 안이한 상황 판단이 화를 불렀다고 볼 수 있다.

자료 분석

가장 중요한 Mission은 Work Scope를 정확하게 파악하는 것이다.
다시 말하자면 계약서, 과업 지시서(Terms of Reference or Employer's Requirements), 설계도, Specification, 입찰 Q&A 등 계약 도서 외에 현장 답사로 확인한 현장 여건과 수집한 현지 건설법, 소방법, 노동법, 산업안전법, 환경 관련 법규, 계약 적용 Standards를 살펴서, 어떠한 규정에 따라 어떤 품질의 목적물을 만들어 내야 하는지를 알아 내는 것이다.

Project 수행에 영향을 미치는 Factor와 공사 수행에 필요한 Resource 조달 방안, 인허가 등 업무 절차와 소요 기간 등도 자세히 파악하여 둔다.

그리고 계획 수립에 필요한 주요 Work Item List를 작성하고 관련한 Notes를 달아 놓는다.

Work Item List 예시

No	Work Item	Substance	Remarks
1	성토		
	도로 30km, 4차선	451만㎥	순성토 335만㎥
	I/C	1개소, 순성토 83만㎥	

No	Work Item	Substance	Remarks
2	배수시설		
	L형 측구	5,250m	
	법면 도수로	315개소	
3	횡단 Box Culvert		
	통행용	21개소	
	수로용	16개소	
4	옹벽 역T형	3개소 250m, H 6~8m	
5	교량 공사		
	A교량 850m	FCM 8span + PC-I Girder Slab 7span, Bored Pile Ø1.5m, L 60~80m,	유심부 수심10m 교각 충돌 방지시설
	B교량 360m	PC-I Girder Slab 12span, Bored Pile Ø1.2m, L 40~60m	
6	터널 공사 L=1,200m	상, 하행 분리	
	터널 굴착&Lining	2,400m	풍화암-경암
	환기 시설	L.S	Jet Fan 20개
	조명시설	L.S	LED 조명
	화제 탐색 및 소화 시스템	L.S	소화 Test 시행
	터널 관제를 위한 SCADA System	L.S	CCTV 포함
	수전 시설	L.S	

No	Work Item		Substance	Remarks
7	포장공사			
	선택층 30cm		168,000m³	
	보조기층 20cm		112,000m³	
	기층20cm		265,000Ton	
	표층 7.5cm		104,400Ton	
	교면 Latex 아스팔트 포장		3,840Ton	
8	중앙분리대		27,460m	콘크리트 H 1.27m
9	가드레일		6,740m	
10	Toll Booth		1개소	통행료 징수 설비 및 관리 시설 참고
11	부대공사			
	차선도색		L.S	
	안전시설		L.S	표지판, Delineator
	쉼터		2개소	화장실, 조명시설

그리고 주요 공사에 적용 가능한 작업 방법들을 비교, 검토하여 장, 단점과 적용 가능 여부를 파악하여 정리하여 둔다.

작업 방법 검토 예시

Work Item	1안	2안	Remarks
순성토 확보	토취장	모래 구입	
L형 측구	인력	Power Curbers	
횡단 Box Culverts	현장 타설	Precast 설치	

Work Item	1안	2안	Remarks
A 교량			
- 가축도	강재	강재(유심부) + 토사(양안부)	터널 버럭 유용 검토
- 유심부 Footing 시공	Sheet Pile 가물막이	Floating Footing	Sheet Pile 1열 or 2열
B 교량			
- 가축도	토사	강재(유심부) + 토사(양안부)	터널 버럭 유용 검토
- PC I-Girder 설치	Launching Girder	Crane	대형 Crane 임차 여부
터널			
- 터널 굴착	양방향 동시 굴착	양방향 순차 굴착	
	2 Boom Jumbo Drill	3 Boom Jumbo Drill	굴착 Cycle Time 비교
- 버럭처리	성토	외부 처리	
- 라이닝 Form	2 Set 일방향 시공	4 Set 양방향 시공	
아스콘 포장	1차선 포장	2차선 전폭 포장	
중앙분리대	Precast Barrier 설치	Power Curbers 현장 타설	

Basic
Plan

계획의 첫째 Step은 달성 가능하며, 구체적인 Project 목표를 설정하는 것이다.

이를 위해 발주자의 Project Needs를 파악하여 목표 설정에 반영함으로써, 발주자와 시공자가 공통된 목표를 가지고 Project를 수행하는 구도를 만드는 것이 바람직하다.

가장 직관적인 목표로는 공기 3개월 단축, 원가율 90% 달성 등이 있을 수 있다. 이러한 Project 목표는 계획 수립 방향을 제시하는 것으로서 작업 방법이나 작업기간, 착수 시기 등 계획의 검토 단계에서 방향타 역할을 할 것이다. 즉, 공기 단축 목표를 위해서는 가능한 작업 착수 시기를 앞당기고 공기가 상대적으로 짧은 공법을 채택하여 계획을 짜게 될 것이다. 원가 절감을 위해서라면 경제적인 측면에서 유리한 공법이나 공기를 만족하는 한도 내에서 Resource 투입 규모를 줄이고 활용률을 높이는 방향으로 검토하게 된다.

다음은 Project Milestone을 설정한다.
Milestone은 주요 공사의 종료 또는 시작을 정의하는 일정으로 전체 공정 스케줄 안의 목표점이다. 예를 들면 전체 공사를 준공 2개월 전까지 완료한다든가, 교량 하부공사를 우기 전에 마치도록 하는 것, Mobilization 3개월

후 도로 성토 작업 착수 등 주요 작업 단계의 시작과 완료를 나타낼 수 있다.

Milestone은 Project 주요 시점을 나타내어 관리자가 Milestone의 완료 여부를 확인하여 Project의 진행 상황을 파악할 수 있는 유용한 지표가 된다.

그리고 주요 작업의 순서 또는 작업의 진행 방향을 정하는 것이다.
작업의 수행 순서를 정하기 위하여 우선 검토할 사항이 전체 공사를 특성에 따라 Grouping을 하는 것이다.

공간적 특성에 의한 구분

- 하천으로 공사 구간이 나눠지는 경우 별도의 작업팀과 장비의 투입이 필요.
- 산악 지역과 습지 구간은 공사 내용과 작업 방법이 달라진다.

소요 공기 따른 분류

- 연약지반처리, 터널 등 Project 중 공사 기간이 비교적 길고 지반의 변화에 따라 공사 기간이 변할 수 있는 작업들은 먼저 착수하여 공기 증가에 대처할 필요가 있다.

후행 작업에 의한 분류

- 해당 작업 자체로는 특별하지 않으나 후속 직업을 위하여 꼭 필요한 작업들이 있다. 예를 들자면 소하천 교량이 먼저 시공되면 성토용 흙 운반 트럭이 우회 도로를 이용하지 않고 본선을 통하여 운반이 가능해지는 현장 상황이 있다.

인력, 장비 공용에 따른 구분

- 동일한 작업팀이나 장비 또는 가설 자재를 사용함으로써 2개의 작업이 같은 기간이나 순차적으로 이루어져야 하는 경우

공사 비중에 따른 구분

- Project에서 차지하는 공사비 비중이 가장 높고 대표적인 공사로 중요도가 높은 경우

설계/용지보상에 따른 분류

- Design-Build 방식의 Project에서 설계가 완료된 작업과 진행 중인 작업을 구분하여 작업 착수 시기를 검토한다.
- 용지보상과 지장물 처리 상황 등도 작업 순서를 정하는데 필요한 고려 조건이다.

상기와 같이 현장 조건과 작업 상황에 따라 작업을 Grouping하게 되면 작업의 수행 순서를 결정하는 것이 수월해지고 이유가 분명해진다.

의외로 작업 진행 방향은 공사 수행에 적지 않은 차이를 만들어 내며 공사비와 공사 기간에 영향을 미친다.
도로 공사 같은 경우 작업 방향에 따라 접근로와 운반 거리가 달라지고 터널 작업의 경우 역경사 혹은 순경사 방향의 선택에 따라 굴진 중 배수처리 난이도에 차이가 나게 된다. 피압대수층 같이 다량의 지하수 누출이 예상되는 지반을 Down Grade로 굴착할 경우 터널 굴착 선단부 배수처리가 심각한 Issue로 대두될 수 있다.

다음으로 주요 공사에 대한 수행 방안을 비교, 검토한다.
적용 가능한 공법 중 장비, 자재의 현지 수급이 용이하며 공사 기간과 경제성이 적절한 방안을 선택한다.

특히 가설 작업의 경우 현지에서 일반적이고 경제적인 방법을 우선 검토하고 여의치 않을 시 동원 가능한 방안을 찾아본다.
가능한 반복 작업, 기계화, Prefabrication을 채택하여 작업 효율이 높아지도록 계획한다.
특히 Prefabrication이 가지는 이점은 다음과 같다.

- 현장 투입 인력 감소, 비숙련 기술자 활용 가능, 근로자 작업 환경 개선, 제작공정의 자동화
- 기상·기후 영향 최소화, 공기 단축과 공사비 절감
- 작업 현장 안전성 향상, 생산 품질관리 향상, 폐기물 배출 감소, 에너지 효율 향상
- 숙련기술자 확보, 생산성, 작업 불확실성 등 문제에 따른 Modular 건설 증가 추세

상기와 같은 검토를 거쳐 주요 작업과 예상 공사 기간을 보여 주는 Summary Level Schedule인 Master Schedule을 작성하여 다음 단계인 Scheduling의 Base로 삼는다. Master Schedule은 Project 계획 초기에 Team Brainstorming을 촉진하는 재료로 매우 유용하다.

Scheduling

P3 (Primavera Project Planner)를 이용한 공정표 작성 순서는 다음과 같다.

- Project 생성
- Calendar Setup
- Work Breakdown Structure 작성
- Activity 추출과 Duration 산정
- 작업 순서와 연관 작업 연결
- 일정 계산과 조정작업

[Project 생성]

Project 이름과 공사 기간 등 기본적인 사항들을 입력한다.

[Project Calendar Setup]

일정 계산을 위한 기본적인 요구사항이 작업 특성에 따라 작업 가능일과 비작업일을 구분하여 Calendar를 생성하는 것이다.
Calendar 생성을 위한 첫 번째 할 일은 현지의 휴무일을 파악하는 것이다.

공휴일과 일요일 혹은 토요일까지 포함할 수 있고 여기에 새해와 종교 관련 기념일 연휴같이 비공식적으로 주어지는 휴일까지 감안하여야 한다.

두 번째는 날씨에 의하여 작업이 이루어질 수 없는 비 작업 일수를 조사하여야 한다. 가장 일반적인 기상 상황이 강우인데 현지의 기상관리국을 방문하여 공사 지역의 최근 10년간 강우 Data를 입수하여 월별, 강우량(Precipitation) 범위별 평균 강우 일수를 산출한다.
강우 외에 태풍, 하계 고온과 동계의 기온 강하, 파고, 수위, 간만 차이 등 작업에 영향 미치는 상황도 조사하여 반영토록 하여야 한다

세 번째가 작업 시간의 설정이며 현지 근로 관행에 따라 작업 시간을 정한다. 일반적인 토공이나 구조물 작업은 08시부터 17시까지로(휴식 시간 제외 8시간 근무) 할 수 있으나 현지 사정에 맞추어 조정한다.
하지만 대구경 Bored Pile 작업의 경우 작업이 완료될 때까지 연속작업이 필요하므로 이를 작업 시간 설정에 반영하도록 한다. 또한 24시간 작업을 기본으로 하는 터널 작업도 별도의 작업 시간을 설정하여 관리한다.

Calendar 종류

- Basic Calendar : 비 작업일이 고려되지 않은 365일 그대로의 Calendar. 콘크리트 양생, 연약지반 침하 기간, 자재 납기, 계약 상 Calendar day가 적용되는 승인 사항 등에 적용된다.

- Calendar 1 : 휴무일만 비 작업일로 반영. 외부 환경에 영향을 받지 않는 실내 작업이나 계약상 Working day가 적용되는 사항에 적용.

- Calendar 2 : 토공 작업에 적용하기 위한 Calendar로 휴무일과 강우 일수를 비작업일로 설정.
    - 토공 작업을 위한 강우 일수 산출
    - 공사용 흙의 토질(사질토 or 점성토)과 기상 여건(햇볕이 강하고 흙이 쉽게 건조하는 기후 여부)을 고려하여 토공 작업이 중단되는 강우량을 정한다. 보통 20mm 이상의 강우량에서는 토공 작업이 어려우나 경우에 따라 밤에 비가 내리거나 반나절만에 토공 작업이 가능하게 되는 기상 여건도 있을 수 있다.
    - 또한 100mm 이상 집중호우가 내릴 경우 강우 당일만 아니라 익일까지 토공 작업이 가능하지 않을 수 있으므로 현지의 상황을 종합적으로 고려하여 기준을 설정하여야 한다.

- Calendar 3 : 구조물 작업용
    - 구조물 작업을 위한 강우 일수 산출
    - 구조물 작업의 경우 하루종일 비가 오는 경우가 아니면 작업이 가능하며 강우 Data에 나타난 기록들이 주간 혹은 야간에 비가 내렸는지 구분이 되지 않는 점과 소나기성 호우가 빈번한 계절별 특징 등을 고려하여 작업 중단 강우량 기준을 설정한다.

- Calendar 4 : 터널 작업용. 24시간 작업.

상기와 같이 토공 작업과 구조물 작업 혹은 터널 작업 등에 따라 작업 가능 일수와 작업 시간을 별도로 작용하여 해당 작업 Calendar를 설정하고 적용한다.

강우일과 휴무일이 각각 작업 휴무일로 적용되면 중첩이 생기므로 이를 보전해 주어야 한다. 즉 7월에 휴무일이 6일이고 강우로 인한 작업 중단 일수가 10일인 경우 강우 일수를 분산 배치하면 한 달에 6일로 20%를 차지하는 휴무일과 겹치게 되므로 강우 일수의 20%인 2일을 차감하여 8일을 휴무일 외의 기간에 분산 배치한다. 따라서 7월의 총 작업 중단 일수는 14일이 된다.

[Work Breakdown Structure 작성]

Project를 정의할 수 있고 쉽게 구분되며 관리가 가능한 작업 활동으로 나누는 작업분류 체계가 WBS이다. WBS는 Project 전체 공사가 어떻게 최종 단위 작업으로 나눠지는지와 실제 현장에서 수행되어야 할 작업을 명확하게 보여 준다.

도로공사의 경우를 예로 들어 보자.

- Level 1 : 공종별 분류
  - 토공, 배수공, 암거 공사, 교량 공사, 터널 공사, 포장공, 부대 공사
  - 설계, Mobilization, 준공

- Level 2 : 구간, 위치별 분류
  - 구간 : 도로 1, 2, 3 … 구간
  - 교량 : A 교량, B 교량, C 교량 …
  - 터널 : A 터널, B 터널 …
  - Mob.: 가설건물 공사, Con'c B/P 설치, Crusher Plant 설치, etc.

- Level 3 : 작업 단계별 분류
  - 도로 1구간 : 기초지반 처리, 노체 성토 1단, 노체 성토 2단, 노상 성토
  - A 교량 : 기초(Foundation)공사, 하부(Substructure)공사, 상부(Superstructure) 공사
  - A 터널 : 갱문 공사, 터널 굴착, 터널 라이닝, 부대시설 공사
  - 가설건물 공사 : 사무실, 시험실, 숙소, 창고

- Con'c B/P : 부지 공사, Cement Silo, Concrete Mixer, 골재 Bin & Conveyor, Chiller Plant, 전력 & 용수 공사, 부대 공사

• Level 4 : 작업 내용별 분류
- 도로 1구간 기초지반 처리 : 벌개제근 & 표토 제거, Vertical Drain, Sand Mat, 부직포 Mat 설치
- A 교량 교각 공사 : Pier 1, 2, 3 …
- A 터널 굴착 공사 : Sta.0-40m, Sta.41-80m …
- Con'c B/P 전력 & 용수공사 : 전력 인입 공사, 발전기 설치, 지하수 개발

• Level 5 : 작업 진행 순서별 분류
- A 교량 교각 공사 Pier 1 : 1단 Con'c 타설, 1단 Con'c 양생, 2단 Con'c 타설, 2단 Con'c 양생, Coping Con'c 타설, Coping Con'c 양생, 교좌장치 설치

작업에 따라 Level 3, 4, 5에서 더 이상 세분하는 것이 필요 없이 최종 단위 작업인 Activity로 관리하는 것이 바람직할 수도 있다. 더 이상 분류는 작업의 경계가 모호해지고 가시적으로 파악되는 것이 어려워질 수 있기 때문이다.

WBS에서 Level은 Project의 내용에 따라 다를 수 있는데 상기 WBS에 공구 구분이 들어가면 Level 1이 1공구, 2공구로 변할 수 있다.

작업과 공사비의 연계는 WBS를 작성하며 고려해야 할 중요한 사항이다.

[Activity 추출과 Duration 산정]

현장에서 실제 일이 진행되는 작업 단위로 Activity를 구성하되 하나의 Activity가 10일 이상 작업기간을 가지지 않도록 하는 것이 바람직하다.

예를 들어 교량 공사의 WBS 분류가 교량〉A교량〉교각공사〉Pier1으로 이루어지면 하위 Activity는 P1 1단 콘크리트 타설, P1 1단 콘크리트 양생, P1 2단 콘크리트 타설, P1 2단 콘크리트 양생, P1 Coping 콘크리트 타설, P1 Coping 콘크리트 양생 등으로 구성될 수 있다. 각각의 Activity가 2~7일 정도의 Duration을 가지게 되므로 공정관리에 적절하다고 볼 수 있다.

WBS와 Activity를 구성하는 데 염두에 두어야 할 사항은 Work Scope의 모든 사항이 100% 포함되어야 한다는 것이다.
그리고 목적물의 시공 외 각각의 작업에 선, 후행하거나 영향을 주는 사항들도 빠지지 않도록 해야 한다는 것이다.

- 발주처 책임 사항 : 공사용지 제공, 설계/시공 계획/자재 승인 등
- 시공자 필요사항 : 측량, 자재 구매, 장비 반입 및 설치, 진입로 개설, 가설 작업, 철거 작업 등
- 인허가 사항, 유지관리 매뉴얼 및 장비 공급

작업기간(Duration)은 작업 방법의 난이도와 작업 환경을 고려하고 다음 사항들을 활용하여 산정한다.

- 현지에서 조사한 인당 작업 생산성
- 현장 작업조건과 투입 계획하고 있는 장비의 상태를 고려한 장비 작업량 계산
- 현지 업체가 제시하는 작업량 Data
- 현지 국내 건설업체 시공 현장 조사한 자료
- 회사가 수행한 Project의 시공 기록

상기와 같이 검토한 결과 중 최장 혹은 최단이 아닌 보편적으로 작업 완료가 가능한 적정 시간을 선택하여 작업기간으로 적용한다.

[작업 순서와 연관 작업 연결]

주요 작업의 착수 시점은 Master Schedule에 명시되지만, Activity 단위 작업의 순서 결정은 다음과 같은 조건을 고려하여 이루어진다.

- 작업의 절대적 순서 : 선행 작업이 이루어지지 않으면 절대 후행 작업이 시작될 수 없는 관계의 작업 연결. 교량 P1 기초공사가 완료되어야 교각 1단 Con'c 타설 작업 가능한 것과 같이 순서가 바뀔 수 없는 작업 관계.
- 인력/장비 사용 : 작업 간 선, 후행 관계는 없지만, 인력과 장비 사용에 따른 연관이 있는 경우. 선, 후행 외에 병행 작업도 가능.
- 현장/기상 조건 : 우기를 앞둔 교각 시공에서 P1 2단 Con'c 타설 후 Coping 작업을 멈추고, 나머지 교각 1, 2단 Con'c 타설을 우선하여 만약에 발생할 하천 수위 상승에 대비하는 작업 순서 적용. 이처럼 작업의 편의성이나 현장 상황에 따라 유리한 작업 순서를 채택.
- 품질/안전 : 품질이나 안전 측면에서 더 우수한 결과를 가져오는 작업 순서 반영.

어떤 작업을 먼저 하고 순서를 정할 것인가?

상황에 따라 주요 공사는 아니더라도 Critical Path로 들어갈 가능성이 있는 작업이 있다. 예를 들면 연약지반 개량작업은 설계보다 압밀이 더디어져 훨씬 긴 시간이 소요되는 일이 빈번하다. 그러므로 공사 기간이 길고 변수가 발생할 가능성이 큰 작업부터 하는 것이 바람직하다. Early Start가 가지는 이점은 돌발 상황에 대처할 시간을 벌 수 있다는 것이다.

경제적인 방법으로 공사를 진행하는 것으로 계획을 수립한다.
도로 공사의 경우 기존 도로와 연결되는 위치에서 도로 성토를 시작하면 별도의 작업로 개설이나 우회 운반으로 인한 비용을 절감할 수 있다.

설계와 계약 조건 안에서 Ideal하게 계획을 수립하자. 그리고 발주처의 용지 보상 지연으로 계획한 대로 공사 수행이 불가한 상황이 되면 공정 계획을 근거로 Claim을 제기하면 된다.

투입되는 인력과 장비의 작업 효율을 최대화하고 대형 장비의 경우 이동이나 반, 출입을 최소화하여 가동율을 높이는 방향으로 계획한다.

Activity의 연결 관계는 다음 4가지로 이루어진다.

- Finish to Start : 선행 작업 완료 후 후행 작업 시작
- Start to Start : 2개 이상의 작업이 동시에 시작
- Finish to Finish : 2개의 이상의 작업이 동일한 시점에 완료
- Start to Finish : 후행 작업이 시작해야 선행 작업이 종료

[일정 계산과 조정작업]

Calendar Setup, Activity와 작업기간 입력, Network 연결이 완료되면 일정 계산을 시행한다.

일정 계산 후 확인할 사항은 다음과 같다.

- 계산된 공기가 주어진 계약기간을 만족하는지 확인한다.
- 작업 Logic의 연결 타당성을 검토한다.
- 주 공정(Critical Path)을 확인하고 조정 가능 여부를 검토한다.

계약 공기보다 일정 계산 결과로 나온 공사 기간이 긴 경우 먼저 Critical

Path에 속한 Activity의 작업기간 단축을 위한 방안을 모색한다. 장비나 인력을 증가시키거나, 공법 변경 등을 고려할 수 있다.

그리고 선후관계의 작업을 병행 관계로 조정 가능한지 검토한다.

Critical Path의 공기를 단축하게 되면, 다른 작업이 Critical Path로 들어올 수 있으므로 이러한 작업에 대해서도 작업기간 단축 방안을 검토해야 한다.

공사비와 Schedule 조정

산출된 공사비를 Basic Schedule Activity에 분배하여 계산 결과를 토대로 Project Cash Flow Forecast를 작성한다.

공사 기간과 비용 조정 : 계산된 공기와 비용을 놓고 비용 측면에서 최대한 효과가 나오는 조정방안을 검토한다.

- 공기에 여유가 있는 경우 인원, 장비 투입을 경제적으로 유리한 수준으로 감축하거나, 다소 작업기간은 길어도 경제성이 더 높은 공법을 선택하여 비용 절감을 검토한다.
- 상대적으로 적은 비용을 추가 투입하여 전체 공기 단축이 가능할 수 있는 작업이 있는 경우 이를 조정하여 현장 간접비 절감과 공기 단축 보상도 노려볼 만하다.

Scenario
Simulation

Scenario Simulation은 Basic Schedule을 Ordinary Condition으로 놓고, 일반적이지 않고, 고려하지 않은 범위의 Factor를 대입하여 초래하는 상황(Event)이 Project 수행에 어떻게 영향을 미치고 공기와 비용 측면에 얼마만 한 파급 효과를 가져오는지를 면밀하게 들여다봄으로써 계획의 불확실성을 최소화하고 Risk에 따른 Impact를 사전에 구체적으로 인식하기 위하여 사용하는 것이다.

Scenario의 구성은 Risk Factor를 도입하여 상황 변화 Scenario를 펼쳐 보는 Future Forward 방식과 미래에 특정 상황이 발생한다고 가정한 다음 그러한 상황을 초래할 가능성이 높은 Factor가 무엇인지 역으로 짚어 보는 Future Backward 방식이 있다.

Future Forward Scenario

구분	내용
Event	우기의 시작인 7월보다 2개월 앞선 5월에 Storm Rain으로 하천 수위가 우기 수준으로 상승
1차 Impact	A 교량 하천 중앙부 교각 시공 중으로 가축도와 구조물 공사용 가설 자재 손망실 발생 교각 공사 우기 전 완료 불가
2차 Impact	Launching Girder를 이용한 Precast Segment 상부 시공 불가 B 교량 상부공사를 위한 Launching Girder 전용 지연 교량 통과 아스콘 운반 불가로 포장 공사 착수 지연 or 우회 운반로 개설 필요 Project 완공 계약 공기에서 3개월 지연

Future Backward Scenario

구분	내용
특정 상황	C 터널 공사 지연 (Critical Path인 공사로 지연 시 공기 내 준공 불가)
Attributable Factor	Unforeseeable Ground Condition(파쇄대, 토사 구간, 대량의 지하수유출 등) Corona 집단 감염으로 작업 중단 Jumbo Drill 중대 고장 발파, 진동소음 민원 발생

상기 예시와 같이 Future forward는 다수의 Risk Factor에 대하여 파급 범위와 강도를 측정하는데 유용하다고 볼 수 있다.

Future Backward 방식은 하나 또는 2개의 Project 핵심 공사를 대상으로 한 특정 상황을 가정하여 이의 원인이 될 수 있는 Risk Facto들을 찾아보고 대책을 계획에 반영하여 특정 상황의 발생을 예방하는 목적으로 효과적이다.

Basic Schedule을 재료로 두 가지 방식을 다 사용할 수 있지만, Scenario Simulation의 Main은 Future Forward 방식을 사용하여 Risk Factor의 개입으로 발생하는 특정 상황이 Project의 흐름과 방향에 주는 변화를 살펴보고 그로 인한 Impact를 따져 보는 것이다.

[Scenario Simulation 수행 절차]

특정 상황의 구체화

- Risk에 대한 구체적인 설정을 통하여 Project에 발생하는 상황에 대한 정확한 예측 Scenario를 만들어 본다. 상황이 발생하는 위치, 과정 등을 상세히 기술 한다.
- 통상적으로 우기의 시작인 7월보다 훨씬 전인 5월에 Storm Rain이 수차례 내림으로 하천 수위 급상승.

특정 상황(Event)에 의해 영향을 받는 작업과 내용의 구체화

- A 교량 하천부 교각 공사를 위한 토사 가축도 유실, 교각 거푸집과 동바리 손, 망실.
- 교각 작업 중단.

수립된 계획이 수용할 수 있는 해당 Risk의 한계를 확인

- 바로 복구되어 계획대로 우기 전 교각 공사 완료.
    - ➡ Risk 범위 제한적. 추가적인 상황의 전개 불필요.
- 수위 상승 영향으로 가축도 복구 곤란. 우기가 끝나는 9월까지 작업 착수 불가.
    - ➡ A 교량 완료 5개월 지연.
    - ➡ Basic Schedule에 A 교량 공사 종료 시점 지정 입력. 일정 계산 후 후속 공사 일정과 전체 공사 완료 시점 확인.
    - ➡ 계약 공기 내 전체 공사 완료 가능.
    - ➡ No Problem.

Risk에 대한 대응이 수립된 계획의 보완이나 보강으로 가능한지 혹은 새로운 대안이 필요한지를 검토

- 준공 지연 불가피.
    - ➡ 대응 Scenario 구성하여 일정과 비용 검토.
- Scenario 1 후속적 조치 (Follow-Up Action) Simulation
    - ➡ 후속 공사의 작업 방법, 순서, 기간을 조정하여 공기 내 준공 검토. Basic Schedule에서 교량 공사의 후속 공사 일정을 조정하여 가능 여부 확인.
- Scenario 2 선제적 조치 (Proactive Measure) Simulation
    - ➡ 가축도 건설에 토사 대신 강재 사용. 수위 하강 시 바로 작업 재개와 우기 중에도 작업 가능한 상황을 Basic Schedule에 반영하여 일정 Simulation.

핵심 Issue 파악

- 이와 같은 상황에서 핵심 Issue는 교량 공사를 위한 하천부 가축도에 토사를 사용할 것인가, 강재를 사용할 것인가가 될 것이다. Basic Plan에서 토사를 적용한 것은 강재에 비해 경제적이기 때문이며, 토사 가축도 특성상 수위 상승에 취약한 점을 고려하여 우기 전에 교각 공사를 완료하도록 일정 계획을 수립한 것이다.

Scenario와 핵심 Issue에 따른 공기와 비용 Impact를 비교하여 Risk에 대한 대응 Scenario 선택

- Scenario 1에 따른 Schedule 검토 결과, 공기 내 준공이 가능하며 강재 가축도 설치에 따른 비용 증가보다 비용 상승 폭이 작을 경우, 5월 Storm Rain으로 인한 Impact를 Basic Plan이 수용 가능하다고 판단하여 변경할 필요 없음.
- Scenario 1에 따른 Schedule 검토 결과 공기 내 준공이 불가하고 공정 만회 비용이 강재 가축도 설치에 따른 추가 비용보다 큰 경우 Scenario 2에 의한 Basic Schedule 수정 필요.

Risk 발생 가능성 평가와 대응 Scenario 반영 의사 결정

- 상기와 같이 Scenario Simulation을 통하여 우기 전에 Storm Rain에 의한 하천 수위 상승이라는 Risk에 대하여 검토 결과, Basic Schedule에 이에 대한 대책의 반영이 필요한 것으로 나타났다면 이러한 Risk의 발생 가능성에 대한 평가 단계를 거쳐서 대책의 계획 반영 여부가 결정되어야 한다.
- 우기 이외의 기간에 Storm Rain에 의한 하천 수위 상승 전례가 없다면 Risk의 발생 가능성이 없다고 볼 수 있다. 물론 전례 없던 글로벌 기상 이변이 증가하는 추세라는 점을 생각할 때 발생 가능성이 '0%'라고 단정 짓기는 어렵다. 하지만 한 번이라도 전례가 있다면 반영 여부에 대하여 고민할 수밖에 없다.
  물론 일반적으로 Risk를 평가하고 반영하는 방법들이 있지만, 건설 계획을 위해서는 다른 관점에서 Risk를 다루는 것이 필요하다고 생각한다.
- 우기 외 기간에 Storm Rain 발생빈도가 지난 10년간 1회라고 가정하고, 교각 공사가 진행되는 1년 동안 발생할 확률은 10%라고 단순 계산해 보자. Storm Rain Risk의 발생 가능성은 10%로 매우 낮다고 볼 수 있다.
  그런데 Impact로 인한 비용 증가는 차치하고 준공이 3개월 지연된다면 발생 가능성이 작다고 무시해도 될까?
  발생 가능성이 낮은 Risk라도 Impact가 준공 지연으로 귀결된다면 건설 계획 수립에서는 가급적(비용이 문제가 되겠지만) Risk에 대한 대응책을 반영하는 쪽에 서서 생각하는 것이 필요하다.
  즉, Project의 준공과 직결되거나 발생 시 Project 손익에 회복 불가능한 결과를 남기는 Risk에 대해서는 가능성이 작아도 최악의 상태로 진행하는 것을 방지하거나 완화할 수 있는 안전장치를 계획에 마련하는 것이 타당하다고 말하고 싶다.

Scenario Simulation 활용으로 얻을 수 있는 것은 다음과 같다.
첫째, 다양한 Risk Factor가 Project 수행에 미치는 영향을 점검함으로써 수립된 계획이 가지고 있는 Risk에 대한 유연성의 한계를 확인할 수 있다. 이에 따라 Project에 중대한 영향을 미치는 Factor들을 찾아내고 발생을 예방하거나 대응할 수 있도록 계획을 조정하여 최적의 계획을 수립하게 한다.

둘째, Risk의 전개와 대응에 대한 예습의 기회를 제공하기 때문에 상황의 변화를 예견하고 사전 조치로 충격을 최소화할 수 있게 한다. 이는 적극적인 Project Management를 가능케 하는 토대를 제공함으로써 Project의 성공 가능성을 높이고 실패 확률을 줄여 준다.

셋째, 시공 중 실제 상황에 직면하였을 시 이미 상황에 대하여 검토했던 기억을 활용하여 효율적인 대처가 가능하다는 점이다. 이는 위급한 상황에서 대처할 방법을 찾을 수 있게 해 주는 것과 최악의 상황으로 가는 조건들의 개입을 차단하는 것을 의미한다.

넷째, Grey Rhino같이 다가오는 특정 Risk에 대해서는 Signpost를 설정하여 상황이 발생하기 전에 준비할 수 있는 시간을 가질 수 있는 이점이 있다.

Risk는 손실을 야기하는 위협이기도 하지만, 때로는 새롭고 혁신적인 방법으로 극복하여 더 많은 것을 얻어 낼 기회로도 활용될 수 있다.
Scenario Simulation은 위기가 Project에 작동하는 Mechanism과 결과를 인식하게 함으로써 위기의 실체를 파악하고 기회로 활용할 수 있는 Momentum을 제공한다.

이제 해외 Infrastructure Project에 어떤 Risk가 있는지 알아보자.

[Country Risk]

해외건설 공사는 기본적으로 법규, 제도와 문화가 다른 나라에서 공사를 하는 것이므로 국내 공사와는 다른 여러 가지 불확실성과 해당 국가의 정치, 경제, 사회적 환경의 변동 가능성을 고려하여야 할 것이다.

국가 Risk는 특히 정치적으로 불안정한 국가에서 우선적으로 고려해야 할 사항이다.

Project는 해당 국가 내에서 정상적으로 절차를 밟아 의회의 승인을 얻어 발주되었는가?

Project 건설을 위한 재원은 확보되었는가?

공사 도중 정치적인 문제로 Project가 취소 또는 축소되는 위험은 없는가?

Country Risk의 범주에 들어가는 사항은 다음과 같은 것들이 있다.

정치적 Risk

- 정치적 불안정(과도한 정당 간의 세력 다툼)
- 사회적 불안정(테러, 종교 분쟁, 부족 간 분쟁 등)
- 민족주의, 인종주의 등 배타성

문화적 Risk

- 부조리한 비즈니스 관행
- 부정부패 정도
- 국민 또는 지역의 여론(public opinion)

법률적 Risk

- 현지 법규
- 인허가 절차
- 세금, 관세와 건설 정책 변경

> 💡 세금은 Corporation Income Tax와 Personal Income Tax가 대부분 국가에서 부과된다.
> 관세는 품목별 Tariff에 따라 매겨지며 통관 수수료와 부대 비용이 수반된다.
> Project 수행 중에 일어나는 세금과 관세의 변경은 반드시 법령의 개정에 따르므로 계약(Changes in Legislation)에 의거 보상받을 수 있다. 하지만 Rate 변경이 아닌 외국인 노동자 취업 제한이나 중고 장비 수입 제한, 자국산 자재 사용 촉진을 위한 특정 자재 수입 금지 조치 등으로 발생한 피해는 보상받을 길이 막막하다.

시공자가 가장 관심을 가지는 사항은 해당 Project의 재원 확보 여부이다. 일을 해 주고 돈 못 받는 것이야말로 최악의 상황이기 때문이다. 경제가 낙후된 국가에서 공적 개발 지원자금이 확보되지 않은 Project를 수행하는 경우 공사 대금 지급이 연체될 위험이 커진다.
Project 수행과 관련한 기술적인 위험은 어느 정도 예측하고 회피하는 방안을 강구해 보겠지만, 해당 국가의 정치, 사회의 불안이나 돌발적인 경제위기 등의 변수는 통제 가능한 범위에 있지 않다.

해외 Project는 초기 Mobilization에 국내 공사와 비교해 비용이 훨씬 많이 들어간다. 만일 공사용 장비를 신규 구매하여 투입하였는데 공사가 중단된다면 피해가 커질 수밖에 없다. 이런 위험이 예상된다면 어떻게 Hedge해야 할 것인가?

발주자가 민간 사업자일 경우 신뢰할 만한 은행에 Escrow Account를 개설하여 Project 공사비를 예치하도록 하는 방안이 있다. Escrow Account는 거래가 종료될 때까지 결제 금액을 예치하여 두는 은행 계정으로 발주자는 이 금액을 Project 공사 대금 지급 외 목적으로 사용할 수 없다.

따라서 시공자가 Performance Guarantee를 하는 것과 마찬가지로 발주자도 Escrow Account에 공사비가 준비되어 있음을 확인시켜 줄 의무가 있는 것이다.

[Project 수행 Risk]

먼저 발생 가능한 전형적인 건설 공사의 수행 Risk는 무엇이 있는지 살펴보자.

- 설계 미흡, 용지보상 난항, 자재 조달 차질, 인허가 지연 등 원인으로 공기 지연
- 예측하지 못한 지반 조건 출현
- 기상 이변, 불가항력적 재해(홍수, 지진 등) 발생
- 노무자의 Strike
- 예상치 못한 인력 및 자재의 급격한 가격 상승
- 심각한 안전사고 발생
- 불량 시공으로 인한 재시공
- 외주업체의 Claim or 파산

용지보상 지연, 지장물 처리 관련 이견 발생

- Right of Way, Payment, Design이 발주자의 의무로서 계약자에게 제공해야 할 기본적인 사항이다. 이중 ROW는 착공 전까지 100% 계약자에게 인도되지 않는 사례가 높은 빈도로 발생하며, 공사 수행에 직접적인 영향을 미치는 중대한 Issue이다.

베트남 고속도로 Project 입찰 전 발주자는 용지보상이 90% 이상 이루어져 공사 수행에 지장이 없을 것이라고 설명하였다.

이에 따라 기존 도로와 접하는 구간부터 본선 성토 작업을 시작하여 본선을 통한 토사 운반을 계획하였으나 착공 전까지 기존 도로와 인접한 구간의 용지보상이 이루어지지 않았고, 결국 우회 도로를 통하여 도로 성토 작업을 착수하게 되었다.

계획에 없던 우회 도로 개설에 시간과 비용이 투입된 것은 물론이고, 본선 성토 작업도 토사 운반 Cycle Time이 증가하여 계획 대비 저조한 효율을 기록하였다.

- 정부가 주도하는 Infrastructure 건설사업의 용지보상은 베트남의 고질적인 문제로, 사업을 지연시키는 주요 원인으로 손꼽히고 있었다. ROW가 100% 주어진 상태에서 가장 효율적인 공사 방안을 계획한 것은 타당하였으나 ROW가 문제가 되는 상황을 가정하고 대응 전략을 면밀히 검토하였다면 어땠을까?

1안, 계획대로 작업 수행이 가능한 기존 도로 접속 구간 용지 해결이 될 때까지 작업 착수를 미루는 방안
➡ 발주자 용지 조속 해결 압력 효과.

2안, 우회 도로 개설과 운반 거리 변경으로 인한 공기와 비용 증가 발주자 승인 후 착공하는 방안
➡ 현장에 인력과 장비가 투입된 상태에서 작업 대기를 피하고자 우회 도로 시공을 선 시행하고 후 Claim 하는 것과 현장 투입을 최소화한 상태에서 발주자의 우회 도로 시공 방안 승인 후 작업하는 것은 큰 차이가 있다.

인허가 지연에 의한 차질

- 토취장, 사토장, 석산 개발과 골재 채취

- 도심 발파 작업, 화약류 취급 및 임시 보관
- 임시 전력 인입
- 중량물 운행
- Tree Cutting
- 환경 보전 지역 작업

핵심 장비 Mobilization 지연 & Trouble

- 타 Project의 공사 지연으로 전용 계획된 장비 반입 불확실.
- 장비 통관 시 주요 부품 도난
- Project 핵심 장비의 중대한 고장

사례 : TBM Main Bearing Trouble

울산공업용수 도수터널 공사에는 3대의 ø3.5m Hard Rock TBM이 투입되었다.

제1터널을 6km가량 굴진하고 있던 TBM 1호기 점검 결과 Main Bearing이 손상된 것으로 나타났다. Thrust Power를 최고치로 높여 200Mpa 내외의 경암층을 계속하여 굴진한 것이 Main Bearing Damage의 원인으로 추정되었다.
제1터널 관통까지 2.6km 정도 추가 굴착이 필요한 상황이었기에 터널 내에서 Main Bearing을 교체하는 것으로 결정하였다.

우선 TBM 제작사에 동일한 Main Bearing 예비분이 있는지 확인을 요청하였다. TBM Main Bearing 같은 대형 Size의 Bearing은 세계에서 만드는 회사가 하나 뿐이었고, Order Made 부품인 것을 알고 있었기에 걱정이 앞섰다.
만약 새로 주문해야 한다면 제작 기간만 60일 이상 필요하게 되므로 작업 중간 기간이 너무 길어지게 되기 때문이었다. 다행히 제작사에서 다른 Project TBM 제작을 위해 구매해 둔 같은 Size의 Main Bearing을 갖고 있으며 우선 사용하게 해 주겠다고 답변이 왔다.

터널 내 Main Bearing 교체를 위한 준비작업이 시작되었다. TBM으로 10m 정도를 굴진한 뒤 후진하여 Cutterhead 전방 터널 상부를 발파 굴착하여 Main Bearing을 들어 올리고 내릴 수 있는 공간을 확보한다.
그리고 공간 상단에 Rock Bolt를 심고 윈치를 설치한다. TBM을 전진시켜 Main Bearing 부분이 윈치 아래 오도록 한다.
Cutterhead를 Rock Bolt로 지반에 고정시킨 후 Main Bearing Part를 분해하여 손상된 Bearing을 꺼내어 터널 밖으로 운반하고, 대기하고 있던 New Main Bearing을 터널 내로 이동시켜 TBM에 장착한다.

터널 내 Main Bearing 교체에 45일이 소요되었다.

협력업체의 작업 지연과 분쟁

- 협력업체가 작업을 제대로 수행하지 못하는 원인으로 업체 내부 자금 사정 악화가 문제인 경우가 많다.
  작업하던 타 Project에서 수금이 안 되거나, 손실 발생 등의 이유로 협력업체 운영자금이 부족하게 되면 급한 현장 순서로 자금을 지원하기 때문에, 우선순위에서 밀려 공사 자금을 받지 못하면 작업이 중단되거나 Slow Down하게 된다.
  이 같은 상황은 협력업체 선정 시 업체 평가가 잘못된 것이 아니고, 수행 중 협력업체 경영이 악화된 것이므로 잠재된 Risk가 현실화된 것으로 보아야 한다.
  이러한 협력업체 경영악화 Risk에 대한 대응으로 협력업체에 월 기성을 지급하면서 협력업체 소속 작업자들과 자재 거래처에 체불 금액이 없는지 확인하는 절차가 필요한 것이다. 체불 금액이 있다면 이유를 확인하고 기성 금액에서 체불 금액을 직불하여 현장 작업에 지장이 발생하지 않도록 선 조치해야 한다. 아울러 협력업체 본사와 협의하여 현장 작업에 문제가 생기지 않도록 기성금과 현장 공사 자금 집행 방안에 대하여 합의하도록 한다.

베트남에서 고속도로 Project 토공 작업을 현지 협력업체에 외주하고 Back To Back 계약원칙에 따라 20%의 Advance Payment를 지급하였다.

작업이 시작되었으나 계약 시 제출한 장비와 인력이 투입되지 않아 지지부진한 작업 실적을 나타내고 있어 Resource가 동원되지 않는 원인을 조사한 바, Advance Payment는 협력업체 본사에서 사용하고 월 기성은 Advance Payment 금액을 공제한 80%가 지급되는데 여기서도 본사에서 일부 공제하고 지급되기에 현장 운영비가 부족해서 Resource를 제대로 투입할 수 없다는 것이었다.

조사 결과를 확인하고 Advance Payment 20% 지급이 현지 실정에 맞지 않는 것임을 깨닫게 되었다.
Advance Payment는 본사 비용으로 남고 잔여 금액으로 현장에서 작업을 수행하는 것이 현지 업체의 관행으로, 다른 Project는 Advance Payment가 보통 10%이므로 남은 90%로 현장 운영이 가능한데, 본 현장에서 20%의 Advance Payment를 지급하여 문제가 된 것이다.

- 해외에서 현지 협력업체는 국내처럼 계약상 '을'이 아니며 동등한 관계로 인식한다. 그러므로 계약이나 제시한 작업조건과 어긋나는 상황이 생기면 Claim하는 것에 주저함이 없다. 이러한 Claim에 대하여 '을'로 생각하고 합리적으로 처리하지 않으면, 꽤 많은 것을 잃게 되므로 신중하고 정당하게 해결하기를 바라 마지않는다. 현지 업체에게 '갑'은 'Money'뿐이다.

자재가 파동 / 수급 차질

- 철근, 시멘트 가격 급등
- Turbine & Generator(소수의 생산자) 등 주요 기자재 납품 지연

이상 기후 및 날씨

- 하천이나 주변에서 작업 시 가축도나 가물막이 작업이 수반되는데 이러한 작업의 Elevation 계획과 사용 재료선택이 중요하다. 최근의 기후 변화와 조사한 자료를 바탕으로 기존 최대수위 이상 상승 가능성에 대해 신중히 검토한다. 그리고 만약 그러한 상황이 온다면 선택한 시공 방안이 감당할 수 있는 한계와 보완을 통한 추가적 대응이 가능한지를 고려해 보아야 할 것이다. 많은 경우 가축도나 가물막이 붕괴와 유실이 발생하면 복구에 적지 않은 시간과 비용이 필요하기 때문이다.

필리핀 다목적댐 Project 현장은 산 중에 위치하여 진입로 개설이 필요하였다. 20km가 넘는 짧지 않은 진입로이기에 Bull Dozer로 지형에 따라 노반을 만든 후 쇄석 포장으로 시공하였다.

우기가 되자 연약해진 지반에 중차량들이 통행하면서 진입로는 곤죽으로 변해 버렸다. 더 이상 차량 통행이 불가능해져 자재의 반입이 중단되고, 무엇보다 유류 운반이 끊겨 발전기를 정상적으로 가동할 수 없게 되었다.
현지 기술자의 조언으로 2차대전 때 미군이 사용하던 6륜구동트럭을 이용하여 급한대로 일부 자재와 유류를 공급받을 수 있었으나 2개월 이상 공정이 지연될 수밖에 없었다.

그리고 다음 우기를 대비하여 대책을 토의하였다.
1안, 진입로를 콘크리트로 포장하고 배수시설을 설치하는 방안
2안, Soil 경화제를 살포하여 지반의 연약화를 방지하고 급경사 구간에 콘크리트 포장을 적용하는 방안
3안, Main Camp와 발전기를 진입로 입구로 옮기고 현장까지 송전선을 가설하여 Tunnel 굴착용 TBM에 전력을 공급하는 방안

결국 가장 경제적인 2안을 채택하고 우기 중 필요한 자재와 유류를 현장에 사전에 저장하며 우기 중 운반을 최소화하되 필요 시 6륜구동트럭을 동원하는 것으로 보완하였다.

이러한 상황에 대한 인식이나 경험이 있어서, 사전에 Simulation을 할 수 있었다면 2안과 3안을 함께 계획에 반영했을 것이다.

베트남 고속도로 Project 현장 주변에 가용할 만한 레미콘 공장이 없어 현장에 콘크리트 Batch Plant 설치를 계획하였다.

혹서기를 맞아 기온은 40도에 육박하고 콘크리트 온도관리 때문에, 야간에 콘크리트 타설 작업을 하게 되었다.

야간에 중요 작업인 콘크리트 타설이 지속되면서 직원과 작업자들의 피로도가 높아지게 되고 야간임에도 콘크리트 온도관리가 어려워졌다. 결국, 더 이상의 품질관리가 어렵다고 판단하고, 잠정적으로 구조물 공사의 중지를 결정하였다.

장대교와 구조물 공사로 콘크리트 소요량이 적지 않은 상황에서 베트남 혹서기와 야간작업의 어려움에 대해 깊이 생각하지 않고 콘크리트 Batch Plant에 Chiller Plant를 고려하지 않은 것에 대하여 후회막급하였다.

Unforeseeable underground situation
(Design-Build에서 Detail ground investigation 이후는 시공자 책임)

- 대구경 Bored Pile 작업에서 지반 상태의 변화는 심각한 문제를 야기한다. 지반 조사 결과에 따라 40m까지 시공이 가능한 장비를 투입했는데 조사 결과보다 연약한 지층이 나타나, 지지력 확보를 위하여 40m 이상 깊이로 시공이 필요한 경우가 있다. 지지층 변화가 심하다고 판단되면, 시공 계획 시 1set의 장비는 40m

이상 Piling 작업이 가능한 장비를 투입하거나 40m 이상 가능한 장비를 보유하고 있는 업체를 수배하여 상황 발생 시 투입 가능 기간과 비용 견적을 받아 대비하는 방안 등이 검토될 수 있다. Simulation 시 가능한 대비책의 반영 여부를 결정할 수 있다.

- 싱가포르 지하철 일부 구간은 Shallow Tunnel로 설계되어서 Shield TBM으로 터널을 굴진하면서 건물 기초의 잔재인 H-beam 같은 강재나 Wooden Pile을 조우할 수 있다. 이러한 지장물은 지반 탐사를 통한 사전 발견이 어려운 실정이며 Shield TBM 굴착 작업 특성상 대처가 쉽지 않다.
이러한 상황에 대한 타개책은 사람이 TBM Cutter Head 전면으로 나아가 인력으로 지장물을 해체하여 제거하는 것인데 지반의 붕락 방지를 위하여 압기 하에서 작업하게 된다. 기압 변화에서 발생하는 작업자의 신체적 이상을 방지하기 위해서는 Shield TBM에 Man Lock(감압실)이 부착되어 있어야 한다. Man Lock은 Accessory로서 Shield TBM 발주 시 주문 사양에 포함할 수 있다. Risk Simulation을 실시하여 지반 상황과 다양한 각도에서 문제 발생 가능성을 검토하여 Shield TBM의 발주 사양을 결정하는 것이 바람직하다.

- 연약지반구간의 도로 성토 작업은 Sand Pile, Pack Drain, Sand Compaction Pile 등 연약지반 처리공법을 시공 후 1차 성토를 하고 침하 진행 상황을 Monitoring 하여 침하가 설계 목표치에 도달하게 되면 2차 성토를 시작한다.
하지만 설계에서 계산된 침하 기간이 지나서도 목표한 침하량을 보이지 않는 경우가 있다. 이 경우 얼마나 더 기다릴지, 아니면 지반 강도가 허용하는 범위 내에서 2차 성토의 일부를 시행하여 침하를 촉진시킬지를 결정하여야 한다. Simulation을 활용하여 후속 작업과 연관된 작업 상황을 살펴보고 적절한 선택을 하는 것이 좋다.

- 장대 터널을 Tunnel Boring Machine으로 굴착을 계획할 때 지반조사에서 드러나지 않거나 정확한 규모가 파악되지 않는 지반 상황도 고려하여 장비를 선정하고 세부적인 사양을 결정해야 한다.
전반적인 지반 상태 즉, 암질과 강도, 절리, 지하수 등은 지반조사 결과를 참조하여 파악되지만, 단층파쇄대, 피압대수층, Water Pocket, Squeezing Rock 등은 어떤 상태인지 터널 굴진 중 만날 것인지 알 수 없다.

때문에, 직접적인 Boring 조사 결과 외에 기본적인 지질 관련 자료를 참고하고, 타 터널 Project 자료를 찾아 지반 관련 사항을 확인하는 것이 필요하다. 그리고 터널 노선의 지표 답사를 실시하여 육안으로 지질의 변화를 확인하는 것도 중요한 일이다.

하지만 가능성 여부만 짐작할 수 있을 뿐 실제로 굴진 중 조우할 것인지는 알 수 없다. 그럼에도 TBM Model을 선택하는데 특수한 지반 상황을 아예 무시하고 진행할 수는 없다.

단층파쇄대, 피압대수층, Water Pocket은 지하수와 관련이 있으므로 터널을 상향 경사로 굴진하는 것으로 계획을 세움으로써 어느 정도 문제를 완화시킬 수 있다. 하지만 Rock Squeezing은 대비 없이 만나게 될 경우 TBM이 암반에 끼어 꼼짝 못 하게 된다. Squeezing Rock은 매우 드물지만, 꼭 짚고 넘어가야 하는 중요한 사항이다.

- Tunnel Boring Machine은 Order Made 장비이다. 지반 상황, 작업조건과 목적에 따른 다양한 Option이 있다. 크게 나눠 보자면, Shield 유무에 따라 Open Type, Shield Type이 있고 지반 상황에 따른 암반용과 토사용 그리고 양쪽 모두 가능한 Mixed Type이 있다. 또한 연속 굴진 필요에 따라 Single or Double Shield Model을 선택할 수도 있다. 이렇게 큰 방향이 잡히면 세부적으로 Cutter를 포함한 Head 설계, 출력이 정해지고 각종 Accessory와 후속 부대 설비가 결정된다.

TBM 공법을 적용하는 터널 시공은 지반에 적합한 TBM 주문 Order를 내는 것이 가장 중요하다. 반대로 부적절한 Model을 투입하게 되면 그 후유증은 결코 작지 않아서 시공 기간이 늘어나고 공사 원가가 상승하게 될 것이다.

현지 주민과의 마찰

- 도심지 작업 소음 • 야간작업 중단
- 흙 운반 트럭 통행으로 인한 분진, 소음, 마을 도로 파손 • 도로 통행 차단
- 지하수 고갈 • 대책 요구

[사회적 RISK]

환율 변동

- 해외공사의 수익에 가장 크게, 높은 빈도로 영향을 미치는 것이 환율이다. 기본적으로 원화와 달러 환율 그리고 달러와 현지화 환율의 변동이다.
- 해외공사의 계약 통화는 달러와 현지화로 구성되는 것이 일반적인데, 가능한 달러 비중을 높이는 것이 환율 Risk를 줄이는 길이다. 왜냐하면 개발도상국 현지화는 글로벌 경제위기 시 상대적으로 가치 하락의 폭이 크기 때문이다.
- 반대로 현지 업체와의 계약은 현지화로 하는 것이 현지화 환율 하락 시 Risk를 줄이는 방안이다.
- 현지 은행과 대출 약정을 맺어 현장 운영자금이 부족할 경우 국내에서 조달하는 방안과 득실을 따져 대출을 할 수 있도록 한다.
- 무엇보다 달러가 강세일 경우 초기 공사 Item의 금액과 달러화 비중을 높이고 공사를 빨리 진행하여 달러를 조기에 좀 더 많이 수금하는 것도 고려해 봐야 할 것이다.
- Simulation 시 종합적인 환율 변동 추세를 검토하여 상기와 같은 다양한 방안들에 대한 적용을 고려해야 한다.

Escalation

- 계약에 따라 Cost Fluctuation에 따른 계약금액 변경 조항이 있는 경우와 그렇지 않은 경우가 있으나, 있다 하여도 100% 실제 손실을 반영한 보상이 이루어지지 않으므로 Project 수행에 Escalation이 예상된다면 관련한 Risk 비용을 Contingency 금액에 포함하고 건설 기간 중 줄이는 방안을 계획에 반영해야 한다.
- 건설 붐이 발생하는 경우 건설노동자의 시중 노임은 다른 산업군에 비교하여 큰 폭으로 상승하게 된다. 노임의 Escalation 산정 기준으로 CPI(Consumer Price Index)를 사용하는 경우가 많은데 CPI는 이렇게 폭등한 건설 노임 실태를 반영하지 못한다.
- 건설 원가 중 가장 큰 비중이 자재인데 글로벌 경제 상황에 따라 건설자재 가격도 변동한다. 따라서 Cost Fluctuation은 거시 경제적 관점에서 변화 추세와

Project 진행 계획을 Overlap하여 대응 전략을 준비하여야 한다.

Force Majeure - Pandemic & Epidemic

- 발생 가능성이 희박하여 Risk로서 무시되었던 Pandemic과 Epidemic 상황이 SARS, MERS 그리고 CORONA 사태로 반복 가능성이 커지고, CORONA의 경우 사라지지 않고 With CORONA 시대가 예견됨으로 Project 수행에서 이에 대한 대비책 마련은 당연한 일이 되었다. 그러므로 Project에서 인력 동원/운영과 Camp 계획 그리고 보건관리 등에서 이러한 전염병이 Project 수행에 미치는 Impact를 최소화하는 방안을 강구해야 할 것이다.

공사의 규모(size)가 클수록 Risk가 크다고 할 수 있으며 현장 위치(Location), 공사 내용의 복잡한 정도(complexity), 설계의 시공성(Constructability) 등이 모두 건설 공사의 Risk와 관련이 있는 요인으로 작용한다. 대부분의 Infrastructure Project는 공공기관(Public Sector)이 발주자로, 그들이 원하는 비용(Cost), 기간(Time), 품질(Quality)뿐만 아니라 발주자에 따라 유연성에 차이를 보이는 Risk의 전가 방식, Risk 접근 방식도 계약서에 명시하고 있다.

발주자에게 Project Risk는 추가 예산의 확보라는 행정적 어려움으로 귀결되기 때문에, 가능한 많은 Risk를 시공자에게 전가하려고 한다. 하지만 시공자에게도 Project Risk는 비용으로 인식되어 입찰금액 상승으로 반영된다. 결국 Risk는 비용으로 환산되어 Project에 존재하게 되는데 Risk가 꼭 발생하는 것은 아니므로 경우에 시공자의 이익으로 귀속될 수도 있는 것이다. 따라서 Risk를 각자의 입장에 맞게 합리적으로 Share하는 것이 계약의 정석이며, 현명한 발주자가 채택하는 계약이다.

많은 해외 Project에서 공기 준수나 손익에 문제가 발생하면 나오는 이유가 입찰과 계획 시 미처 예측하지 못한 상황과 조우하여서 혹은 요구되는 시간 안에 설계, 인허가 그리고 시공과 관련된 사항에 대한 승인을 취득하지 못하였기 때문이라고 하는데, 이러한 변명은 다시 말하면 계획 시 현지 사정과 발생 가능한 Risk를 파악하기 위하여 충분한 노력을 기울이지 않았다는 것을 의미한다. Project의 계획이 얼마나 중요한지, 어떻게 준비해야 하는지를 모른 채 해외 Project에 뛰어들었다는 것을 자인하는 것이며, 작전 계획 없이 전투에 나간 것이나 진배없다.

위에 언급되지 않은 Risk로 가장 심각한 문제로 볼 수 있는 Risk는 시공자의 해외 Project 수행 역량 부족과 역량 개발에 대한 인식 부재라고 할 수 있다.

기술과 품질/안전관리 수준 미달, 불완전한 Project 수행 계획과 계약 관리 능력 부족, 본사의 해외 사업 지원 시스템 미비 등으로 해외 Project가 순항하지 못하고 때로는 암초에 부딪쳐 공기와 비용에 Damage를 입는 일이 적지 않지만 대부분 외적 요인을 앞에 내세우고 시공자의 역량이 부족한 사실은 드러내지 않는다.

Project Management는 중심적 역할을 하는 Project Manager의 역량에 의해 크게 좌우된다. Project Manager는 기술적 역량보다 Management적 역량이 더 중요하다. Management는 Project가 공기, 품질, 비용의 Balance를 벗어나지 않고 완료될 수 있도록 계획하고, Project 참여자들이 역할을 다할 수 있도록 조직과 시스템을 만들고 소통의 길을 여는 것이다.

> Qatar Doha Metro Project 시공에 Vinci사를 Leading Company로 하는 Joint Venture의 Member로 참여하였다.
>
> Vinci사에서 Project Manager를 선임하였는데, Engineer가 아닌 Accountant 출신이어서 의아스럽게 보게 되었다.
> 곰곰이 생각해 보니 Vinci 현장 조직에는 고참 기술자들이 포진되어 기술적인 사항들을 처리하기에 부족함이 없었으므로 Management 잘하는 사람을 보낸 것을 이해할 수 있었다.
>
> Vinci사는 세계 건설업체 순위에서 수위를 다투는 건설 회사이며 산하에 Freyssinet, Soletanche Bachy 같은 유명한 전문 회사들을 거느리고 있다. 이러한 Vinci의 Project Manager 선임 사례는 Project Management에 대하여 다시 한번 생각하게 하는 계기가 되었다.

사실 국내 건설사들 대부분 필요한 해외 Project Manager 인력 Pool을 보유하지 못하였기 때문에, 국내 현장 소장을 해외 Project Manager로 보내는 사례가 적지 않다.
이런 경우 충분치 않은 영어 소통 능력과 국내와 틀이 다른 해외 Project Management에 대한 이해와 경험 부재로, Project에 관련된 사람들을 어려운 지경으로 끌고 가는 경우가 비일비재하다. 흔히들 '배우면서 하면 되겠지' 하고 생각하는데 이는 시행착오를 각오한다는 것이며, 수업료를 지불하겠다는 의미로서, 신참 기술자가 할 수 있는 얘기지 Project 수행 결정권자가 할 수 있는 말은 아니라고 생각된다.

> 싱가포르 Metro Project에서 있었던 일이다.
>
> 국내에서 서울, 부산의 지하철 공사 참여 경험은 많았으나, 해외 경험이 없었던 차장 직급의 직원이 Project Key Staff으로 선임되어 발주자 Interview를 하는 과정에 "해외 경험이 없으니 배우며 하겠다"고 답변을 하자 "우리는 공사를 잘할 수 있는 사람을 원하지, 배우려는 사람은 원하지 않는다. 여기는 학교가 아니다"라며 부적합 판정을 받아 철수하게 된 사례가 있었다.
>
> 해당 직원의 말은 국내적 정서에 따른 겸양 차원의 답변이라고 해석할 수도 있으나, 발주자의 입장을 조금 깊이 생각해 보면 절대 해서는 안 될 말을 한 것임을 알 수 있다.

이렇듯 해외 Project는 영어의 사용에서 오는 소통의 어려움과 문화적 차이로 불거지는 적지 않은 문제들을 던져 준다.

발주자는 입찰 과정을 통해 Project 수행 역량이 부족한 건설 회사를 걸러내고 잘할 수 있는 회사를 고르고자 한다.
이를 목적으로, 회사의 재무제표를 검토하여 재정적 측면에서 견실한지를 확인하고 Project 실적과 Key Staff의 CV를 검토하여 경험과 기술 수준이 충분한지를 살펴본다.

국내 건설사들은 국내 Project 실적과 직원들의 경력을 가지고 Qualification 과정을 통과하여 수주에 성공하게 되면, 개발도상국은 건설 수준이 낮으니 국내 경험으로 충분히 감당할 수 있을 것으로 예단한다.

하지만 개발도상국에서 국제입찰로 발주하는 대부분 Project의 Funding Source는 MDB(Multi-lateral Development Bank)이고, Funder의 요구에 따라 International Consultant가 Project를 감독하게 된다.

그리고 계약서에 명시된 Standard와 Specification은 국제적으로 통용되는 기준과 규격이 적용되므로 국내 공사 수준 이상이라고 할 수 있다.

또한 발주자는 현지 건설사일 경우 현지에서 통용되는 수준의 품질이나 안전관리를 인정하지만, 이와는 달리 외국 건설사에게는 국제적 Best Practice 수준의 시공을 요구하는 이중적인 잣대를 들이대는 것이 일반적이다.

이와 같은 시공자 역량 부족 Risk는 상당 부분 해외 건설과 다른 국내 건설 환경에 기인한다고 여겨진다. 그러므로 해외 건설을 바라보는 국내 건설사들은 이를 인식하고 해외 사업 역량을 개발하는데 최선의 노력을 경주할 필요가 있다.

시공자 관련 Risk 중 하나로 Project Manager의 교체를 꼽을 수 있다.

Project Manager이 해야 하는 중요한 책무 중 하나가 발주자와 Consultant Team Leader의 Counterpart로서 역할이다. 발주자와 시공자는 대척점에 있으면서 Project를 위해 협력하는 관계로서, Project의 시작부터 함께하며 Project History를 공유하면서 서로에 대해 이해하고 친밀감도 가지게 된다.

그런데 새로운 Project Manager로 교체되면서 이러한 자산이 인계인수될 수 없기에 전임자와 같은 위치에서 발주자의 Counterpart로서 힘을 발휘할 수 없게 된다. 때에 따라서 기합의한 사항을 발주자가 번복하고 자신들에게 유리한 방향으로 사안을 끌고 갈 수도 있다.

Project Team 내부적으로는 New Project Manager의 업무 추진 방식과 Project를 보는 방향의 다름이 가져오는 업무적 혼선과 의사 결정 지연이 발생하게 되며, 직원들의 교체나 이탈도 뒤따르게 된다. 이러한 업무 손실을 정량적으로 계산할 수는 없지만 공기와 원가 측면에 Negative Impact를 불러오고, 잘 진행되던 Project가 문제 현장으로 바뀔 수도 있다.

Project Manager 교체가 부득이하다면, Project Team에서 후임자를 선정하는 것이 외부에서 Project Manager를 선임하는 것보다 바람직하다고 볼 수 있다. 최소한 기존의 계획과 시스템이 바뀌지 않으므로 Project Manager 교체로 인한 Impact을 최소화할 수 있고 Project History와 발주자와의 관계도 어느 정도는 유지하는 것이 가능하기 때문이다.

그러므로 Project Team 구성 시 Project Manager을 교체할 수밖에 없는 불상사를 Risk로 상정하고, 대책으로 후속 Project Manager 대상자를 Deputy PM으로 하여 Project Team을 구성하는 방안을 고려하는 것도 필요하다.

Optimum Plan :
최선책 확정

Risk 발생에 기인한 특정 상황이 공기와 비용이 감내할 수 있는 한계를 넘는다면 사전 방지 방안이나 Risk의 영향을 최소화할 수 있는 대응책을 강구해야 한다. 또는 한계를 넘지 않는다 해도 가급적 최소화하는 방향으로 계획을 조정할 수도 있다.

Scenario Simulation을 통하여 Project Risk에 따른 상황의 변화와 Impact에 대한 종합적인 이해를 바탕으로 작업의 방법과 시행 시기를 조율하여 최선의 계획(Optimum Plan)을 확정한다.

Scenario Simulation을 통하여 검토한 결과, 중대한 Risk에 대한 해법이 기존 설계와 Work Scope의 영역을 벗어난다면 설계변경/V.E(Value Engineering)를 제안하여 발주처와 협상을 추진하고 이에 따른 Plan B를 수립하도록 한다.

확정된 최선책은 여러 Risk Factor에 대한 Scenario Simulation을 거치며 Project 진행상 불확실성을 걷어 낸 계획으로, 단순히 수립된 시공 계획보다 많은 노력을 필요로 하지만 신뢰성 있는 Project의 진행 방향을 보여 주고 주요 시공 관리 대상과 Timeline을 인식하게 함으로써 계획에서 끝나는 계획이 아닌 Project를 성공적으로 완성하도록 하는 안내자 역할을 하게 될 것이다.

급속 시공
(Rapid Construction)

기술 발전, 인구 증가와 도시화, 사회 시스템 개선 등 변화가 빠르게 일어나는데 왜 건설의 Time Frame은 과거에 안주하는가?

개발도상국은 경제 발전의 발목을 잡는 부족한 Infrastructure와 국민의 생활 수준 개선을 위하여 조속한 Infrastructure 신설에 대하여 깊은 관심을 보이고 있다. 또한 선진국도 빠르게 변하는 사회적 요구에 부응하기 위한 Infrastructure의 신속한 건설이 Project 발주 정책의 주요 Issue가 되고 있다.

더불어 Infrastructure 건설이 정부 발주에서 민간 주도로 바뀌는 변화와 관련하여 건설에 대한 Needs를 주시할 필요가 있다. 근래에 서울 GTX Project 같은 대형 PPP 사업이 좋은 사례이고 이전에도 다수의 민자 고속도로 사업이 있었다. 해외에서도 Infrastructure가 PPP 사업 구도로 발주되는 Case가 증가하는 추세이다.

이러한 PPP 사업은 금융권과 건설 회사가 건설 자금을 투입하여 Infrastructure를 완공 후 시설 운영에서 사용료를 징수하여 투자금과 이익을 가져가는 사업 구도로서 건설 기간이 단축될수록 이자 부담은 줄어들고 조기에 사용료를 징수하게 되는 이점이 커지게 된다. 따라서 무엇보다 급속 시공에 대한 요구가 진지한 Business이다.

이러한 사회적 변화가 요구하는 Project 급속 시공은 건설이 나아가야 할 New Normal로 자리 잡을 가능성이 크다.

이러한 급속 시공의 주역은 Modularization, 기계화 시공, Prefabrication 이다.

Modularization은 구조물 공사에 주로 고려되는 방법으로 콘크리트 현장 타설이 아닌 부재별로 공장에서 제작하여 현장에서 Pre-Tensioning이나 현장 접합으로 구조물을 완성하는 방법이다.
Modularization에 의한 구조물의 시공은 먼저 구조물의 분할과 접합 관련 구조적인 검토를 거친 설계가 이루어져야 하고 이를 공장에서 제작하여 대형장비에 의해 운반, 설치되는 과정으로 진행된다.
이러한 Modularization 공법에 의한 구조물 시공은 이미 널리 사용되고 있는 Precast Segment 공법 교량 상부 시공을 들 수 있으며, 최근 교량의 하부구조 Precast Footing, Pier & Coping에도 적용되고 있다.

기계화 시공은 기계 기술 발전에 따른 대형 장비의 등장에 힘입은 바 크다. 대표적인 예가 Tunnel Boring Machine으로 재래식 발파공법보다 안전하고 빠른 작업을 선보이고 있다. 또한 Drill & Blast 공법 터널에서 굴착과 Lining을 함께 시공하는 방법도 있다. 대형 Launching Girder를 이용하여 교량 상부를 1 Span 씩 Precast 하여 거치하는 공법도 장비의 발전에 따라 가능해진 것이다.

Prefabrication은 공장에서 사전에 제작되므로 현장에서 구조물 작업을 하는 것보다 단시간에 작업이 가능하다. 또한 공장 제작을 통하여 안정된 품질을 확보할 수 있다는 점도 강점이다.

3가지 주연 말고도 조연으로 신기술 개발과 자재의 발전도 급속 시공에 한 몫을 다하고 있다. 다양한 성능을 발휘하는 소재와 장비를 사용하는 새로운 공법이 계속하여 소개되는 것이다. 그러므로 꾸준히 건설 장비와 자재 발전에 관심을 가지고 살펴보면서, 새로운 장비와 자재가 나오면 어떻게 사용할지 고민해 보는 것이 필요하다.

이 모든 주연과 조연을 아우르며 실전 Data를 토대로 세밀하며 실행 가능한 계획 수립이 Project 급속 시공의 실현을 위하여 가장 중요한 부분이다.
시공 준비 기간은 짧지만 완벽하게, 작업 진행 간 Loose Time은 최소화, 자원 조달 차질 방지 등을 모두 아우르는 탄탄한 계획이 급속 시공을 이루어 내기 위한 필수조건이다.

현대건설의 주베일항만 Project 8개월 공기 단축 제안을 시작으로 그간 건설한 많은 Project를 통하여 공기 단축이 우리의 강점으로 해외 건설시장에서 부각되어 왔다. 그 강점이 이제 대세가 되는 시대가 도래하고 있다.
과거의 공기 단축이 국내 기능공과 기술자의 피땀으로 일궈 낸 것이라면 지금의 공기 단축은 급속 시공 기술을 적용하여 치밀하게 검토되고 준비된 시공 계획으로 성취해야겠다.

계획 수립은 Team 구성원
Consensus가 중요하다

Project 계획 수립은 먼저 Project Manager과 Part별 책임자와 실무자가 참여하는 Project Planning Task Force Team을 구성으로 시작한다.
TFT 구성에 있어 중요한 점은 Project의 모든 분야의 책임자가 반드시 참여해야 하는 것으로 안전관리자, 품질관리자 그리고 행정관리자도 포함하여야 한다.

모든 분야의 책임자는 매일 회의에서 이루어지는 계획 수립과 관련한 제안과 토론에 참석하여야 한다. 이러한 계획의 수립 과정은 예행 연습을 하는 것과 같아서 공사가 어떻게 진행되고 중요한 작업이 무엇인지를 모두가 이해하도록 하는 사전 학습과 같은 효과를 만들어 내는 것은 물론, Project 수행에 대한 Consensus를 가진다는 점이 중요하므로 모든 Part의 참여와 협의가 Basic Planning, Scenario Simulation 그리고 Optimum Plan 확정까지 이루어져야 한다.

공종별 혹은 공구별 구분에 따라 담당 Part별로 계획 수립을 위한 가정과 조건 그리고 근거를 포함한 시공 계획을 작성하여 TFT 회의에 상정토록 하고, 토의와 보완을 거쳐 Basic Plan의 근간으로 정한다.
수립된 공사 Part의 계획을 바탕으로 공무, 행정, 품질, 안전 그리고 자재 담당자는 필요한 시공 선결, 지원 사항에 대한 수행 계획을 채워 넣어 전체적인 Basic Plan을 완성한다.

공정관리 담당은 Basic Plan을 공정관리 Program에 입력하여 일정 계산을 결과를 확인하고 계약 공기에 맞추어 조정작업을 거쳐 Basic Schedule을 완료한다.

공무 담당은 Basic Schedule에 따른 공사비를 산정하여 Basic Schedule Activity에 분배함으로써 Basic Schedule 일정과 비용 계산을 완료한다.

특정 Risk에 따른 Project 진행 Scenario를 Basic Schedule에 입력, Simulation하여 일정과 비용에 미치는 결과의 확인을 통하여, Risk가 Project에 미치는 Impact를 평가한다.

Scenario Simulation으로 평가된 Risk의 반영 여부를 결정하고, 이에 따른 Basic Schedule을 수정하여 Project Optimum Plan으로 확정한다.

이렇게 확정된 Optimum Plan은 Baseline Schedule로 제출되고 산정된 공사비는 실행예산이 되어 Project 원가관리의 기준이 된다.

국내 공사에서 발주처 제출용 공정 계획과 시공자 내부 관리용 공정 계획으로 별개의 공정표가 이용되고 있기도 하지만, 해외공사의 경우 이원화된 공정표는 공정관리에 혼선을 일으키게 될 뿐만 아니라 Claim 제기 시 문제가 될 수도 있으므로 절대로 생각하지 말기를 당부하고 싶다.

시공 Schedule의 종류

- Baseline Schedule
  FIDIC에서 Initial Program으로 지칭되며 Notice To Proceed Date 이후 28일 내 제출하도록 규정. Consultant 승인 후 시공의 기준이 되는 공정표로서 공기 연장 Claim의 기본 자료가 된다.

- Revised Baseline Schedule
  Work scope or 설계의 변경, 공기 연장 승인에 따라 수정된 공정표로 새로운 시공 기준이 되며 공기 연장과 관련한 Claim 자료로 사용된다.

- Updated Schedule
  공정관리 목적으로 실제 공사 진행 상태를 반영하여 작성한 Schedule로 공정 진도와 완료 예정일을 파악할 수 있는 것은 물론 다양한 종류의 Report를 통하여 세부적인 Project 진행 상황을 확인할 수 있다.

- Catchup Plan or Recovery Plan
  Schedule Update 결과 완료 예정일이 계약기간을 초과하게 되면 공기 내 준공을 위한 Expediting Plan이 반영된 공정표. 일반적으로 작업 인력이나 장비의 추가 투입, 1일 작업 시간 연장 등에 의한 작업기간 단축, 작업 순서의 변경 등이 고려된다. Catchup Plan이 제출되어 승인되어도 Baseline Schedule을 대신하는 것은 아니므로 Catchup Plan은 Baseline Schedule과 별도로 관리되어야 한다. 또한 Catchup Plan 승인 후 일정 기간이 지났음에도 공기 내 완료가 여전히 불가한 것으로 나타날 경우 Consultant는 다시 수정한 Catchup Plan을 제출할 것을 시공자에게 요구할 수 있다.

3장   COST ESTIMATION

기술과 경제가 만나는 과정이 Cost Estimation이고
Project 경제 활동 목표가 된다.

기술과 비용은
한 몸과 같다

비용을 고려하지 않는 기술은 실용성이 없으며 기술 발전의 목표 중 가장 큰 비중을 차지하는 부분이 경제성이다. 따라서 공법이나 작업 방법을 고려 시 비용에 대한 심각한 고려가 반드시 요구된다.

Infrastructure 건설사업은 발주자가 요구사항을 충족시키는 건설 회사를 선정하여 진행되는데 기술과 비용이 주요한 평가 대상이 된다.
'얼마나 경제적인 비용으로 건설할 수 있느냐'가 입찰자 역량의 평가 기준이 되고 당락을 좌우하는 가장 중요한 요소로 작용하는 것이다.
그러므로 Cost Estimation은 실제 시공을 해내야 하는 건설 회사들의 최전선이며 그들의 모든 역량이 동원되는 기업의 생존을 위한 활동이다.

Cost Estimation의 첫 번째 목적은 자신이 속한 회사가 Project를 시공하는 데 필요한 비용 산정이다.
때문에, 정답은 하나가 아니다. 모든 회사가 자신만의 정답을 가지고 있는 것이다. 이 또한 한시적으로 Project가 연기되어 1년 후 시행될 시 동일한 비용이 적용될 수 없기도 하다.
회사가 가진 능력 이상으로 최상의 역량을 가정하여 Project를 수주하게 되면 가정과 실제 공사 수행 역량과의 괴리로 큰 손실이 발생할 수 있다는 점을 염두에 두어야 할 것이다.

두 번째는 Project의 수주이다.
Project 입찰에서 수주 여부를 결정짓는 가장 중요한 Factor가 입찰금액이다. 입찰금액은 산정된 Project 건설 비용을 Base로 입찰 시 회사의 입장과 Project Risk, 경쟁 상황 등에 따라 조정된다.

회사의 입장

- 수주잔고
- 인력과 장비 운용 상황
- 기존 Project와 연계성 / 후속 Project 발주 상황
- 해외 사업 전략 : 전략적 진출 대상국으로 Pilot Project 필요, 특정 사업 분야 선점 등

Project Risk / 경쟁 상황

- 국가, 사회적 환경
- Project 계약 조건
- 입찰 경쟁 상황

때로 이익을 기대할 수 없는 상황이면 Project 수주를 하지 않는 것이 나을 경우도 있으며 만약 손실을 감수하고도 수주해야 하는 입장이라면 손실의 정도를 알고 수주 경쟁에 임하는 것이 중요하다고 할 수 있다.

건설업을 통칭 수주산업이라고 할 만큼 수주는 중요하다. 수주는 건설 회사의 매출이고 도급순위를 결정하는 시공 능력 평가의 시공실적으로 연결되므

로 수주한 Project의 금액이 얼마인지가 중요한 것이다.

하지만 건설 회사의 지속적인 성장은 Project를 수행하여 얻은 이익에 기반한다. 글로벌 선진건설사들이 우리와는 달리 철저히 수주금액이 아닌 수익금액으로 Project의 가치를 평가하고, 수익성에 기반해 사업 부문을 재편하고, 해외 시장을 개척하고, 인수합병을 단행하는 이유이다.

우리도 수주에서 의미를 찾는 관행에서 벗어나 수익을 기대할 수 있는 Project의 수주를 어떻게 만들어 내느냐는 과제에 All-in해야 하는 이유이기도 하다.

Project Cost
구분

먼저 발주자의 Project 사업비와 시공자의 공사비가 동일하지 않다는 점을 이해할 필요가 있다.

발주자는 Project의 타당성 검토부터 시작하여 운영과 유지관리에 이르기까지 Project 전체 과정에 관여하고 책임을 지는 것과 달리 시공자는 시공 영역만을 담당한다. 때문에, Project 시공과 관련된 비용은 Project 사업비의 한 부분에 불과하다.

시공 외에 토지 매입, 설계 및 감리, Financing 및 기타 비용을 포함한 모든 비용을 고려해야 하는 사업비의 산정은 발주자에게 매우 중요하다. 왜냐하면 사업비는 Project 예산이 되고 Project의 규모, Quality 그리고 서비스 수준을 결정하는 Guide Line 역할을 하기 때문이다.

- 사업비 : 발주자의 관점에서 Project의 완성을 위한 총소요 비용. 일반적으로 사업 타당성 조사를 통하여 사업비를 산정하게 된다. 용지보상비, 설계감리비, 건설비, 자금조달 비용, 운영유지관리비 등이 포함될 수 있다.
- 발주예산 : 건설 공사 발주를 위한 예정 공사비로 사업비의 일부분
- 입찰금액 : 입찰자가 제시한 Project 건설을 위한 비용. 직접공사비 + 현장 관리비 + Contingency + Overhead & Profit로 구성
- 계약금액 : 입찰 결과에 따라 계약이 이루어진 공사비로 Negotiation 결과에 따

라 입찰금액에서 증감이 발생할 수 있다.
- 실행예산 : 시공팀이 산정한 공사 수행에 필요한 비용
   = 직접공사비 + 현장 관리비
- 집행 공사비 : 실제 사업 수행 결과 투입된 비용

Project를 수주하려는 회사에서는 공사 비용 산출이 매우 중요한 작업이다. 넉넉하게 공사비를 산출하여 입찰에 참여하면 경쟁 회사가 사업을 가져가고 과소한 비용을 제시하면 수주를 하더라도 손실을 초래할 확률이 높다.
수주는 회사의 매출로 직결되므로 계획한 Projects의 수주 실패는 매출과 이익이 줄어들고 잉여 인원 증가 등 회사 경영에 부정적인 직격탄이 된다.

그러므로 가격 경쟁력을 높이기 위한 여러 가지 방안을 모색하게 된다.
가장 먼저 살펴보는 것이 적합한 시공 방법 또는 공법이 될 것이다. 적합하다는 것은 현지 적용이 가능하고 공기를 만족시키며 비용 측면에서 경제적이어야 하는 것을 의미한다.

- 싱가포르 Down Town Line 2 Metro Project의 도심지 구간 정거장 시공은 지하 터파기와 교통 우회를 위한 대규모 강재 가시설이 필수적인데, 보통 Project 당 3~4회, 많게는 7~8회까지 Traffic Diversion을 위한 강제 가시설 이동이 필요하다. 따라서 시공 계획 검토 시 이러한 Traffic Diversion 횟수를 줄이기 위하여 적지 않은 노력을 한다. Project에 따라 Traffic Diversion 가시설 시공 비용이 공사비의 1/3을 차지할 정도로 비중이 크고 본 시설물의 경우 시공 방법에 따른 비용 차이가 미미한 반면, 가시설은 큰 차이를 나타내기 때문이다.
- 대규모 성토가 필요한 도로 공사라면 순성토를 조달하는 방안이 Big Issue가 될 것이다. 우리나라와 달리 산지를 볼 수 없는 대부분 해외 지역의 고속도로 Project는 대규모 성토 작업이 필요하다.(고속도로는 교통의 평면교차를 허용하지 않으므로 4m 이상 성토 높이 확보가 일반적이다) 이 경우 성토 재료를 얼마나 경제적으로 확보하느냐가 중요한 관건이 된다.

다음으로 접근하는 방안이 가격 경쟁력 있는 현지 업체와 협력하는 것이다. 현지 업체의 가격 경쟁력은 전용 가능한 장비 보유와 시공 경험에서 나온다. 그러나 싱가포르 Metro 공사처럼 유용 가능한 가설 강재 재고가 있거나, Project 인근 토취장 보유 또는 개발 가능 같은 Project가 요구하는 특정 조건을 만족시키는 능력으로 평가되기도 한다.

V.E가 가능하다면 대안 입찰을 통하여 경쟁력 있는 공사비를 제안하는 것도 좋은 방법이 될 수 있다.

최종 단계가 Overhead & Profit을 Discount하는 것이라고 할 수 있다. 가격 경쟁력을 높이기 위하여 많이 생각하는 방안으로 그 효과도 가장 크다고 볼 수 있다.

공사비 산출 시 일부 작업에 대하여 협력업체의 견적을 받고, 자재업체에 납품가를 요구하게 된다. 입찰 전에 이들 업체가 제시한 가격과 시공 과정에서 구체적 조건과 Negotiation을 거친 금액과는 차이가 발생하는데 통상적으로 시공 단계에서 업체의 제시 가격이 낮아지는 경향이 있다.
입찰 경쟁이 치열할 경우 이러한 계약 후 가격 하락까지 고려하여 입찰 공사비를 Discount하는 일도 있다.

일반적으로 해외 Project 입찰 시 다음과 같은 경우 공사비에 있어 상대적 우위를 고려할 수도 있다.

- 인근에 유사한 Project를 수행하고 있다.
  → 협력업체, 장비, 인원, Knowhow, Buying Power 활용

- 그 국가에서 최근에 Project를 수행한 실적이 있음.
    ➡ Knowhow 활용

- Project에 필요한 특수장비를 보유.
    ➡ 장비 재활용으로 신규 구입 대비 경쟁력 Up

실행예산은 수행 단계에서 Project의 모든 상황을 Update하여 면밀하게 검토한 비용이다.
착공 단계에서 시공을 담당할 현장 팀이 현지 상황을 상세하게 조사하고 수집된 정보를 바탕으로 작업 방법, 공사 기간, Value Engineering 등을 검토하여 실제 시공할 방법에 따른 공사 비용을 산출하는 것이다.
이는 본사와 현장 간의 Project 수행 비용의 합의를 위한 기준이며 본사의 승인 후 확정된다.

집행 공사비는 공사 수행에 실제 투입된 비용이다.
공사 진행에 따라 외주 경쟁 입찰을 진행하면 공사 시작 전 반영한 협력업체나 자재업체의 견적 가격에 등락이 있을 수 있다. 또한 실 투입한 자재(철근, 콘크리트, 강재)의 수량도 차이를 보인다.

이렇듯 실제로 발생한 공사 비용이 집행 공사비이고 공사 현황에 대한 상세한 기록이 뒷받침된다면 가장 신뢰할 수 있는 공사비 Data가 된다.
하지만 중요성에도 불구하고 대부분 건설 회사가 공사 준공 후 집행 공사비를 포함한 공사 상황에 대하여 기록, 관리, 활용을 소홀히 하는 실정이다.

Project 비용 산정에 영향을 미치는
일반적인 요소들

Project의 규모와 난이도

- 공사의 규모와 난이도는 생산성에 큰 영향을 미친다. 대형 Project는 작은 공사가 주지 못하는 규모의 경제를 실현할 수 있다. 현장에 투입된 장비, 시설들은 좀 더 긴 시간 동안 사용되고 작업자들은 일의 리듬을 찾고 생산성을 높일 수 있다.

- 대형 콘크리트 분류하수관로 10km를 건설하는 공사를 생각해 보자. 30m 시공 Span으로 작업하면 1번째보다 10번째쯤 하게 되면 Span 당 작업 시간을 많이 단축할 수 있을 것이다. 철근 가공조립은 시행착오를 벗어나 최적의 상태로 가공하여 조립 오차를 줄이고, 거푸집 설치도 철근 조립과 합을 맞춰 서로 간 작업에 지장이 없도록 하고 콘크리트 타설은 작업원 각자가 역할 분담이 이루어져 허둥대지도 않을 것이다. 동일한 작업의 반복으로 숙련도가 높아지게 됨으로써 생산성이 향상되는 것이다.

- 대규모 사업은 기계화나 Pre-Fabrication화함으로써 작업의 효율을 크게 개선하는 것도 가능해진다. 도로 L형측구의 경우 수량이 적다면 인력으로 시공하겠지만 많은 경우라면 Slipform Paver를 사용하여 신속하고 경제적인 시공이 가능하다.

- 교량의 교각 높이가 50M를 넘는다면 고소작업에 따른 가시설과 자재 운반, 연직도 유지 등에 상당한 기술과 노력이 필요할 것이고 당연히 투입 비용은 상승할 수밖에 없다. 또 곡면 구조물의 경우 직선 구조물보다 시공 난이도가 높고 작업에 더 많은 수고가 요구된다.

요구되는 품질과 서비스 수준

- Dubai Metro 일부 구간은 Viaduct로 해안가를 따라 건설되었는데 발주자는 염해로 인한 구조물의 열화를 방지하여 콘크리트 구조물의 내구성을 높이기 위하여 콘크리트 표면에 염해 방지도장을 실시토록 주문하였다. 도장으로 1㎡ 당 10$ 정도의 단가가 투입되어 상당한 공사비가 증가하게 되었다.

- 도로 교량의 경우 서비스 하중이 DB18 혹은 DB24 인지에 따라 설계와 공사비가 달라진다.

- 단지 내 배수시설 처리 용량을 30년 빈도의 강우량을 기준으로 할지 50년 빈도로 할지에 따라 공사비 역시 바뀌게 된다.

- 베트남 호치민 Metro 1호선 사업 관련 발주처 직원들을 초빙하여 서울 지하철을 견학시키며 시설의 서비스 수준에 관한 논의하였다. 호치민시 발주처는 에스컬레이터와 Screen Door 시설을 서울 지하철처럼 설치해야 한다고 주장하였으나, 서울 지하철은 단계적으로 이들 시설을 설치하였고, 호치민시도 예산을 고려할 때 사업 초기부터 최고의 서비스 수준을 목표로 삼는 것은 재고할 필요가 있음을 알려 주었다.

Project의 위치

- Project Location이 주는 영향은 매우 다양하다. Resource의 조달, 기후, 사회적 상황 등이 Project 설계나 시공 방법, 작업 생산성에 직, 간접적으로 영향을 주게 된다.

- 먼저 도시와 멀리 떨어져 있는 위치는 Mobilization은 물론이고, 작업자 동원, 자재와 장비 조달에 있어 추가적인 수고나 시설이 요구된다. 현장이 도시에서 한 시간 정도의 거리라면 출퇴근 통근버스를 운행하여야 하고 더 멀다면 현장 내 작업자와 직원들을 위한 숙소 시설을 준비해야 한다. 산중에 현장이 위치한다면 접근

로를 건설해야 할 수도 있을 것이다. 또한 지역에 따라 숙련된 분야별 건설기능공 동원이 어려울 수도 있다.

- 또한 전력이 공급되지 않는 지역이면 송전선을 신규로 가설하거나 자체 발전시설을 갖추어야 할 것이고 주변에 레미콘 Plant가 없다면 현장 내 설치하여 운영하여야 한다.

- 도심지에 현장이 위치한다면 시공 중 발생하는 소음, 분진 그리고 차량과 보행자 통행 등을 고려한 시공 계획을 수립해야 하고, 야간작업이 곤란할 수도 있다.

- 특수하게 제한된 구역 내에서 공사를 진행하는 경우 작업자와 자재의 출입에 절차가 요구되고 작업 시간이 제한되는 상황에 맞닥뜨리게 될 수 있다.

- Weather – 지역에 따른 기후의 차이가 작업 일수와 생산성을 좌우한다. 특히, 강이나 해안가에 위치하였다면 호우로 인한 홍수나 범람, 조수간만, 태풍에 따른 파고 등이 공사에 미치는 영향을 잘 파악해야 한다.

- Vandalism and Site Security – 필리핀 마닐라가 위치한 루손섬 북부 지역에는 NPA(New People's Army) 라는 무장단체가 활동하고 있고 민다나오섬에는 이슬람 반군이 정부에 대항하며 테러 행위를 벌이고, Project에 참여하는 인원과 시설의 보호를 위한 조치가 필수적이며 이들의 위협으로 작업과 자원 조달에 어려움이 발생한다.

공사 기간과 일정

- 적정한 공사 기간을 벗어나는 촉박한 공기의 공사나 지나치게 오랜 기간 공사 기간이 주어지는 것 모두 비효율적이어서 공사비는 증가하게 된다. 후자의 경우 국내 Project에서 연차별 예산 배정으로 공사 기간이 필요 이상 길어지는 경우를 봐왔다.

- Design-Build 계약인 경우 Design과 시공 기간이 별도로 주어져 Design 후 시공하는 형태와 Fast Track으로 설계와 시공이 병행하는 방식이 있는데 Fast Track 방식의 경우 해당 지역과 Project 핵심 기술에 익숙하지 않다면 권장하고 싶지 않을 만큼 Risk가 있어, 이에 따른 Contingency 비용 계상이 필요하기도 하다.

- Design-Build 계약 Project의 최대 복병은 발주자의 설계 승인임을 잊지 말자. 특히 우리나라 건설업체가 참여하는 Project 발주처가 대부분 개발도국임을 고려하면, 발주자의 기술적 역량이 충분치 않거나 의사 결정에 상당한 절차와 시간이 소요되는 경우가 대부분이다. 때문에, Design 후 시공하는 사업 단계가 동시에 진행되는 Fast Track으로 변하고, 설계 승인이 제대로 이루어지지 않아 적절한 공사 기간을 확보하지 못하고 돌관작업으로 Cost가 급상승하기도 한다.

신규 or 확장/개선 공사

- 기존 도로 확장 공사는 신설 공사와는 다르게 차량 통행으로 인한 작업 공간, 시간, 접근 등에서 제한이 있어 작업 효율과 요구되는 공사 기간에서 큰 차이를 보인다.

- 특히 철도 공사로 기존 역사 확장을 포함하고 있는 경우 열차의 운행과 승객의 승하차를 안전하게 유지하기 위한 가시설 작업과 제한된 작업조건들은 공사의 난이도를 올려 공사비 상승을 초래한다.

시장 상황

- 건설산업도 다른 산업활동과 마찬가지로 경제 상황 변화의 영향을 받는다. 유가가 급격히 상승하는 추세이거나 소비자 물가가 오르면 건설 노임에 반영되어 공사비가 상승할 수밖에 없다.

- 또한 한 국가 내에서 다수의 Project를 단기간 내에 발주하는 경우 수요 공급에 따라 건설 회사들의 입찰 가격이 상승하기도 한다.

인도 정부에서 국가의 균형 개발을 내세워 Golden Quadrilateral National Highway Project라는, Delhi-Mumbai-Chennai-Kolkata를 연결하는 5,846km 연장의 초대형 도로 사업을 발주하였다. 워낙 거대한 사업이다 보니 인도 현지 업체들은 도급 한도액까지 수주하여 더 이상의 수주가 막히자, 외국업체들이 달려들었다. 덕분에 발주처에서는 현지 업체 대비 높아진 공사비로 사업 계약을 체결할 수밖에 없었다.

- 반대의 경우로 미국 Lehman Brothers Holdings Inc.의 파산으로 촉발된 Global 금융 위기로 세계 경제가 위축되어, 각국에서 신규 Project 발주가 중단되었고 건설 회사의 신규사업 수주 전망이 극도로 악화되었다. 이 시기에 싱가포르에서 대규모 도심 지하철 사업을 발주하였고 신규사업 수주에 목말랐던 각국의 업체들은 입찰 경쟁에 뛰어들어 가능한 최저가를 제시함으로써 발주처의 예산 절감에 크게 기여하였다.

계약 조건

- 계약 조건은 Project의 Risk를 누가 책임지는가를 규정해 놓은 것이라고 볼 수 있다. 일반적으로 발주자의 기본적인 책임 사항은 공사에 필요한 토지의 제공, 공사 대가의 지급, 설계 제공 또는 승인으로 계약서에 명시되어 있으며 그 외 사항은 시공자의 책임으로 전가된다. 그러므로 시공 중 발생할 수 있는 Risk에 대한 계약 규정을 확인하여 Risk 비용을 공사비에 포함하는 것을 고려해야 한다.

> 💡 FIDIC 계약의 시공자나 발주자의 귀책 사유가 아닌 Risk는 다음과 같다.
> - Unforeseeable Physical Conditions
> - Archaeological and Geological findings
> - Adjustments for Changes in Laws
> - Exceptional Events

- 계약 중 다음과 관련한 사항들은 그 영향이 크므로 신중히 검토하여 공사비 산정에 고려할 필요가 있다.

    - 공사 대가의 지급 방식 : 월을 기준으로 기성 대가 지급이 통상적이나, 공정률이 30%, 60%, 100%에 도달하면 기성 대가를 지급하는 공정률 기준 Payment 방식이나 Project 규모나 내용에 맞지 않는 Advance Payment를 지급하는 경우, 시공자는 Negative Cash Flow로 필요한 자금조달을 위한 Financing 비용을 고려해야 한다.

    - Cost Fluctuation : 보통 Escalation이라 언급하는 것으로 국가별, 발주처별로 이에 대한 계약 규정이 상이하다. Escalation에 대한 보상 규정이 없이 시공자에게 떠넘기는 계약도 있고, 보상 조항이 있어도 보상 범위, 산정 방식에 따라 실제 시공자의 손실과 보상 금액 사이에 차이가 발생하게 된다.

    - 상당한 국가들이 Escalation 산정에 필요한 체계적인 물가/노임 자료가 없어 시공 중 Escalation에 대하여 합리적인 보상방안 없이, 입찰 시 시공자 책임으로 공사비에 반영하도록 요구하고 있다.

    - 싱가포르 Metro와 도로 Project를 관장하는 Land Transportation Authority는 철근과 콘크리트에 대한 Escalation만을 보상해 주는 계약 조항을 적용하고 있다. 그러므로 계약에 Escalation 조항의 유무와 산정 방안에 따라 시공 중 Escalation으로 인한 공사비 상승분을 반영하여야 한다.

    - Consequential Damages : 시공자 귀책 사유로 인한 공사의 지연 또는 중단으로 발주자에게 발생한 손실의 보상과 관련하여, 직접 손실(Direct Damages-원인과 직접적인 관계를 갖는 손실) 외에 간접 손실(Consequential Damages) 즉, 이익손실(Loss of Profit), 금융 손실(Financial Loss), 영업관리비(Business Overhead), 추가 작업 상실(Lost Future Work) 등에 대한 보상을 규정하는 계

약 조항이 있는 경우 사업 참여 여부를 심각하게 생각해 볼 필요가 있다. 고속도로를 복수의 공구로 나누어 건설하면서 한 개 공구의 준공 지연으로 개통을 하지 못하는 경우 책임이 있는 시공자에게 개통 지연 기간의 통행료 수입을 보상하도록 규정하는 계약 사례가 있다.

- 계약에 일정 Portion 이상의 현지 업체 하도급이나 현지 인력 고용을 의무화하는 경우로 중동 국가의 Project에 적용되고 있다. 이들 현지 업체의 가격이 매우 높고 시공 중 문제를 일으키는 사례가 적지 않으며, 현지 인력도 성실하게 일하지 않아 공사 수행에 도움을 기대할 수 없는 실정이다.

- 국가별로, 계약에서 요구하는 조건과 건설 관련 기준이 다르다.
  싱가포르의 지하철 건설 비용은 서울 지하철보다 2~3배가량 높다고 한다. Resource 가격이 높은 것이 아니고 작업 방식 즉, 국내보다 높은 수준을 요구하는 품질, 안전 기준과 절차에 관한 규정이 시공에 들어가는 수고와 비용을 높게 만드는 것이다.
  우선은 설계 안전율 적용 시 국내보다 높은 기준을 적용하므로 구조물 두께와 철근 사용량이 증가하게 되고 교통 우회 가시설 설계도 이와 같은 안전율이 적용되어 차량과 보행자 통행에 대한 안전 보장은 물론 불편함이 없도록 요구하고 있다. Tunnel Boring Machine도 재사용이 보편적이나 신규 TBM 사용만을 조건으로 내세우고 있어 장비 구입비가 증가할 수밖에 없다.
  그리고 싱가포르 발주처인 LTA(Land Transportation Authority)는 철저한 관리가 가능하도록 공사 수행 조직에 많은 인원의 배정을 요구하고 있어, 이에 따른 간접비 비율이 다른 국가에 비해 2배가량 상승하는 것이 일반적이다.

- 호주 건설시장의 경우 엄격한 건설 기준과 자국 업체와 작업자의 이익을 보호하기 위한 규정이 적용되어 외국업체의 진출이 어려운 환경으로, 싱가포르보다 4배 정도 건설 비용이 더 소요된다고 하니, 공사비에 가장 큰 영향을 미치는 요소는 역시 계약 조건과 기준 그리고 관련한 규정이라고 볼 수 있겠다.

견적 작업
절차

1. Project 견적/입찰 TFT 구성
2. 입찰 서류 검토
3. 견적/입찰 수행 계획 수립
4. Detail Design 수행
5. 수량 산출(Quantity Takeoff)
6. 현장 답사(Site Survey)
7. 공정 계획 수립
8. 자재와 외주 부분 견적 요청
9. 일위대가 작성 & 단가 산출
10. 외주 부분 견적서 검토 & Negotiation Meeting
11. 직접공사비 내역 작성
12. 간접비 작성
13. 총괄공사비 집계
14. Project 입찰 심의회의 개최
15. 최종 입찰가 작성

견적과 입찰 기간은 짧게는 1개월에서 3개월, Design-Build 경우는 이보다 좀 더 긴 시간이 주어진다.

상황에 따라 현지 견적 Camp 필요성에 대한 찬반이 있기도 한데, 가급적 현지에서 견적하는 것이 효과적이라고 볼 수 있지만, 이는 현지의 건설 Resource 시장이 공사에 동원될 수 있는 충분한 규모여야 한다는 조건이 붙는다. 아니면 현지에서 견적을 수행할 필요가 없어진다.

또한 본사에서 견적 작업을 진행하는 경우일지라도 현지에 1인을 파견하여 현지 업체와 발주처 Contact, 그리고 입찰 관련 동향을 파악할 필요가 있다.

견적 작업은 집중력을 요구하는 작업으로 정신적 피로도가 높다고 볼 수 있다. 그러므로 현지에서 견적 작업을 진행하는 경우 침식이 업무에 지장을 주지 않도록 준비하여야 한다. 또한 사무 작업 환경도 효율을 떨어뜨리지 않도록 계획할 필요가 있다.

특히 견적 기간이 촉박하여 야간작업까지 해야 하는 경우 부수적인 업무로 주요 작업이 지장 받지 않도록 보조 인원을 추가 투입하고 오류나 누락 여부를 재확인하는 절차를 고려하여야 할 것이다.

견적과 입찰 기간 보안에 대하여 소홀히 하면 안 된다. 특히 현지 견적을 진행하며 현지인과 함께 일하는 경우 자료의 보안에 신경을 써야 한다. 또한 현지 업체와 Contact하는 경우 경쟁 업체가 추정할 수 있는 견적과 입찰 관련 정보를 노출하지 않도록 주의한다.

현지 작업의 경우 해외 바이러스에 효과적으로 대응하는 백신 프로그램을 설치하여 팀 내 바이러스 침입으로 인한 Data 손실이나 견적 작업에 지장을 초래하는 일이 없도록 한다.

1. Project 견적/입찰 TFT 구성

- Project의 규모에 따라 인원의 가감이 있겠으나 기본 Key Member로서 팀장과 최소 팀원 2인은 해외견적팀 인원으로 구성하되 가능한 해당 국가 Project 견적 경험이 있는 인원이나 동일 공종의 Project 유경험자를 우선한다.
작업량과 견적 일정의 완급에 따라 보조할 인원을 추가하되, 수량 산출과 견적 작업에 공통된 기준이 적용되도록 기본적인 견적 Manual을 준비하여 습득하도록 하여야 한다.
- 만약 특수한 교량과 같이 Specialist나 해당 국가 건설 경험자가 필요한 경우 참여하도록 한다.
- Project 견적과 관련한 부서에 담당자 지정을 요청하고 자료를 공유한다. 기술팀에는 설계 검토와 상세 설계 진행 그리고 V.E, 법무팀에는 계약 조항상 특기 사항과 Risk에 대한 검토를 요청한다. 필요에 따라 현지 세금 관련 세무팀에, 그리고 자재 견적 요청을 위한 Vender List는 자재팀에 지원을 요청한다.

2. 입찰 서류 검토

- Invitation To Bidder, Terms Of Reference or Employer's Requirements, General Condition of Contract, Particular Condition of Contract, 설계도면, 지반조사 보고서 등을 검토
- Project Overview (Project 발주처, Fund, 위치, 공기, 내용, 입찰일정 등) 작성
- Work Scope 정리 ➡ Work list 작성
- 질의 사항 정리

> 💡 입찰 서류에 모호한(Ambiguous) 내용이나, 동일한 사항에 대하여 다른 설명(Discrepancy)이 존재한다면 자의적인 해석을 하지 말고 반드시 발주자에게 Clarification을 요청하여 답변을 받아야 한다.

3. 견적/입찰 수행 계획 수립

- 업무분장
- 상세 견적 작업 일정 협의 및 계획 수립
- 참고 자료(동일 국가, 동일 공법 Project 견적 또는 수행 자료) 정보 공유
- 매일 팀 회의를 가져 업무 진행 상황과 의견 교환

4. Detail Design 수행

- 주요 구조물 상세 설계
- 가시설 상세 설계
- Value Engineering 검토

5. 수량 산출(Quantity Takeoff)

- 작업 Item 작성과 수량 산출
- 산출기준 설명 Notes 작성
- 자재별 할증량, 토량 변화율 등 작업 과정에 발생하는 수량의 증가 고려

6. 현장 답사(Site Survey)

- 가능한 견적에 참여하는 인원 모두가 현장 답사에 참여하여 다양한 시각에서 현장과 현지 상황을 파악하고 의견을 교환할 수 있도록 하는 것이 바람직하다.
- 출장 전 현지의 주요 자재업체, 협력업체와 Meeting 일정을 조율하고 협력 관계로 발전시키도록 노력한다.
- 매일 현장 답사 인원 Meeting을 통하여 조사 내용을 공유하고 추가 조사 방향을 정하도록 한다.

7. 시공 계획 수립

견적의 밑그림 역할을 하는 것이 시공 계획이라 할 수 있다. 시공 계획에서 공사 방법을 결정하고 공정 계획에서 Activity와 작업기간이 정해지면 기간만큼 투입되는 인원, 장비 비용과 소요되는 자재 비용을 산정하여 공사비를 산출하기 때문이다.

8. 자재와 외주 부분 견적 요청

- 보통 RFQ(Request For Quotation)라고 하며 자재의 경우 생산자나 대리점에 납품 가능한 가격을, 하도급은 국내나 현지의 건설업체에 요구하는 작업 사항에 대한 공사비의 제출을 요청한다. 가능한 3개 이상 복수의 업체를 대상으로 하는 것이 바람직하다.
- RFQ에 포함하는 내용은
  - Project 개요
  - 구매를 원하는 자재의 규격, 수량, 품질 기준, 납기, 운반 조건 등
  - 하도급의 경우는 설계도면, 공사내역서, 공사 기간, 계약 조건 등

9. 단가 산출

- 인력, 자재 단가표를 작성하여 공유한다.
- 공통으로 사용하는 일위대가를 먼저 준비하여 작업별 단가 산출 시 활용할 수 있도록 한다.
- 장비 사용료는 1일, 1개월 사용료를 계산하여 장비 사용료 List를 작성한다. 장비 사용료는 손료, Maintenance 비용, 관리비 등이 포함되나 유류비용은 제외한다.
- 다른 사람이 보더라도 단가 산출 근거를 충분히 이해할 수 있도록 잘 정리하여 두어야 한다.

10. 외주 부분 견적서 검토 & Negotiation Meeting

- 업체가 제출한 공사비 내역서, 공정표, 시공계획서의 타당성을 확인하고 타 업체의 견적서와 검토, 비교한다. 특히 업체가 제출한 시공 조건과 요구사항에 대하여 신중히 살펴보고, 일반적이지 않은 사항이나 Risk 전가가 있을 시 수용 여부를 결정한다.
- 공사비 산정에 누락한 부분이나 오류가 발견되면 정정을 요구한다.
- 필요하다면 Meeting을 요청하여 시공 계획을 확인하고 업체가 요청하는 조건과 그에 따른 공사비 조정에 대하여 협의를 진행한다.

11. 직접공사비(Direct Cost) 내역 작성

- 목적물 건설에 필요로 하는 자재, 인력, 장비 비용과 외주비로 구성.
- 작업 Item별 수량과 금액 그리고 목적물, 공종별 집계된 시공 금액을 확인할 수 있다.

12. 간접비(Indirect Cost, 현장 관리비) 작성

- Project 관리, 준비, 마무리에 따른 비용을 포함.
- 간접비 중 가장 큰 Portion을 차지하는 부분이 직원 급료이며 특히 한국인 직원 급여가 비중이 크므로 근래의 해외 Project에서는 한국인 직원을 필수 인력으로 축소하고 가급적 현지 인력을 활용하는 방향으로 가고 있다.

13. 공사비 총괄내역서 작성 및 견적 결과 점검

- 팀 내 회의를 통하여 견적 결과 공유와 점검 기회 마련
- Project 입찰 심의 회의 자료 준비

14. Project 입찰 심의회의 개최

- 관련 부서 책임자와 경영진이 참여하는 Meeting을 마련하여 Project 개요, 공사 계획, 견적 기조, Risk와 대응책을 설명하고 견적 결과를 보고
    - 관련 부서 : 해외공사관리팀, 해외영업팀, 기술설계팀, 해외구매팀, 해외법무팀, 세무회계팀, 국제금융팀
- Project 입찰에 대한 관련 부서의 의견 제시와 토의
- Project 수주 경쟁 상황, 해당 국가와 발주처 사업 전망 등을 감안한 Overhead & Profit와 Contingency 수준 결정

15. 최종 입찰 내역서 작성

- 입찰용 공사비 내역서에는 간접비나 Overhead & Profit, Contingency를 별도로 나타내지 않고 공사 Item에 뿌려 넣는다.
- 현장 간접비와 본사 비용은 보통 총공사비의 20~30% 수준을 차지하는데, 입찰 상황에 따라 Contingency는 0%로 놓고 문제 발생 시 Profit로 Cover 하는 것으로 하여 입찰 경쟁력을 높이기도 한다.
- 직접공사비 Item에 현장 관리비와 본사의 간접 비용을 나누어 넣을 때, Cash Flow를 개선할 목적으로 균등한 비율로 넣지 않고 초기 공사 Item에 좀 더 높은 비율을 적용하기도 한다.
다만 이 경우 조심할 것은 해당 초기 공사 Item이 설계변경으로 수량이 감소하는 경우 손실을 볼 수 있다는 점을 염두에 두어야 한다. 반대로 설계변경이 예상되는 Item에는 이러한 간접비 비율을 가감, 적용하여 추가 이익을 기대하는 것도 가능하다.

이제부터 주요 견적 작업에 대해 상세히 알아보자.

수량 산출
(Quantity Takeoff)

공사비 산출은 수량 × 단가로 계산되므로, 수량 산출은 아무리 강조해도 지나치지 않을 만큼 중요한 견적 작업의 출발점이다.
그렇기에 무엇보다도 정확함이 생명이라 할 수 있는데, 단가와 달리 산출된 수량이 정확한 결과인지 숫자만 보고 확인할 수 없다. 단가의 경우 경험에 의존하여 또는 외주업체 견적 단가와 비교하여서 높고 낮음을 따져 볼 수 있으나 산출된 수량의 경우 도면을 펼쳐 놓고 다시 계산해 보지 않고는 틀림의 유무를 판별할 수 없기 때문이다.

그러므로 수량 산출 담당자는 수량 계산 과정을 필요 시 쉽게 확인할 수 있도록 일목요연하게 정리할 필요가 있다. 여기에는 수량 산출 시 고려한 특기 사항에 대해서도 Notes로 남겨 두는 것이 바람직하다.

수량 산출은 체적, 길이, 개수 등으로 나타내는 도면에 설계된 공사 목적물의 물량 산출과 목적물을 시공하는데 필요한 작업의 소요 Resource 수량을 계산하는 것으로 나뉘진다.
Resource 중 공사비 비중이 가장 큰 자재 수량 산출이 특히 중요한데 작업별 특성에 따라 발생하는 자재 할증을 꼭 감안해야 한다.

또한 목적물뿐 아니라 작업을 위해 들어가는 가설 작업과 준비작업 등의 작업 수량도 산정해야 한다.
가설 작업은 동바리, 비계, 가/축도, 가설 강재, 흙막이벽, 방음벽 등이 있다.
준비작업으로는 물푸기, 폐수처리시설, 사토 적치장, 자재 야적장, Concrete B/P, Crusher Plant, 작업장 조성 등이 있다.

Build Only 계약에는 완성된 설계도면을 바탕으로 한 비교적 구체적인 공사 항목과 수량이 명시된 Bill Of Quantity가 주어진다. 그리고 항목별 작업 내용에 대한 설명이 주어지기도 한다.
그러므로 BOQ의 Item에 따라서 수량을 산출하여 주어진 수량이 정확한지를 확인한다. Build Only 계약에서 주어진 BOQ의 수량이 설계도면과 다른 경우 이는 발주자의 책임으로 계약 변경을 요구할 수 있다.

Design-Build 계약은 설계가 시공자 책임이므로 시공자가 입찰 시 진행한 상세 설계를 토대로 BOQ를 작성한다.

다음으로는 공사 Item을 시공하기 위한 작업을 세분하여 수량을 산출한다.
예를 들어 L형 옹벽(H=5m) 시공은
- 기초 터파기
- Lean 콘크리트 타설(T=10cm), 비닐 깔기 포함
- 콘트리트 타설, 인력
- 콘크리트 타설, 펌프카
- 거푸집 설치/해체, 비계 포함
- 철근 가공/조립
- 콘크리트 양생
- 배수 Hole 설치
- 뒷채움, 배수용 골재 사용

작업으로 분개될 수 있다.

토공 작업 즉 절토, 성토, 토사와 암석 운반 등 작업 수량을 계산할 때는 토량 변화율 적용을 잊지 말자.
토취장에서 절토는 자연 상태의 지반이 대상이고 이를 운반할 때는 흐트러진 상태로 되어 용적이 증가한다. 운반된 토사를 성토, 다짐이 이루어진 체적이 설계도면 상의 수량이다.

도로 토공 수량 산출 시 유토곡선(Mass Curve)을 작성하여 유용토 수량과 운반 거리를 산출할 수 있다.
절토량이 성토에 필요한 수량보다 많다면 사토가 발생하고, 반대로 적다면 토취장을 개발하여 부족한 수량을 현장으로 반입하는 순성토가 필요하다.
현장 내 절토 수량 중에는 성토에 적합하지 않은 토질이나 암석처럼 골재로 활용함으로써 성토 재료로서 더 큰 효용 가치를 가지게 되는 상황도 있으므로 지반조사 보고서와 현장 답사 자료를 참고하여 유토곡선 작성 시 반영하는 것이 필요하다.

모든 자재는 절단, 이음, 가공, 운반, 설치 등의 작업 과정에서 Loss가 발생하여 도면에서 산출된 수량보다 실제 작업에 있어서 소요되는 수량이 더 많아진다. 따라서 자재별 작업 상황을 검토하여 적절한 할증량을 반드시 고려하여야 한다.

표준품셈에 명시된 철근 할증률은 국내 발주자 즉 정부가 사업 예산을 작성키 위한 자료이고 실제 철근 소요량은 구조물의 철근 상세도를 토대로 조달 가능한 최적 철근장을 적용하여 계산할 수 있다.

즉, 자투리 철근을 최소화할 수 있는 정척 철근이 수량 산출 대상이 되는 것이다. 예를 들자면 D32mm 주철근 길이가 9.8m라면 10m 정척을 사용하고 10m를 철근 소요량으로 보는 것이다. D25mm 배력근이 40m 1 Span에 필요하다면 겹이음을 고려 11m 정척을 4개를 사용하는 것으로 철근 수량을 산출한다.

연약지반구간 성토량 산정 시 지반의 압밀 침하에 따른 추가 성토량을 고려해야 한다. 도로 성토의 경우 수직 침하와 주변 지반으로의 수평 변위도 발생하여 원지반과 성토 부분에 원호 경계면이 발생하므로 연약지반 설계 침하량 계산서의 침하 모델을 참고하여 침하에 따른 추가 성토량을 계산한다.

Drill & Blast 터널 굴착 시 천공 각도는 설계 단면과 수평이 아닌 상향이나 바깥쪽으로 기울어지게 되며 이로 인해 여굴이 발생하게 된다. 따라서 설계 굴착량보다 버럭 운반량이 증가하고 여굴을 메우기 위한 라이닝 콘크리트 수량이 증가한다. 또한 Shotcrete 역시 굴착 면의 요철과 Rebound로 인한 할증을 고려해야 한다.

TBM 굴착 시 Thrust Power와 회전력을 암반에 전달하여 파쇄하는 Disc Cutter는 굴착에 따라 마모되어 교체되는 고가의 소모성 부품이다. 따라서 Disc Cutter 하나로 얼마큼이나 굴착할 수 있는가를 결정하는 것은 TBM 굴착의 핵심 Issue이다.
암의 강도와 종류에 따라서 Disc Cutter의 소모량이 큰 차이를 보이기 때문이다. 연암 같은 경우 100m를 굴착해도 교체가 필요 없으나, 250Mpa 강도의 극경암을 만나면 1m도 채 굴착하지 못하고 마모되어 교체될 수도 있기 때문이다.

또한 Quartzite 함량이 높은 암석을 만나면 Disc Cutter가 급격하게 마모되므로 지반조사 보고서를 세밀히 검토하여 Disc Cutter 소모량을 산정해야 한다.

Concrete Slipform Paver 콘크리트 포장 작업은 작업의 중단과 시공 이음 등의 이유로 평탄성 기준(PRI)을 충족시키지 못하는 부분이 발생할 수 있으며 이에 따라 표면 Grooving 등 추가 작업이 요구되곤 한다.
따라서 요구하는 PRI 값과 투입 대상 장비 그리고 작업 환경 등을 고려하여 Grooving 소요 수량을 산정하여 콘크리트 포장 공사비에 반영하는 것이 필요하다.

대구경 Bored Pile 수중콘크리트 타설 시 물과 접촉하여 재료분리가 생긴 콘크리트를 설계 Elevation 위로 밀어 올리고 타설을 중지하므로 나중에 설계 Elevation에 맞추어 두부 정리를 하여야 한다. 따라서 말뚝 콘크리트 수량은 추가 높이까지 고려하고, 공사비에는 두부 정리 비용도 포함되어야 한다.
또한 말뚝 정재하 시험인 O-Cell 시험과 건전도 시험 등 각종 시험의 종류와 횟수를 기준에 따라 산출하는 것도 잊지 말아야 할 것이다.

단가(Unit Price) 산출

단가는 BOQ의 Item의 단위 수량 당 시공 비용으로 자재비, 노무비, 장비비 그리고 기타 비용으로 구성된다. 이 가운데 노무비와 장비비는 생산성에 따라 변하므로 같은 작업이라도 공사비가 달라지는 이유가 된다.
생산성은 공법과 현장 관리(Construction Management)의 목적이 되고 결과물이기도 하며 Project에 필요한 생산성을 반영한 것이 시공 계획이다. 그러므로 시공 계획은 공사비 산출의 근간이라고 할 수 있다.

〈 자재비 〉

자재비는 통상적으로 직접공사비의 50%를 상회하는 비중을 차지한다.
노무비가 저렴하고 주요 자재를 수입해야 하는 개발도상국에서는 60%를 훌쩍 뛰어넘기도 한다.

재료의 단가는 일반적으로 복수의 생산자나 공급자에게 가격 견적을 요청하여 적용한다.
가격을 적용 시 유의할 점은 계약에서 요구하는 Specification을 만족시키는 재료를 대상으로 한다는 점이다. 때문에, 자재 견적 요청(Request for Quotation) 시 관련 시방을 첨부하고 견적 제출과 함께 요구사항을 충족함을 증명하는 서류를 동봉하도록 요구하여야 한다. 여기에는 관련 시험 성적서 외 ISO Certificate, 주요 납품실적 기록 등이 있다.

자재 가격 결정에 영향을 주는 요소로 수량의 많고 적음과 납품 기간이 있다. 특히 대량의 자재를 구매하는 경우 상대적으로 낮은 가격을 제시하는 것이 일반적이다. 주목해야 하는 사항은 납품 기간인데 대량의 자재 구매인 경우, 얼마의 간격과 수량으로 분할 납품이 필요한지를 사전에 고지하는 것이 중요하다. 생산자나 현장이나 비용의 선 투입은 물론이고 자재를 쌓아 놓고 관리하는 수고와 비용을 줄이기 위해서이다.

해외 수입 자재의 경우 운반비, 운송보험료, 관세(Tariff), 통관 비용까지 가격에 포함되어야 하며, 구매 계약 조건에 따라 도착항까지 선박 운임과 보험료의 책임 소재는 달라질 수 있으나 관세와 통관 비용 그리고 도착항에서 현장까지 운반은 구매자의 책임이 된다.

일반적으로 수입 자재 견적을 제출할 때 제조업체나 대리점은 다음과 같은 운반비 기준을 제시한다.

- CIF(Cost, Insurance and Freight) : CIF는 생산자가 자재의 선적에서 목적지 항구까지 운임, 보험료 일체를 부담하는 조건으로 한 판매계약이다. CIF 가격은 수출입 자재를 도착항까지 운반하는 것이 책임의 한계가 된다.

- C&F : CIF 중에서 보험 조건을 뺀 것으로, 구매자가 해상 운송과 현지 운반(Inland Transportation)까지 포함하는 일괄 보험을 가입하는 경우 적용되는데 특수한 대형 Plant 자재 운송과 같이 해상과 육상 운반에 일관된 보험이 유리한 경우에 선택될 수 있다.

- FOB(Free On Board, 본선인도) : 선적에 의해 면책된다는 의미로 구매자가 지정하는 선적항과 선박에 생산자가 계약화물을 적재하는 것으로 계약이 완료된다. 이 경우 수출 항명은 FOB Inchon처럼 기재한다. 도착항까지 선박 운임과 보험료 등 제반 비용은 구매자의 책임 사항이 된다.

해외 수입 자재의 경우 통관이라는 추가 절차가 필요하다. 해외에서 물품을 수입할 때 이를 관리하는 정부 기관은 물품의 종류에 따라 정해진 관세율을 적용하여 관세를 추징한다. 물품별 관세율은 Tariff Book으로 고시되므로 관련 자료를 찾아 관세 금액을 산정해 볼 수 있다.

또한 수입 자재의 경우 생산업체가 제시한 제조 기간 외에 해외 운반과 통관에 따른 총 납품 기간을 고려하여 공사 일정에 반영하여야 한다.

개발도상국의 경우 항만 사정과 비효율적인 통관 System으로 예상외의 추가 시간이 소요되는 일이 빈번하다. 따라서 현지의 유능한 통관대행업체를 고용하여 통관업무를 추진함이 바람직하다.

통관 비용(보관비, 검사비 등)을 합산한 수입 자재 금액과 총 납품 기간 그리고 현지의 자재 구매비용과 납기를 비교하여 최선책을 선택을 할 수 있다.

필요한 경우, 제조사가 현지에 생산시설을 설치하여 제품을 만드는 것을 검토해 볼 필요가 있다.

> 필리핀에서 Hydropower Dam Project를 위해 유럽에 터널 장비들을 발주하였다. Manila 항구에 도착한 장비를 검수한 결과, 장비의 유압 Control 부품이 분실된 것을 발견하였다. 관련 사실을 보험사에 통보하여 보상을 받을 수는 있으나 분실된 부품을 발주하여 현장까지 도착하는 시간이 문제였다. 부품이 도착하여 장비가 가동하게 될 때까지 Critical Path인 터널 작업이 늦어지는 중대한 문제가 발생한 것이었다. 결국 장비 담당자가 유럽 제작회사로 출장을 가서 해당 부품을 항공

> 편으로 Hand Carry하여 작업 지연을 최소화하였다. 컨테이너에 넣어 운반하지 못하는 자재나 장비의 경우 이와 같은 일이 발생할 가능성이 없다고 할 수 없다.

자재 운반에 특별한 경우가 있다.
하나는 자재의 제원이 일반도로로 움직이기에 Oversize이거나 Overweight인 Case이다.
수력발전 Project의 Turbine, Generator, Transformer 등의 Oversize & Overweight 기자재 운반상의 문제는 해상이 아니라 육상에서 발생한다. 일반도로 차선폭을 넘는 Dimension으로 야간에 교통 통제 상황에서 이동하는 것은 물론이고, 도로의 신호등과 표지판을 임시 철거하여 통과 높이를 확보하여 통과 후, 철거했던 도로시설물을 재설치해야 하는 작업이 수반된다. Overweight로 교량 통과가 불가하여 SPMT(Self Propelled Modular Transporter)라는 특별한 운반 차량을 이용하거나, 가교를 설치하여 하천을 통과해야 하는 상황도 있다.

이러한 특별 운송작업은 현지의 전문업체와 계약하여 사전에 이동 Route를 조사하고 해당 관청과 협의하여 인허가를 받는 것까지 포함하여 운반 일정과 운반 자재에 손상이 없도록 세밀하게 협의하여 계획을 수립하여야 한다.

다른 하나는 Site로의 접근이 문제가 되는 상황이다.
예를 들자면 산 중턱에 강재 구조물 송전탑을 세워야 하는 경우이다. 환경적으로나 비용적으로 장비의 통행이 가능한 운반로를 개설할 수는 없는 상황이다. 그래서 중량물 수송용 모노레일을 설치하여 운반하기도 한다. 가능하다면 대형 헬리콥터를 사용하는 방법도 있다.

이처럼 현장으로 접근이 어려운 경우 자재의 운반을 위한 준비작업이 별개의 작업이 될 수 있고 자재비보다 운송비가 더 많아질 수도 있다. 또한 현장 외 자재 적치장을 마련하여야 하고 소운반을 위한 상, 하차 장비와 운반용 트럭도 고려해야 한다.

〈 장비비 〉

해외 Project에서 장비비는 시공 계획과 연동되는데, 작업에 필요한 장비는 해당 작업기간 동안 현장에 상주하게 되므로 장비의 가동 유무와 관계없이 총작업기간에 상응하는 장비 사용료가 해당 작업 수량으로 나누어져 단위수량 당 장비비가 되기 때문이다.

이는 건설 장비 임대시장이 국내처럼 활성화되어 있지 않아 일대나 월대로 장비를 사용할 수 없기에, 장비가 필요하면 구입하거나 국내에서 임차하여 현장에 투입하여야 한다.

이러한 상황이기에 때때로 장비 사용이 필요치 않아도 최종적으로 사용할 필요가 없어 반출되기 전까지는 현장에 머물러 있게 되고 비용은 지출되는 구조가 된다.

그러므로 Backhoe 터파기는 $1\$/㎥$ 같이 고정된 단가는 있을 수 없고 현장 사정에 따라 각기 다른 단가가 만들어져야 맞는 것이다.

작업 단위 수량 당 장비를 사용하는 비용의 산정은 2가지로 나눠진다. 장비를 구입 또는 임차, 운용 그리고 관리에 소요되는 지출을 계산하는 것과 장비의 작업량을 산정하는 것이다.

건설 장비의 사용과 관련한 비용

- 임차 장비의 경우 기본적으로 임차 계약에 따라 비용 산정이 이루어져야 한다. 그러므로 임차 계약서에 임차 기간과 사용료 외에 장비 왕복 운반비, 정비와 수리비 등의 책임 주체가 명시되어야 한다.

  현지 업체가 장비 임대인일 경우 현지 사정에 정통한 임대인이 왕복 운반비, 정비, 수리비 모두 책임지는 것으로 계약 조건을 정하고 비용을 임대료에 포함하도록 요구하는 것이 좋을 것이다.

  만약 국내에서 장비를 임차한다면 조금 복잡해질 수 있다. 우선 일반적인 정비나 수리의 경우 현장에서 시행하고 주요 부품의 교체나 중대한 고장은 임대인의 책임으로 분담할 수 있다. 왕복 운반비는 자재 운반과 같은 조건으로 정할 수 있을 것이다.

- 장비를 구입하는 경우 회사 내부 규정에 따라 장비 사용료가 산정된다. 장비 종류에 따라 5~10년의 내구연한을 정해 현장 사용 기간만큼 비용을 현장 원가로 산입하는데, 장비 구입 비용을 내구연한으로 나누어 일정한 금액을 부담시키는 정액법과 상각률을 정하여 장비 잔존 가격에 곱하여 사용 금액을 산정하는 정률법이 있다.

  또한 현장에서 장비를 구입, 사용 후 매각하여 장비 구입가와 매각가의 차인 금액을 장비 사용료로 산정하는 방식을 적용할 수도 있다. 이런 경우 사전에 현지의 장비 시장에서 장비 매각 예상가를 조사하여 장비 사용료를 산정하도록 한다.

  장비를 구입하는 경우 정비, 수리비는 현장의 책임이 되고 운반비는 구입 시 조건과 사용 후 장비 처리 상황에 따라 달라지나 국내로 반출 아니면 현지 매각으로 방침을 정하고 그에 따라 비용의 계상 여부를 정한다.

  현지에서 장비의 Spare Parts 조달이 여의치 않은 경우, 장비 구입 시 필요한 Spare Parts를 포함하여 계약을 진행하는 방법도 있다. 대규모로 장비가 필요하다면 장비 제조사에 현장 Spare Parts Container와 정비사의 운영을 요청하여 정비 실적에 따라 비용을 지급하는 계약을 고려하는 것도 좋은 방법이다.

- 장비를 선택할 때는 사용 목적을 충족시키고 효율과 신뢰성이 높은 모델을 선택하며, 현지에서 정비가 용이하고 부품 수급이 가능한 회사의 제품을 고르는 것이 유리하다.

- 요즘 들어 건설 회사들은 관리상의 어려움과 비용 문제로 장비 보유를 꺼리는 실정으로, Project 필요에 따라 장비를 구입하고 사업이 종료되면 장비를 매각하는 것이 일반적이다.

> 💡 TBM 장비 구매 시 Buy-Back 조건을 포함하여 장비 사용 후 제조사에서 얼마의 대가를 지불하고 인수할 것이냐가 TBM 장비 구입을 결정하는 요소 중 하나다. 대개 TBM 장비 사용 기간과 지반 상황에 따라 10~30% 수준의 잔존 가치를 인정하고 제조사에서 인수하는 편이다.

- 관세와 통관 비용 : 현지에서 생산되는 장비가 아니고 외국에서 수입되는 장비라면 현지 통관 시 수입에 따른 관세를 납부해야 한다.

  고가의 장비는 관세 금액이 적지 않고 Cash Flow에도 부담됨으로 Re-Export 조건으로 신고하고, Re-export의 이행을 담보하는 Deposit을 현금이 아닌 Bond 대체하는 것이 유리하다. 이 경우 장비 반출 시 Deposit의 환급을 걱정할 필요가 없어지는 것은 물론, Cash Flow 부담이 경감되는 이점이 있다.

  장비의 반출 시는 현지 규정에 따라 사용 기간에 해당하는 관세를 납부해야 한다. 따라서 Re-Export Bond Fee, 사용 기간에 따른 관세(= 장비 수입가 × 관세 요율 × 장비 상각률)를 장비 사용료에 계상하여야 한다.

  또한 통관 비용으로는 선박에서 Unloading, 항만 내 운반, 보관 비용과 제반 통관절차를 대행해 주는 통관 대행 회사 수수료 등이 있다. 통관 관련 비용은 통관 대행 회사의 자문을 참고하여 비용을 산출한다.

- 장비 운영관리비 : 유류비, 운전원, 정비비, 장비등록과 보험료
  - 유류비는 사용하고자 하는 장비 모델과 작업 내용에 따라 산정될 수 있다. Caterpillar사의 Performance Handbook에는 장비 모델별로 시간당 연료 소모량(Fuel Consumption)과 작업 상황에 따른 엔진 부하율 Data를 제공하고 있으므로 이를 적용하여 작업에 따른 시간당 연료 소모량을 계산할 수 있다.(아래 표 참조) 마찬가지로 다른 장비 제조사들도 Data를 가지고 있으므로 현지의 장비 대리점에 장비 견적서를 요청할 때 이러한 자료도 함께 요구하자.

- 정비비 역시 현지의 장비 대리점을 통해 알아보는 것이 실제에 가장 근접하다고 볼 수 있으므로 장비 견적과 함께 요청하는 것이 좋다.
- 장비 등록비도 현지 장비 대리점에 확인하고 보험료는 사용 장비별로 보험사에 알아보자.
- 장비 운전원은 장비별로 현지 관행에 따라 1인 혹은 2인이 될 수 있으며 가능한 경력이 많고 숙련된 운전원 기준으로 임금을 조사하는 것이 바람직하다. 왜냐하면 운전 숙련도에 따라 작업 생산성과 장비 유지관리 능력이 좌우되기 때문이다.
- 투입되는 장비 규모와 현장 상황에 따라 현장에 장비 정비창을 운영하는 것이 필요할 수도 있다.

- 국내의 표준품셈에 장비의 정비비, 관리비 계수가 비율로 제시되어 있어 일견 간편하다고 생각할 수 있으나 실제 비용과 비교해 볼 때 괴리가 있다는 것이 중론이며, 이는 하루가 멀다고 새로운, 더 대형의, 고성능의 장비가 개발되어 작업 효율을 상승시키고 있음에도 표준품셈의 자료는 이를 제대로 반영하지 못하고 있기 때문이다. 반대로 공사를 계획하는 기술자는 새로운 장비를 채택하여 작업 효율 상승과 비용 절감을 꾀하여야 한다는 얘기이다.
다른 한편으로는 기초가 되는 환경과 조건이 국내 기준이어서 다른 국가의 환경과 조건과는 부합하지 않기 때문이다. 때문에, 현지의 장비 대리점을 통하여 현지의 실제 Data를 구해야 하는 것이다.
- 시공 현장에서 어느 장비 회사의 어떤 모델이 고장이 적고 작업 효율이 높고 하루 작업량이 얼마인지 그때 연료 소모량이 얼마였는지를 파악하고 이를 시공 Data로 축적하고 관리해야 하는 이유는 분명하게 시공 계획과 견적이 시공 Data를 근거로 하기 때문이다.

장비 작업량의 산정

장비의 작업량은 시간당 작업량을 기준으로 산출한다.
범용 장비의 시간당 작업량을 계산하는 방법은 표준품셈과 Caterpillar

Performance Handbook에 소개되어 있으나 가급적 Caterpillar 장비를 기준으로 시간당 작업량 산정을 권하고 싶다. Excavator를 대상으로 상기 2가지 자료를 이용하여 계산해 보면 상당한 차이가 나는 것을 알 수 있으며 Caterpillar의 경우가 현실에 가까운 것으로 보인다.

표준품셈은 사용 목적이 "정부 등 공공기관에서 시행하는 건설 공사의 적정한 예정가격을 산정하기 위한 일반적인 기준을 제공하는 데 있다"라고 되어 있다. 건설사마다, Project마다 작업 비용이 다른 것을 생각해 볼 때 이는 건설사의 공사비를 산정하는 데 적합한 기준이 아닐뿐더러, 더욱이 해외 Project 공사비를 산정하는 데 적용하는 것은 무리가 있어 보인다.

건설 장비 제작 회사인 Caterpillar사에서 자사의 장비를 사용하는 건설 기술자를 위해 제공하는 기술 Data인 Performance Book이 훨씬 신뢰가 가고 장비비 산정 기준으로서 올바른 선택이라 할 수 있다.

장비의 규격은 공정 계획이 요구하는 작업 생산성을 발휘하는 데 무리가 없는 모델로, 필요한 작업량보다 한 단계 큰 용량의 장비가 바람직하다.
장비 모델이 결정되면 시간당 작업량을 계산하고 1일 작업 시간에 따라 1일 작업량을 산정한다. 해당 작업의 총 작업 물량을 1일 작업량으로 나누면 소요 작업 일수가 나오고 이를 공정 Program에 입력하면 해당 작업과 다른 작업과 작업 선후관계에 따른 Duration이 계산된다.

- 표준품셈과 Caterpillar Performance Handbook 시간당 터파기 작업량 산정 비교 (예시)

2022년 표준품셈	CAT PHB (2018년)
Caterpillar Excavator 324D Model Bucket Size (q) 1.05 ㎥	
버킷계수(K) 0.7 버킷에 가득 채우기가 어렵거나 가벼운 발파를 필요로 하는 것으로서 단단한 점토질, 점토, 역토질인 경우	*Fill Factor* *Hard, Tough Clay 80-90%*
작업 효율 (E) 0.55 자갈 섞인 흙, 점성토-자연 상태 보통 0.6, 터파기에 대하여는 0.05를 뺀 값으로 한다.	*Operator Skill/Efficiency 0.9 (90%)* *Machine Availability 0.95 (95%)* *Gen Operational Efficiency 0.83 (50 min/hr)*
싸이클 시간(Sec) 각도 90도 19 sec.	*Cycle Time Estimating Chart* *Soil Type Hard Clay, Digging Depth 3.2m 0.25min.*
굴삭기 ('04, '07, '09년 보완) Q = 3,600·q·k·f·E / cm = 3,600 × 1.05 × .7 × 1.0 × 0.55 / 19 = **76.59** ㎥/hr	*Cycles per Hour 60 / 0.25 = 240 Times* *Effective Cycles per Hour(C) 240 × .9 × .95 × .83 = 170.32* *Q = q·k·c =1.05 × 85 × 170.32 =* **152.01 ㎥/hr**

Caterpillar Performance Handbook Excavator 작업량 산정

Hydraulic Excavators | Working Weights
• Bucket Fill Factors
• Bucket & Payload

BUCKET PAYLOAD

An excavator's bucket payload (actual amount of material in the bucket on each digging cycle) is dependent on bucket size, shape, curl force, and certain soil characteristics, i.e., the fill factor for that soil. Fill factors for several types of material are listed below.

Average Bucket Payload =
(Heaped Bucket Capacity) × (Bucket Fill Factor)

Material	Fill Factor Range (Percent of heaped bucket capacity)
Moist Loam or Sandy Clay	A — 100-110%
Sand and Gravel	B — 95-110%
Hard, Tough Clay	C — 80-90%
Rock — Well Blasted	60-75%
Rock — Poorly Blasted	40-50%

Working Weights — Bucket & Payload

The following tables give maximum "bucket plus payload" weights to assist in selecting the correct bucket for a specific application. These weights are based on actual job conditions. In better than average conditions the excavator may be able to achieve rated lift capacities listed in this section.

NOTE: Bucket sizes are suitable for a maximum material density of 1800 kg/m^3 (3035 lb/yd^3). Payloads shown are calculated at 1500 kg/m^3 (2530 lb/yd^3).

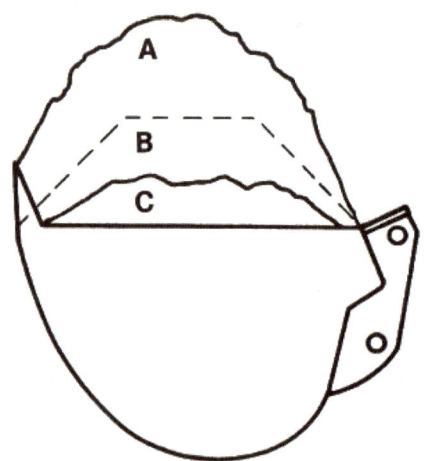

CYCLE TIME ESTIMATING CHARTS

The digging cycle of the excavator is composed of four segments:
1. Load Bucket
2. Swing Loaded
3. Dump Bucket
4. Swing Empty

Total excavator cycle time is dependent on machine size (small machines can cycle faster than large machines) and job conditions. With excellent job conditions the excavator can cycle fast. As job conditions become more severe (tougher digging, deeper trench, more obstacles, etc.), the excavator slows down accordingly. As the soil gets harder to dig, it takes longer to fill the bucket. As the trench gets deeper and the spoil pile larger, the bucket has to travel farther and the upper structure has to swing farther on each digging cycle.

Spoil pile or truck location also affects cycle time. If a truck is located on the floor of the excavation beside material being moved, 10 to 17 second cycles are practical. The other extreme would be a truck or spoil pile located above the excavator 180° from the excavation.

In sewer construction work the operator may not be able to work at full speed because he has to dig around existing utilities, load the bucket inside a trench shield, or avoid people working in the area.

The Cycle Time Estimating Chart outlines the range of total cycle time that can be expected as job conditions range from excellent to severe. Many variables affect how fast the excavator is able to work. The chart defines the range of cycle times frequently experienced with a machine and provides a guide to what is an "easy" or a "hard" job. The estimator can then evaluate the conditions of his job and use the Cycle Time Estimating Chart to select the appropriate working range. A practical method of further calibrating the Cycle Time Estimating Chart is to observe excavators working in the field and correlate measured cycle times to job conditions, operator ability, etc.

The following table breaks down what experience has shown to be typical Cat excavator cycle times with
— no obstruction in the right of way
— above average job conditions
— an operator of average ability and
— 60°-90° swing angle.

These times would decrease as job conditions or operator ability improved and would get slower as conditions become less favorable.

Fastest Possible
Fastest Practical
Typical Range
Slow

A — Excellent
B — Above Average
C — Average
D — Below Average
E — Severe

CYCLE TIME -vs- JOB CONDITION DESCRIPTION

— Easy digging (unpacked earth, sand gravel, ditch cleaning, etc.). Digging to less than 40% of machine's maximum depth capability. Swing angle less than 30°. Dump onto spoil pile or truck in excavation. No obstructions. Good operator.

— Medium digging (packed earth, tough dry clay, soil with less than 25% rock content). Depth to 50% of machine's maximum capability. Swing angle to 60°. Large dump target. Few obstructions.

— Medium to hard digging (hard packed soil with up to 50% rock content). Depth to 70% of machine's maximum capability. Swing angle to 90°. Loading trucks with truck spotted close to excavator.

— Hard digging (shot rock or tough soil with up to 75% rock content). Depth to 90% of machine's maximum capability. Swing angle to 120°. Shored trench. Small dump target. Working over pipe crew.

— Toughest digging (sandstone, caliche, shale, certain limestones, hard frost). Over 90% of machine's maximum depth capability. Swing over 120°. Loading bucket in man box. Dump into small target requiring maximum excavator reach. People and obstructions in the work area.

Cycle Time Estimating Chart

Model		308E2 CR SB	311D LRR	312D, 312D L	315D L	319D L, 319D LN	M314F, M315D2	M316F, M317D2, M318F	M320F, M320D2	M322F M322D
Bucket Size	L	220	450	520	520	800	610	750	900	1050
	yd³	0.30	0.59	0.68	0.68	1.05	0.80	0.98	1.18	1.37
Soil Type		←		Packed Earth		→←		Sand/Gravel		→
Digging Depth	m	1.8	1.5	1.8	3.0	3.0	3.0	3.0	3.0	3.0
	ft	6'0"	5'0"	6'0"	10'0"	10'0"	10'0"	10'0"	10'0"	10'0"
Load Bucket	min	0.08	0.07	0.07	0.07	0.09	0.05	0.06	0.06	0.08
Swing Loaded	min	0.03	0.06	0.06	0.08	0.09	0.05	0.05	0.06	0.06
Dump Bucket	min	0.03	0.03	0.03	0.03	0.03	0.03	0.03	0.03	0.04
Swing Empty	min	0.08	0.05	0.05	0.06	0.07	0.04	0.04	0.05	0.05
Total Cycle Time	min	0.22	0.21	0.21	0.24	0.28	0.17	0.18	0.20	0.23

Cycle Time Estimating Chart

Model		320D2	320D RR, 321D CR, 323D2	324D	328D LCR	329D	336D	349D2, 349E, 349F	365C L	385C
Bucket Size	L	800	800	1000	N/A	1100	1400	2400	1900	3760
	yd³	1.05	1.05	1.31		1.44	1.83	3.0	2.5	5.0
Soil Type		←				Hard Clay				→
Digging Depth	m	2.3	2.3	3.2	N/A	3.2	3.4	4.0	4.2	5.6
	ft	8	8	10		10	11	13	14	18
Load Bucket	min	0.09	0.09	0.09	N/A	0.09	0.09	0.13	0.10	0.19
Swing Loaded	min	0.06	0.06	0.06	N/A	0.06	0.07	0.07	0.09	0.06
Dump Bucket	min	0.03	0.03	0.04	N/A	0.04	0.04	0.02	0.04	0.03
Swing Empty	min	0.05	0.05	0.06	N/A	0.06	0.07	0.06	0.07	0.07
Total Cycle Time	min	0.23	0.23	0.25	N/A	0.25	0.27	0.28	0.30	0.35

Machine Operation | **Hydraulic**
● Maximizing Production with a Mass Excavator | **Excavators**

Cat 300 Series Mass Excavation booms and buckets coupled with the proper stick will help you move material faster and more efficiently in production excavation and loading applications. With the largest bucket, shortest stick and long undercarriage your excavator can often do the work of a larger machine. A longer stick and standard undercarriage make it ideal for loading on-highway trucks and general construction jobs.

MAXIMIZING PRODUCTION WITH A MASS EXCAVATOR

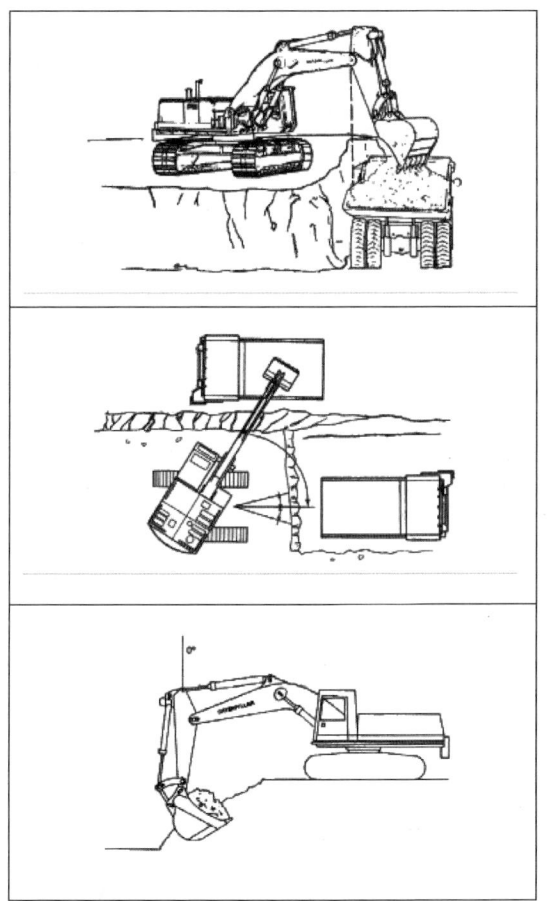

Ideal Bench Height and Truck Distance — For stable or consolidated materials, bench height should be about equal to stick length. For unstable materials it should be less. The most useful truck position is when the inside truck body rail is below the boomstick hinge pin.

Optimum Work Zone and Swing Angle — For maximum production, the work zone should be limited to 15° either side of machine center or about equal to undercarriage width. Trucks should be positioned as close as possible to machine centerline. Two alternatives shown here.

Best Distance from the Edge — The machine should be positioned so that the stick is vertical when the bucket reaches full load. If the unit is farther back, breakout force is reduced. If it is closer to the edge, undercutting may occur and time is wasted bringing the stick back out. Also, the operator should begin boom-up when the bucket is 75% of the way through the curl cycle. This should be as the stick nears the vertical position.

This example reflects the ideal situation. Not all points are usable on each job, but incorporation of as many of these points as possible will positively affect production.

SELECTING A MASS EXCAVATOR

Selecting a mass excavator model for optimum production requires matching the machine and bucket to the customer's production requirements, material, and haulers. The following 6-Step selection process will help you to consider the key factors which will impact machine selection. Failure to consider these key elements in the selection process may result in choosing a machine that is too small to efficiently handle the desired bucket size or to meet the production requirement. Selecting a mass excavator which is too large may lead to excessive loader wait time, creating excessive "load shocks" into the hauler, and/or overloading the hauler capacity.

Step 1
Determine the material type and bucket fill factor

Refer to the bucket fill factors table.

Example:
Average Blasted Rock = 75 to 90%

Step 2
Estimate the Cycle Time

Refer to the cycle time estimating chart.

Example:
$$\frac{\text{365B in Hard Rock Digging}}{\text{Shot Rock}} = .43 \text{ to } .52 \text{ minute}$$

Step 3
Calculate the Effective Cycles per Hour

Divide the 60 minute hour by cycle time and adjust for availability and efficiencies.

Example:

Cycle Time	0.48 minute
$\frac{60 \text{ minute hour}}{\text{Cycle Time}}$	$\frac{60}{0.48} = 125$
Operator Skill/Efficiency	0.9 (90%)
Machine Availability	0.95 (95%)
Gen Operational Efficiency	0.83 (50 min/hr)
Effective Cycles per Hour	$125 \times .9 \times .95 \times .83 = 89$

Step 4
Calculate the Required Bucket Capacity

Divide hourly production requirement by effective cycles per hour, adjust for material density and fill factor.

Example (Metric):

Hourly Production Required	500 Tons/hour
Effective cycles/hour	89

$$\frac{\text{Hourly Production Required}}{\text{Effective cycles/hour}} = \text{Required Payload} \quad \frac{500}{89} = 5.6$$

Material Density/Loose	1.6 Ton/m³

$$\frac{\text{Required Payload}}{\text{Material Density/Loose}} = \text{Bucket Payload Volume} \quad \frac{5.6}{1.6} = 3.5 \text{ m}^3$$

Fill Factor	0.85 (85%)

$$\frac{\text{Bucket Payload Volume}}{\text{Fill Factor}} = \text{Nominal Bucket Size} \quad \frac{3.5}{.85} = 4.1 \text{ m}^3$$

Example (English):

Hourly Production Required	550 tons/hour
Effective cycles/hour	89

$$\frac{\text{Hourly Production Required}}{\text{Effective cycles/hour}} = \text{Required Payload} \quad \frac{550 \times 2000}{89} = 12{,}360 \text{ lb}$$

Material Density/Loose	2700 lb/yd³

$$\frac{\text{Required Payload}}{\text{Material Density/Loose}} = \text{Bucket Payload Volume} \quad \frac{12{,}360}{2700} = 4.6 \text{ yd}^3$$

Fill Factor	0.85 (85%)

$$\frac{\text{Bucket Payload Volume}}{\text{Fill Factor}} = \text{Nominal Bucket Size} \quad \frac{4.6}{.85} = 5.4 \text{ yd}^3$$

Step 5
Select Mass Excavator for required bucket size

Refer to Performance Handbook to compare machine models and bucket ranges. Confirm bucket type, size, and maximum material density in Specalog for desired model.

Example:

Required bucket capacity approximately 4.1 m³ (5.4 yd³)

345B L Series II ME bucket capacity to 3.5 m³ (4.6 yd³)

365B L Series II ME bucket capacity to 5.3 m³ (6.9 yd³)

385B L ME bucket capacity to 5.6 m³ (7.3 yd³)

Best Choice 365B Series II with 4.0 m³ (5.2 yd³) Rock Bucket rated to 1.8 Ton/m³ (3000 lb/yd³) material density in Specalog

Important: Re-calculate Steps 2 - 5 based on cycle times of model selected.

Step 6
Select Haulers

General rule for matching trucks is based on number of cycles to fill the truck.

ME:	4 to 6 passes
Front Shovels:	3 to 5 passes

Example (Metric):

Bucket Selected	4 m³
Volume in 5 passes	5 × 4 × .85 = 17 m³
Payload	17 × 1.6 = 27.2 Tons
Consider weight of Liners	27.2 + 2 = 29.2 Tons

Suitable Truck Match Options:

735 with capacity	19.2 m³/31.8 t
769D with capacity	24.2 m³/37.9 t

Example (English):

Bucket Selected	5.2 yd³
Volume in 5 passes	5 × 5.2 × .85 = 22.1 yd³
Payload	22.1 × 2700 = 59,670 lb
Consider weight of Liners	59,670 + 4400 lb = 64,070 lb

Suitable Truck Match Options:

735 with capacity	25.1 yd³/70,000 lb
769D with capacity	31.7 yd³/83,570 lb

장비비의 계산

장비비는 월간 장비 사용료(월간 장비 손료와 유류비를 제외한 운영관리비) × 작업 개월(공정표의 Duration) / 작업 수량 = 단위 수량 당 장비 사용료.
유류비는 시간당 유류비 / 시간당 장비 작업량 = 단위 수량 당 유류비
상기 2가지의 합이 단위 작업당 장비비이다.

장비가 실제 작업하는 시간과 해당 작업을 위해 현장에 투입되는 시간은 다르다. 비가 오거나 휴일 또는 기타 사유로 작업이 중지되는 시간이 있기 때문이다. 장비 사용료는 현장에 투입되어 있는 동안 지출되는 비용이기에 이러한 장비 대기 기간까지 장비 사용 기간에 포함되는 것이다.
하지만 유류비는 가동 시간에만 소모되는 것이므로 시간당 작업량으로 쉽게 계산된다.

〈 노무비 〉

자재비, 장비비와 달리 해외공사에서 노무비의 산출은 구체적인 기준을 정하기 쉽지 않다. 노무 생산성이 지역마다 다르고, 지역에 따라 필요로 하는 Skill을 가진 인력 조달이 이루어지지 않아 타 지역 또는 3국인까지 동원해야 하기 때문이다.

생산성은 지역의 노동 문화, 노동 법규, 건설 인력의 숙련도에 많은 영향을 받는다.

> 1995년 스웨덴의 Driil & Blast 공법으로 굴착하는 터널 현장을 방문하여 작업팀 인원과 작업 방식을 보고 깜짝 놀랐던 기억이 있다. 현장의 작업 인원이 7명이었는데 7명이 터널 굴착의 모든 작업을 공동으로 수행하는 것이었다. Jumbo Drill 운전원이 천공 작업을 마치고 나서 장약 작업을 함께 하고, 발파 후에는 Dump Truck을 운전하여 버럭 처리를 하고 다시 천공 작업에 들어가기에 앞서 측량 작업까지 하였다.-당시 국내의 Jumbo Drill 운전원은 조수까지 거느리고 천공 작업 외에 다른 일은 쳐다보지도 않는 상황이었다- Wet Shotcrete Machine 조종원은 Loader를 운전하여 버럭 상차 작업을 하고 있었다. 터널 굴착단계별 작업을 오로지 7명의 작업원만으로, 모두가 함께 작업을 감당하는 방식은 국내 터널 작업 방식에 익숙했던 우리에게 충격에 가까운 신개념의 작업 방식이었다.

국내에는 터널 작업을 공동으로 하는 작업 개념이 없는 상태였고 터널 작업팀의 인원은 15명 내외로 스웨덴보다 배에 가까운 작업 인원 투입이 일반적이었다. 스웨덴 작업 인원의 임금 수준이 우리나라 인원보다 훨씬 높겠지만 이렇게 작업 인원의 효용을 높이는 작업 방식으로 경쟁력을 확보하였고 볼 수 있다.

여기에는 작업자의 Multi-Role을 보편적인 것으로 받아들이는 스웨덴 노동문화가 있기에 가능한 것이었다. 마치 우리나라의 '빨리-빨리' 문화처럼.

인력 작업이 위주인 구조물 공사는 작업 인원 구성과 생산성이 과제이다.
즉, 철근 가공조립, 거푸집 그리고 비계와 동바리 설치 해체, 콘크리트 타설 작업이다. 근래에 철근 가공용 Bending Machine, Eurform과 같은 시스템 거푸집과 조립식 동바리, Concrete Pump Car 등 작업 효율을 높이는 장비와 자재가 도입되어 인력의 투입을 줄이고 있다. 그러나 가공된 철근의 현장 조립, 거푸집과 동바리 조립, 설치 등은 여전히 인력 위주의 작업이 이루어지고 있다.

이들 구조물 작업 인력의 구성과 생산성은 현지 협력업체 혹은 현지 기술자를 통하여 정보를 얻는 것이 바람직하며, 가능하다면 작업 현장을 방문, 실사를 하는 것도 좋을 것이다. 다만 이러한 정보가 주관적인 관찰이므로 3개 이상 복수의 Source에서 얻도록 하여야 한다.

구조물 이외의 작업은 대부분 장비 위주로 이루어지고 인력은 장비 작업에 보조하는 역할로 생산성이 크게 문제가 되지 않으므로 작업의 성격에 따라 소요 인력을 계상하거나 국내 기준 × 1.3~2배 정도 적용하면 문제가 없을 것으로 보인다.

개발도상국 노동 문화의 경우 차이는 있으나 작업 공백 시간이라도 자신의 Skill 분야가 아닌 작업을 하지 않는 것을 당연하게 여기며 특히, 동남아 국가의 경우 작업자들의 체력이 국내와 차이가 있어 작업 속도가 떨어지고 더운 기후로 수시로 휴식이 필요하다. 이러한 현지의 노동 문화를 잘 파악하여 생산성을 높일 방안을 강구 하여 비용에 고려하는 것이 바람직하다.

노무비는 장비비와 달리 작업 전체 기간과 비례한 비용 산출이 불필요하며 작업에 투입되는 작업팀의 1일 작업량으로 투입되는 비용을 나누게 되면 단위 수량 당 노무비가 계산된다.

《 외주비 》

공사의 일부분을 외주 시행하는 것은 직접 시공하는 것보다 경제적으로 비교 우위에 있기 때문이다. 통상적으로 외주 계약 대상인 전문업체들은 특정 작업을 수행하기 위한 경험과 인력, 장비, 가설 자재 등을 보유하고 있으며, 반복적인 작업 수행은 작업의 전문성과 장비, 인력의 회전율을 높임으로써 비용 절감, 작업 수행의 신뢰성을 보여주는 것이 강점이다.

그러므로 원청사는 전문업체가 전문인 작업에 집중할 수 있도록 작업 환경을 조성하는 Support가 중요하다.
이는 특히 해외 Project에서 중요성이 높아지는데 국내 전문업체와 일을 하게 되는 경우 대형 원청사에 비하여, 전문업체는 현지에 관한 정보와 경험이 부족하므로 충분한 현지 정보를 제공하여야 한다.
특히 Mobilization에 필요한 각종 인허가와 세금 관련하여 친절한 자문 역할을 수행하는 것이 좋다.
어떤 경우든 협력회사의 손실은 Project에 부정적인 영향을 남긴다는 점을 새겨 두고 최선을 다해 Support 하기 바란다.

특별한 대형장비와 기술이 필요한 외주 작업은 다음과 같다.

- 지중공사 : 지하연속벽, Bored Pile, 연약지반처리
- 터널공사 : D&B 터널, TBM 굴착 터널, 수직구 터널
- 교량공사 : FCM/ILM/MSS/FSM 공법 상부 구조물, 사장교/현수교 상부 구조물
- 포장공사 : 콘크리트 포장
- 해상공사 : 준설/매립, 안벽공사
- 강구조물공사 : 강교 제작/설치

현재 도급순위 상위의 종합건설업체들은 직영 시공을 배제하고 모든 공사를 외주 시공하는 것을 당연하게 여기고 있다. 이를 뒷받침하는 논리로는 국내 직원 투입 최소화(국내 직원의 고임금은 유럽인들과 비슷한 수준)로 관리비 절감, 장비 보유로 인한 Risk(구입 자금, 장비 재사용 불확실, 장비 유지관리 비용) 회피, 인력 직접 고용과 관리 부담 해소 등이 있으나, 이로 인해 원청사 직원들의 직영 시공 능력 감퇴, 원가 경쟁력 상실 등 건설 회사로서 기본 역량 유지에 치명적인 문제들이 생겨났다.

때에 따라서 공사 수행 중 협력업체의 부도 혹은 공사비 조정 협상 실패로 타절하는 경우가 발생하는데 이런 경우 직영 시공 역량을 보유하고 있는 경우와 그렇지 못한 경우에는 그 결과에 큰 차이가 생겨난다.

협상은 누가 더 많은 패를 쥐고 있는가에 의해 자세와 결과가 달라진다.
협력업체 입장에서는 공사를 하는 것이 이익이 되는지 종합적으로 판단한다. 즉, 현장 작업에 원가 개선 여지가 있는지, 원청사와 원만한 관계 유지가 장기적으로 유익한지, 원청사가 대안이 없이 협력업체의 결정에 의존하고 있는지, 협력업체 내부적으로 장비와 인력 운용에 부정적인 영향 여부 등을 고려한다.
반대로 원청사 입장은 대체 가능한 타 업체가 있는지 혹은 직영 시공 전환이 가능한지, 그런 경우 원가 상승 폭은 어느 정도일지, 해당 작업의 비용 상승이 전체 원가에 미치는 영향이 감내할 만한 수준인지, 후속 Project 등 잠재적인 동반 관계를 Leverage로 활용할 수 있는지를 판단하여 협상에 나설 것이다.

시공 중 협력업체를 타절하는 상황은 Project Management에 가장 치명적인 Event로 공기와 원가에 부정적인 결과를 만듦으로써 사업의 실패를 예고하는 Signpost가 된다.

그러므로 Project 상황과 참여 대상 협력업체들의 상황을 고려하여 외주 계획을 수립한다. 협력업체 선정에 있어 판단의 기준은 비용과 신뢰성인데 현장 상황에 따라 2가지 요소의 비중이 달라진다.
하지만 해외공사에서 협력업체의 타절로 파급되는 부정적 결과가 국내보다 훨씬 크다는 점을 고려하여, 가능한 신뢰성에 더 큰 비중을 두기를 권고하는 바이다.
때문에, 전문업체에 견적 요청 시 공사비 외에 시공계획서, 공정표, 인원 장비 투입계획, 안전관리 계획, Mobilization 계획 등을 함께 요청하여 신뢰성을 검증하도록 하며 가능하면 시공 현장 방문 실사를 반드시 하는 것이 중요하다.

💡 Newcomer Strategy

싱가포르와 중동 산유국은 신규 Project를 지속적으로 발주하며 현지 진출 Merit를 높이고 있다. 이러한 국가에서 Project 수행 경험을 쌓고 현지 건설 환경에 익숙해진 원청사가 현지 진출을 원하는 새로운 협력업체를 불러들여 공사비를 절감하려는 전략이 Newcomer Strategy이다.

이 전략의 핵심은 현지 Project 경험이 풍부하고 사정에 밝은 원청사가 신규 진출 협력업체를 Support 하여 시행착오 없이 주어진 공사를 수행하도록 Lead 해야 한다는 것과 외주업체가 해외로 진출하여 공사를 수행할 수 있는 기술적, 재정적 역량을 보유하고 있어야 한다는 것이다.
두 가지가 맞물려, 외주업체는 사업 기회가 많아 유망한 국가로의 진출을 목적으로 Bottom Price를 제공하고, 원청사는 Bottom Price에서 더 손실이 발생하지 않도록 외주업체를 Support 하여 공사비 절감 목표를 달성하는 것이다.

중동 국가의 건설업체에 외주 견적을 요청하면 20~30%에 달하는 Overhead & Profit를 포함하는 것이 일반적이어서 국내나 제3국의 믿을 만한 건설업체를, 현지 시장 상륙이라는 당근으로 불러들일 수 있다면 저렴한 공사비로 Project 수행할 수 있는 좋은 대안이 되는 것이다.

간접공사비
(현장 관리비, Indirect Cost)

간접공사비(Indirect Cost)는 직접공사비(Direct Cost) 외에 공사를 수행하기 위하여 소요되는 제반 비용이다.

간접공사비는 Project 규모에 따라 전체공사비에서 차지하는 비중이 달라진다. 적은 금액의 Project여도 기본적으로 수행하는 업무는 별 차이가 없으므로 직원 투입을 줄이기 어렵다. 때문에, 상대적으로 직원 급여와 부대비용의 비중이 커지게 되는 것이다.

해외공사의 경우 특히 간접비 비중이 더욱 도드라지는데 그렇다고 개발도상국 현지 수준으로 직원의 급여 수준과 가설공사 수준을 낮출 수는 없다.
그렇기에 해외 Project에서 국내 건설업체의 간접비가 입찰 경쟁력에 미치는 영향을 고려하면 공사비 규모가 1억 불 이상이 되는 사업에 참여하는 것이 바람직하다.

간접공사비 다음과 같이 구성된다.

1) 준비작업(Preliminaries) or Temporary Facilities

- 현장 가설건물 설치/해체 비용으로 Engineer 사무실과 시공자의 사무실, 시험실, 식당, 창고 등이 포함되며 가설건물 인허가와 전력과 수도 인입, 오/하수처리 관련한 비용도 계상한다.

- 일반적으로는 Pre-Fabricated 조립식 건물이 건축비용이 저렴하고 공사 기간이 짧아 선호되는 편이나, 지역에 따라 조립식 건물 자재가 현지에서 생산되지 않아 수급이 어렵고 국내에서 조달하는 경우 운송과 국내 설치 인력 투입으로 비용과 공기 측면에서 조립식 건물의 Merit가 희석되게 된다.

> 베트남 하이퐁시 인근에서 신규 Project를 착수하였는데 위와 같은 상황이어서 현지의 보편적 건물 시공 방식인 시멘트 블록으로 현장 건물을 건축하였다. 국내에서 조립식 건물 자재를 수입하여 건축하는 것보다 비용이 저렴하였고 공사 기간도 비슷하였기에 만족하였으나 지붕의 단열 처리가 부족한 점과 국내산 조립식 건물에 비하여 품질과 미관 측면에서 떨어지는 것은 어쩔 수 없었다. 다만 현장 건물부지를 Right of Way 밖에 임차하였는데 부지 소유주가 공사 후 현장 건물의 인수의사를 밝혀 건물을 해체하는 수고를 면하고 임차 비용도 줄이는 소소한 Merit가 있었다.

- 현장 건물 Maintenance 비용
- 작업장 컨테이너 사무실과 간이 화장실
- 사무실 집기
- 공사 안내간판

2) 직원 급료

- 한국인 급료
  - 적용할 직급별 급여는 회사의 체계에 따라 다르겠지만 직급별 중간호봉을 기준으로

삼는 것이 바람직하며 급여 외 상여금, 국민연금, 의료보험료, 퇴직충당금 등 직원에게 주어지는 모든 혜택을 위한 비용이 급료 계산에 포함된다.

- **현지 직원 급료**
  - 현지 직원의 경우 Part 별로 Senior Engineer와 휘하에 다수의 Junior Engineer를 배치하여 작업 현장별로 투입하고 Senior Engineer가 통솔하도록 하는 것이 좋다. Senior Engineer의 경우 현장에 상주하는 것에 대하여 거부감이 있을 수 있으며 공사와 관련된 Letter 작성이나 계획 수립 등 사무실에서의 업무를 병행하는 것이 보통이다.
  - 따라서 Senior Engineer는 경력이 20년 이상이고 영어 문서 작성이 가능한 사람을 채용하는 것이 좋다. Salary가 다소 높을 수 있으나 가성비 측면에서 볼 필요가 있다.
  - 기본급에 1일 8시간 외 추가 1~2시간의 추가 근무를 포함하여 근로 계약을 체결한다. 공사 여건에 따라 휴일근무수당 등이 계속적으로 발생하는 경우 예산에 반영하도록 하고, 현지 노동법이나 관행에 따라 상여금이나 퇴직충당금, 고용자 분담 의무가 있는 건강, 연금 보험료 등도 포함한다.
  이러한 사회보장보험에 대한 고용자 분담 의무 규정은 국가별로 상이하므로 현지의 노동 규정에 대하여 사전 조사하여 고려하여야 한다.
  또한 매년 정기 급여 인상분도 현지의 규정에 따라 계상한다.

- **3국인 급료**
  - 3국인의 채용은 주로 특정 분야의 Expert나 Specialist를 대상으로 하는 것이 일반적이다. 예를 들면 Contract Expert, Safety Manager, Tunnel Specialist 등이다. 영연방 국가 출신들이 주류를 이루고 있다
  - 이들에 대한 고용계약은 현지인과 다른 별도의 사항들이 포함되는데 정기 휴가, 주거와 식사, 의료보험, 사회보장세 등에 대한 구체적인 책임이 명시되어야 한다. 한국 직원과 동등한 수준이면 무리가 없다.
  - 근무해야 하는 국가별로, Position 별로 차이가 있지만 10~20천 불 수준에서 채용이 가능하다.

- 급료를 산정하기 위해서는 사전작업이 필요하다. 현장 조직도와 월별 인원 투입 계획이 작성되어야 이를 근거로 직원들의 급료를 계산할 수 있다.

- 현장 조직도는 사업의 규모와 내용에 따라 다르지만 기본 조직의 틀은 유사하다. 공무, 공사, 품질, 안전, 환경, 관리 조직으로 구성된다.
  공무는 문서관리를 포함한 대 발주처 행정업무, 계약 관리, 공정관리, 기성 신청, 원가관리, 대본사 업무를 담당한다.
  공사는 공사 내용에 따라 도로, 교량, 터널 Part 등으로 나뉘어진다. 관리는 자금, 노무, 자재, Public Relation 등의 업무로 세분된다.
  공무, 공사, 관리 Part Head는 주로 한국인이 투입되고 나머지는 사정에 따라 현지인 또는 3국인으로 채워지는데 꼭 한국인이 필요한 Position이 아니면 현지인 또는 3국인을 고려하는 것이 바람직하다.

3) 경상비

- 복리후생비
  - 복리후생비의 구성 내용은 주거비, 식대, 현지 의료보험 및 의료비 그리고 현지의 문화와 관행에 따른 직원들의 복지를 위한 비용과 회식 비용을 반영하기도 한다.
  - 한국 직원의 경우 현장에서 침식을 제공하며 현지인과 3국인의 경우 현장 상황과 고용계약에 따라 달라진다. 예를 들면 싱가포르 같은 경우, 현장 주변에서 침식 가능하므로 고용계약에 포함하며, 댐 공사 현장 같이 도시에서 떨어져 있는 경우 현장 침식 제공으로 고용계약을 하는 것이 보통이다.
  - 한국인의 경우 국내 의료보험이 해외에서 적용되지 않으므로, 이에 대한 대안을 마련하여 관련 비용을 계상하여야 한다. 현지 의료보험 비용과 치료 비용을 고려하거나 국내와 비슷한 수준의 외국인 의료보험에 가입하는 방안 아니면 보험 가입 없이 치료비를 계상하는 방안이 있다.

- 여비 교통비
  - 직원들의 현장부임, 휴가, 출장 비용으로 회사의 관련 규정에 따라 편성한다.

- 통신 및 시설비
  - 전화, 휴대폰, 인터넷 비용
  - 사무실 LAN과 Server 설치 및 유지관리비
  - 본사와 인터넷 전용 Line 설치비
  - 인터넷과 휴대폰 서비스가 제공되지 않는 지역의 경우 해당 지역에 서비스를 제공하는 위성 인터넷망을 찾아 가입함으로써 해결할 수 있다.

- 수도 광열비
  - 전기, 수도 요금(직원 숙소 포함)
  - 난방이 필요한 경우 유류비

- 지급 수수료
  - Work VISA Fee
  - 착공식, 준공식 행사 비용
  - 세무 컨설팅 비용

- 지급 임차료
  - 공사용 차량 렌트비
  - 사무실 및 숙소 임차비

- 소모품비
  - 컴퓨터, 노트북, 프린터, 복사기 등 OA 기기 구입과 유지관리비
  - 사무용품, 전산용품, 기타 사무실용품 구입비

- 도서 인쇄비
  - 도면, 보고서 인쇄비
  - News Paper, 기술 잡지 구독 비용
  - 현장 도서 구입비

- 기술개발비
    - 공정관리 Program(Primavera Project Planner or MS-Project) 구입비
    - 3D Modeling 비용
    - 동영상 촬영 & 제작 비용

- 교육훈련비
    - 세미나 등 교육 참석 비용
    - 직원 Orientation, 현지 직원 국내 연수 비용
    - 어학(현지어/영어) 교육 지원

- 차량 유지비
    - 차량 유류비
    - 차량 구입의 경우 유지관리비와 보험료

- Others
    - 하자 보수비
    - Rapport 활동비 : 발주처 또는 Project에 영향을 미치는 관계자와 우호적인 관계를 구축하는데 필요한 활동비이다. 친숙한 대인 관계는 사업 진행에 부정적인 감정의 개입을 줄일 수 있기 때문이다. 대인 관계의 기본은 만남과 함께 시간을 보내는 것이기에 이와 관련한 식대, 운동비용 등의 지출을 고려하는 것이 필요하다.

- Bank Bond Fee
    - Project 관련하여 발주자에게 제출하는 Bond는 Performance Bond, Advance Payment Bond, Retention Bond 3가지이다.
    - Bond Fee는 은행에서 Bond를 발행에 따른 수수료로서 다음과 같다.
    수수료 = 보증금액 × 수수료율 × 보증기간
    보증금액 : P-Bond는 계약금액의 10%가 통상적인 비율이고, AP-Bond와 Retention Bond는 계약에 명시하는 비율에 따라 정해진다.
    수수료율 : 은행에 따라 제시하는 요율이 다르므로 복수 이상의 견적을 받아 선택하

는 것이 좋다.
한국수출입은행이 상대적으로 낮은 수수료율을 요구하는 것으로 알려져 있다.

이러한 수수료율은 보증이 필요한 건설 회사의 신용도와 시공역량 평가에 따라 달라질 수 있다. 다시 말하면 국내 도급순위가 10위 안으로 신용등급이 높은 회사와 그렇지 못한 회사는 같은 Project라 하여도 은행에서 각각 요구하는 Bond 수수료율이 같지 않다는 것이다.

이는 발주자가 'Bond Call'을 하였을 경우 Bond를 발급한 은행은 보증한 금액을 발주자에게 지급하고, 시공 회사에 구상권을 청구하기 때문이다. 은행이 보증한 금액의 지급만을 책임지는 것이지 보증금액에 대한 책임을 지는 것이 아니기 때문에 은행에서는 구상권 청구 대상인 건설 회사의 재정 건전성이 수수료율 결정 기준이 되는 것이라 볼 수 있다.

보증기간 : P-Bond의 경우 공사 준공 후 반환되는 경우와 하자 이행 기간(Defect Liability Period)까지를 포함하는 계약으로 구분되는데 전자의 경우 하자 이행을 Retention Bond로 보증하고 후자는 P-Bond로 하자 이행을 보증하는 것으로 이해할 수 있다.

AP-Bond의 경우 공사 진행에 따라 Advance Payment가 상환되므로 일정 기간 후 잔여 금액에 대한 AP-Bond로 대체하여 Bond 비용을 절감하는 것이 바람직하다.

- 발주자가 자국 내 은행에서 발행하는 Bond를 요구할 경우가 있는데 현지 은행들은 생소한 외국 건설 회사에게 우호적인 수수료율을 적용하지 않는다.

그러므로 국내 은행에서 현지 은행이 발행하는 Bond에 대한 지급보증 제공하는 '복보증' 형태로 Bond 발급을 진행하는 것이 유리하다. 이 경우의 수수료율이 현지 은행 단독 발행 수수료율보다 저렴하여 많이 채택하고 있다.

Casecnan Hydropower Project in Philippines

1995년 4월 필리핀에서 대형 수력발전소 건설 Project 수주를 추진하고 있던 유원건설은 법정관리에 들어가게 된다.
회사가 혼란에 빠지면서 물 건너간 듯하던 Project가 1995년 6월 한보그룹에서 유원건설을 인수하며 다시 수주 목표로 올라오게 된다.

Project의 Owner 겸 발주자는 미국의 Independent Power Producer인 California Energy로 필리핀 정부로부터 수력발전 사업권을 획득하였다.
유역변경식 발전으로 장대 터널이 중점 작업이었기 때문에, 발주자는 Project에 필요한 ø6.5m Tunnel Boring Machine을 보유하고 있고 터널 경험이 풍부한 유원건설과 이탈리아 터널 전문 건설업체를 대상으로 사업제안서를 받아 비교, 검토 중이었으나 상대적으로 저렴한 공사비를 제안한 유원건설을 염두에 두고 있었다.

하지만 투자 사업의 발주자로서, 입찰 과정 중에 Bankrupt 되었던 유원건설의 재정 상태에 대하여 걱정을 하지 않을 수 없었기에 계약을 앞두고 입찰서에 명시된 10% Performance Bond 대신 계약금액의 50%를 Standby Letter of Credit (L/C)로 요구하게 된다.

Standby L/C는 은행에서 고객의 계약 이행을 보증하는 신용장으로 고객이 계약 이행을 하지 못하게 되면 상대방은 신용장을 근거로 보증금액을 청구할 수 있게 되는데 이때 고객이 아닌 Standby L/C를 발행한 은행이 채무 주체가 되는 신용장이다.

통상적이지 않은 이행 보증의 요청이었으나 계약서에 보증 청구가 가능한 조건이 시공자의 Bankruptcy로 인한 Termination뿐이었기에 유원건설의 주거래 은행인 제일은행도 Standby L/C 발급을 수락하고 한보건설(계약 과정에서 유원건설은 한보건설로 회사명이 변경됨)은 1995년 9월에 235백만 불 금액의 Project 계약에 서명하게 된다.

공사가 한참 진행되고 있던 1997년 3월, 한보철강에서 시작된 부도 사태를 시작으로 한보그룹 전체가 파산하는 상황으로 전개되고 정부와 주거래 은행인 제일은행은 한보그룹 부도 사태로 한보건설이 진행하고 있던 국내, 외 Projects의 중단과 이에 따른 후폭풍을 차단하고자 신속하게 한보건설을 부도처리하고 법정관리를 결정하게 된다.

제일은행에서는 한보건설의 Projects 중 가장 대규모였던 필리핀 Casecnan Hydropower Project 발주처를 방문하여 국내의 법정관리 제도가 회사를 정상적으로 돌려놓기 위한 것임을 설명하고 모든 업무와 공사 수행이 정상적으로 진행될 것이며 그렇게 되도록 은행에서 공사에 필요한 자금 지원을 할 것임을 약속하였다.

발주자는 은행 측의 약속에 대한 표시로 향후 6개월간 필요한 자재를 현장에 반입하라고 요구하였고, 언급된 공사용 자재의 현장 반입이 이루어진 1997년 6월 Termination 통보와 Standby L/C Call을 실행하였다.
이어서 Termination으로 인한 Project 손실이 보증금액인 117.5백만 불을 상회한다며 한보건설을 상대로 소송을 제기하였다.

Project가 시공자 귀책 사유로 Termination 되어도 이로 인해 발주자에게 발생한 실제 피해 금액만이 보증금액에서 취할 수 있고 나머지 금액은 돌려줘야 하기에 발주자는 자신들의 피해를 부풀리기 위한 방어책으로 추가 손실 청구 소송을 제기한 것이다.
소송은 미국에서 진행되었는데 제일은행은 Termination 전에 현장에 대거 투입한 자재 비용과 미 수금된 기성 그리고 현장에 압류된 TBM 등을 근거로 현지의 유명 건설 분쟁 전문 Law Firm을 동원하여 손실 금액을 최소화하기 위하여 노력하였으나 이미 넘어간 보증금액을 회수하지는 못하였다.

발주자인 California Energy는 Standby L/C Call과 함께 보증금액을 초과하는 손실에 대한 소송을 제기하며 미국의 유명 Security 회사를 동원하여 Project 현장을 점거하였다. 새벽에 숙소에 들이닥친 경호업체 직원들은 군인과 같은 복장에 권총을 허리에 차고 직원들에게 숙소의 개인 소지품을 가지고 현장에서 나갈 것을 강제하였다. 사무실에는 일체 접근을 금지하였고, 현장 차량도 이용할 수 없어 경호업체가 제공한 버스를 타고 마닐라 지사로 철수하는 수밖에 없었다.

이 모든 것이 발주자의 치밀한 계획으로 미국에서 진행되는 소송에서 자신들이 유리하도록 현장 서류 일체를 압류한 것이다. 유원건설과 제일은행은 실제 소송 진행 과정에서 근거 자료 부족으로 많은 어려움이 있었고 결국 원하던 결과를 얻지 못했다. 이 모든 것이 발주자의 치밀한 계획으로 미국에서 진행되는 소송에서 자신들이 유리하도록 현장 서류 일체를 압류한 것이다. 유원건설과 제일은행은 실제 소송 진행 과정에서 근거 자료 부족으로 많은 어려움이 있었고 결국 원하던 결과를 얻지 못했다.

- Insurance
  - Project 시공 중 발생할 수 있는 위험에 따른 손실을 보상해 주는 보험은 계약에서 요구하는 범위와 시공자가 필요하여 선택하는 추가 범위로 구분되며, 이들 손실에 대한 보장 한도에 따라 보험 금액이 달라진다.
  - 요즘은 Construction All Risk 보험으로 공사와 관련된 모든 위험에 대비하는 것이 일반적이나 이러한 All Risk Policy에서도 특별약관이 있으므로 필요 여부를 생각해서 선택하여야 한다.
  - 보험 가입은 손실 발생 시 이를 제대로 보상받는 것이 중요하므로 해외공사일지라

도 국내 보험회사나 글로벌 보험회사 국내 지점을 통하여 가입하는 것이 보상 청구 시 유리하다.

그러므로 보험의 보장 조건과 가입 금액에 대하여 3개 이상 국내 보험회사 제안서를 받아서 비교하여 결정하는 것이 바람직하다.

- **Tax and Duty**
  - 기본적으로 Duty는 자재비에 포함되므로 여기서 Duty는 간접공사비와 관련한 자재의 수입에 적용된다. 예를 들면 조립식 가설건물 자재를 수입하는 경우이다.
  - 법인세(Corporation Income Tax)는 현지 Project 법인의 소득에 대한 세금으로 소득 원천지 부과원칙에 따라 현지 세무 당국에 납부한다.

    이렇게 현지에서 납부한 법인세는 국내의 외국 납부세액 공제 제도에 의거 본사가 납부하는 법인세에서 공제된다. 그러나 여기에는 공제 한도가 있다. 즉 국내 법인세율을 초과하는 외국 납부 법인세액은 공제 대상에서 제외되는 것이다.

    현행 국내 법인세율이 25%인데 외국에서 30%의 법인세율에 의거 법인세를 납부하였다면, 국내 법인세율 25%를 초과하는 5%는 공제가 되지 않는 것이다. 따라서 이 경우 5%에 해당하는 금액은 Project 비용으로 계상되어야 한다.
  - 개인소득세(Personal Income Tax)는 개인이 현지에서 얻은 소득에 부과하는 세금으로 내, 외국인 모두에게 적용된다.
  - 외국인이 현지에서 장기간 체류하며 일을 하는 경우 Work Visa를 받아야 하며 외국인 근로자로 인식되게 된다.

    대부분 국가에서 국내와 비슷한 소득금액에 비례하여 세율이 높아지는 차등세율을 적용하는데 한국인의 급여가 개발도국 현지인의 소득보다 높은 것에 비례하여 높은 세율이 적용되고, 한국인 전체인원으로 계산하면 적지 않은 금액이 된다.

    이 또한 외국 납부법인세와 같이 국내에서 공제해 주는데 당해 연도 소득세액 내로 공제 한도가 제한되므로 이를 초과하는 현지 납부 개인소득세는 간접공사비에 계상되어야 한다.
  - 개인소득세 산정 시 급여 외에 회사에서 제공하는 숙소와 식사 등 복지 사항도 금액으로 환산하여 과세 대상 금액으로 보는 지역도 있다.

- 현지인과 3국인 개인소득세는 근로 계약 시 개인의 책임으로 정하는 것이 일반적이다.
- 부가가치세(Value Added Tax)는 모든 거래에 부과되는 조세로 일반적으로 계약 금액에 포함되며 건설 기간 중 기성금액과 함께 지급된다. 이것이 매출 부가가치세이다.

공사 중 자재나 외주공사비 또는 용역의 대가를 지급할 때 거래에 따른 부가가치세를 함께 지급하는데 이를 매입 부가가치세라고 한다.

부가가치세는 판매자 납부 세금으로 영업 활동으로 수령한 부가가치세 금액과 지급한 부가가치세의 차액, 즉 매출 부가가치세와 매입 부가가치세의 차인 금액을 세무서에 납부하면 된다.

따라서 세무서에 납입 부가가치세 금액 확정을 위한 세무 자료를 신고하는데 개발도상 국가 세무 행정 관행상 매입 부가가치세 자료의 일부를 인정하지 않는 경우도 있다. 이러한 세무 자료 부인율이 10%라고 가정하면, 계약금액 1,000억 원의 Project이고 VAT 세율이 10%라면 100억 원이 매출 부가가치세이고 매입 VAT 규모가 70억 원 정도 된다고 보면 30억 원을 부가가치세로 납부하면 될 것을, 매입 부가가치세 금액의 10%를 인정받지 못하면 7억 원 정도의 금액을 추가하여 37억 원을 세무서에 납부해야 하는 것이다.

견적 시 적용하는 모든 자재비, 장비비, 외주비 등은 부가가치세가 포함되지 않은 상태이므로 매입 부가가치세를 인정받지 못하는 경우 견적금액 외 추가 지출하는 결과가 되어 Project의 손실로 직결된다.

그러므로 현지 조사 시 이러한 세무 관행을 파악하여 피할 수 없다면 비용으로 산입하는 것을 고려하여야 할 것이다.

> 💡 신규 진출 국가라면 현지의 유명 세무 컨설팅 회사를 찾아보자. 보통 PwC, KPMG, Deloitte, Ernst & Young 등은 웬만한 국가에 다 자회사를 운영하고 있다. Project 내용을 알려주고 어떤 형태의 현지 법인이 세무적으로 유리한지 자문받는 것이다.
> 또한 실제 세무 행정상 현지 관행(특히 세무서의 지출 증빙 부인과 협의 형태)과 세무적 Risk 그리고 관세와 통관에 대해서도 상세한 자문받는 것이 바람직하다. 물론 약간의 비용이 들겠지만, Project 수행 시 세무 자문 계약 가능성을 언급하며 Negotiation해 볼 것을 강추한다.

- 지급이자
  - Project 수행에 필요한 금융 비용
  - 공사 수행에 투입되는 비용 지출(Cash Out)과 공사의 대가로 지급받는 기성금(Interim Payment) 수령(Cash In) 사이에는 2~3개월의 시간적 격차가 있게 되므로 자금의 선 투입을 위한 차입이 필요하고 이에 따른 금융 이자가 발생한다. 대부분 계약 조건에 따라 10% 이상의 선수금이 지급되지만, 공사 내용과 수행 방법에 따라 선수금보다 더 많은 금액이 Mobilization에 필요하게 될 수도 있다.
  - 공정 계획을 Base로 월별 자금 지출과 수입을 산정하여 Cash Flow를 작성하게 되면 자금 차입 규모와 기간에 따른 금융 이자를 계산할 수 있다.
  - 현장에서 공사 자금의 차입 Source는 현지 은행 혹은 본사이다. 환차와 과실 송금의 절차상 어려움 등으로 현지 은행 차입이 대부분이지만 국내 대비 고율의 이자 부담이 있는 점을 염두에 두어야 한다. 보통 현장 소장 Power of Attorney는 현장 소장의 권한 사항으로 은행 차입을 포함하는 것이 일반적이다.

- 간접공사비 집계표 예시

Project: EW2, Singapore

No	Items	Amount	%	Remarks
A	Preliminaries	775,980	2.37%	
	Sub-total	775,980	2.37%	
B	직원급료			
1	한국인 급료	6,373,512	19.43%	
2	현지직원 급료	2,203,039	6.72%	
3	3국인 급료	9,199,029	28.04%	
	Sub-total	17,775,580	54.19%	
C	경상비			
1	복리후생비	3,308,961	10.09%	
2	여비 교통비	360,397	1.10%	
3	통신비	808,450	2.46%	
4	수도광열비	350,000	1.07%	
5	지급 수수료	2,223,094	6.78%	
6	지급 임차료	2,675,940	8.16%	
7	소모품비	812,408	2.48%	
8	도서인쇄비	240,000	0.73%	
9	기술개발비	338,578	1.03%	
10	교육훈련	53,800	0.16%	
11	차량유지비	234,890	0.72%	
12	하자보수	1,382,558	4.21%	
13	Bank Warranties	1,246,500	3.80%	
14	Insurance	90,500	0.28%	

15	Tax and duties	32,159	0.10%	
16	지급이자	95,000	0.29%	
	Sub-total	14,253,235	43.45%	
	Grand Total	32,804,795	100.00%	

간접공사비 산출내역

Project: EW2 - Singapore
Time for Completion 50 months

891.05
1,145.00
0.78

No.	구분	단위	수량	U/Price	Description	Reference	금액(S$) 32,804,795
1. Preliminaries							775,980
	Contractor's Office with Canteen	LS	1			913 현장 실적치	-
	Maintanance Cost for Contractor's Office	Mon	47	2,000.00		913 현장 실적치	94,000
	Engineer's Office with Furniture	LS	1			913 현장 실적치	-
	Portable toilet	LS	1	66,880.00	4개소 · 44개월 / 380$	913 현장 실적치	66,880
	Container (40'x8') toilet	LS	1			913 현장 실적치	-
	Project Signboard	ea	2			913 현장 실적치	-
	Concrete barrier	m	400	130.00		913 현장 실적치	52,000
						913 현장 실적치	-
						913 현장 실적치	-
						913 현장 실적치	-
	Warehouse	LS	1		ACLOffice 비교표(External)	913 현장 실적치	-
	Safety, Health & Environment Management	LS	1	80,000.00	C913 기준	913 현장 실적치	80,000
	Clean water connection	LS	1			913 현장 실적치	-
	Waste water connection	LS	1			913 현장 실적치	-
	External electrical connenction	LS	1		ACLOffice 비교표(External)	913 현장 실적치	-
	Site area maintenance	Mon	50	2,000.00		913 현장 실적치	100,000
	Bulk trash bin	LS	1	246,000.00	1,500 X 4 (41mon)	913 현장 실적치	246,000
	Littering for Public Road	Mon	44	200.00	1,000 X 2 대 X 41 mon	913 현장 실적치	8,800
	Dewatering	LS	1	413.00		913 현장 실적치	-
	Trial Hole	ea	100			925 현장 실적치	41,300
	Cable Detector	LS	1	87,000.00		925 현장 실적치	87,000
1.12 Office furnitures				※ 감가상각 100% 반영			
3.5-1	Desk + Pedestal	ea	73	350.00		913 현장 실적치	
3.5-2	Chair	ea	73	200.00		913 현장 실적치	
3.5-3	Printer Table (1000x450x1000)	ea	18	250.00		913 현장 실적치	
3.5-4	Conference table (15인)	ea	5	2,000.00	4 people for one	913 현장 실적치	
3.5-5	Opening Book Shelve (2000x1600x300)	ea	18	600.00	15 people for one	913 현장 실적치	
3.5-6	Filling Cabinet	ea	18	700.00	4 people for one	913 현장 실적치	
3.5-7	White Board	ea	12	300.00	6 people for one	913 현장 실적치	
3.5-8	Chair for conference table	ea	73	85.00		913 현장 실적치	
3.5-9	Conference table (6인)	ea	5	500.00	15 people for one	913 현장 실적치	
3.5-10	Sofa Set	Set	5	2,000.00	15 people for one	913 현장 실적치	
3.5-11	Refrigerator	ea	5	3,500.00	15 people for one	913 현장 실적치	
3.5-12	Cleaning Machine	ea	5	2,000.00	15 all for one	913 현장 실적치	
3.5-13	Cloth Cabinet	ea	19	500.00	4 people for one	913 현장 실적치	
3.5-14	TV	ea	3	4,000.00	30 all for one	913 현장 실적치	
3.5-15	Misc. (비품비의 20%)	LS	1	0.00		913 현장 실적치	

0.78

No.	구분	Description	단위	수량	U/Price	Description	Reference	금액(S$)
2.1 GS : 12인			MM	538		투입계획 참조		6,373,512
2.1-1		Project Manager	MM	50	12,193.47		급여기준 참조	609,674
2.1-2		Construction Manager	MM	50	10,801.86		급여기준 참조	540,093
2.1-3		Tunnel Manager	MM	31	10,386.62		급여기준 참조	321,985
2.1-4		Tunnel M&E Manager	MM	31	10,386.62		급여기준 참조	321,985
2.1-5		Senior Engineer (Civil)	MM	47	10,386.62		급여기준 참조	488,171
2.1-6		Adit / SCL Manager	MM	40	9,211.97		급여기준 참조	368,479
2.1-7		Chief Planning Manager	MM	50	10,801.86		급여기준 참조	540,093
2.1-8		Costing Manager	MM	50	7,704.39		급여기준 참조	385,219
2.1-9		Design (Bored Tunnel)	MM	50	10,801.86		급여기준 참조	540,093
2.1-10		Senior Personnel (M&E)	MM	42	9,211.97		급여기준 참조	386,903
2.1-11		Admin Manager	MM	50	9,211.97		급여기준 참조	460,599
2.1-12		Safety Manager	MM	47	7,704.39		급여기준 참조	362,106
2.1-13		퇴직금여충당금	LS	1	814,786.02	총 급여의 15.3% 적용		814,786
2.1-14		급료인상분 (착공 당해년도 제외)	LS	1	233,327.03	년 평균 급여의 5%		233,327
2.2 현지인(상가포르) : 7인			MM	310		투입계획 참조		2,203,039
2.2-1		PRO	MM	50	6,500.00		급여기준 참조	325,000
2.2-2		Adit / SCL Engineer	MM	16	6,500.00		급여기준 참조	104,000
2.2-3		Coordinator Manager(Civil)	MM	50	8,000.00		급여기준 참조	400,000
2.2-4		QS Manager	MM	50	6,500.00		급여기준 참조	325,000
2.2-5		Assistant Account	MM	44	5,500.00		급여기준 참조	242,000
2.2-6		Safety & Officer 1	MM	50	6,500.00		급여기준 참조	325,000
2.2-7		Safety & Officer 2	MM	50	4,500.00		급여기준 참조	225,000
2.2-8		연말 상여 (Year-end bonus)	LS	1	183,091.40	년간 한달 급여 지불분(급여총액/총MM) x 연 x 인원수		183,091
2.2-9		급료인상분 (착공 당해년도 제외)	LS	1	73,948.00	년 평균 급여의 5%		73,948
2.3 삼국인 : 54인+6인				2,095		투입계획 참조		9,199,029
2.3-1		ECO	MM	50	5,500.00		937 기준	275,000
2.3-2		QA/QC Manager	MM	39	5,500.00		937 기준	214,500
2.3-3		QA/QC Engineer	MM	13	3,500.00		937 기준	45,500
2.3-4		Safety & Health Supervisor	MM	50	4,500.00		937 기준	225,000
2.3-5		Safety & Health Supervisor	MM	50	3,500.00		937 기준	175,000
2.3-6		Safety & Health Supervisor	MM	25	2,500.00		937 기준	62,500
2.3-7		Safety & Health Supervisor	MM	27	2,500.00		937 기준	67,500
2.3-8		Resident Surveyor	MM	50	4,500.00		937 기준	225,000
2.3-9		Resistered Surveyor	MM	50	3,500.00		937 기준	175,000
2.3-10		Licenced Electrician	MM	50	3,500.00		937 기준	175,000
2.3-11		Licenced Cable Detector	MM	12	2,500.00		937 기준	30,000
2.3-12		Shift Engineer 1	MM	27	5,500.00		937 기준	148,500
2.3-13		Shift Engineer 2	MM	27	5,500.00		937 기준	148,500
2.3-14		Shift Engineer 3	MM	27	5,500.00		937 기준	148,500
2.3-15		Shift Engineer 4	MM	27	5,500.00		937 기준	148,500
2.3-16		Shift Engineer 5	MM	27	5,500.00		937 기준	148,500

0.78

No.	구분	단위	수량	U/Price	Description	Reference	금액(S$)
2.3-17	Shift Engineer 6	MM	27	5,500.00		937 기준	148,500
2.3-18	TBM Supervisor	MM	31	4,500.00		937 기준	139,500
2.3-19	Engineer (Mech)	MM	39	3,500.00		937 기준	136,500
2.3-20	Engineer (Elec)	MM	39	3,500.00		937 기준	136,500
2.3-21	Slurry Plant Manager	MM	39	5,500.00		937 기준	214,500
2.3-22	Slurry Plant Technician	MM	39	3,500.00		937 기준	136,500
2.3-23	Slurry Engineer	MM	39	3,500.00		937 기준	136,500
2.3-24	Senior Engineer(Structure)	MM	24	5,500.00		937 기준	132,000
2.3-25	Senior Engineer(Structure)	MM	24	3,500.00		937 기준	84,000
2.3-26	Adit / SCL Engineer	MM	16	2,500.00		937 기준	40,000
2.3-27	Senior Engineer(Geotechnical)	MM	13	5,500.00		937 기준	71,500
2.3-28	Geologist	MM	39	3,500.00		937 기준	136,500
2.3-29	Technician (PLC) 1	MM	39	3,500.00		937 기준	136,500
2.3-30	Technician (PLC) 2	MM	39	3,500.00		937 기준	136,500
2.3-31	Site Supervisor	MM	24	2,500.00		937 기준	60,000
2.3-32	Adit/SCL Foreman	MM	24	2,500.00		937 기준	60,000
2.3-33	Instrumentation Manager	MM	39	5,500.00		937 기준	214,500
2.3-34	Instrumentation Engineer	MM	13	3,500.00		937 기준	45,500
2.3-35	Site Supervisor	MM	15	2,500.00		937 기준	37,500
2.3-36	Q'ty Surveyor	MM	50	3,500.00		937 기준	175,000
2.3-37	Q'ty Surveyor	MM	50	2,500.00		937 기준	125,000
2.3-38	Assistant Cost Controler	MM	44	3,500.00		937 기준	154,000
2.3-39	Programming Planner	MM	50	5,500.00		937 기준	275,000
2.3-40	Assistant Scheduler	MM	43	3,500.00		937 기준	150,500
2.3-41	Design Manager (SCL)	MM	15	5,500.00		937 기준	82,500
2.3-42	Risk Management Facilitator	MM	50	5,500.00		937 기준	275,000
2.3-43	Senior Personnel (Tunneling)	MM	25	5,500.00		937 기준	137,500
2.3-44	Senior Personnel (Civil)	MM	25	5,500.00		937 기준	137,500
2.3-45	Senior Personnel (Arch)	MM	25	5,500.00		937 기준	137,500
2.3-46	Project Coordination (Civi)	MM	25	5,500.00		1. Preliminaries	
2.3-47	Project Coordinator(Arch)	MM	12	3,500.00		1. Preliminaries	
2.3-48	Project Coordinator(M&E)	MM	13	5,500.00		1. Preliminaries	
2.3-49	CAD Operator 1	MM	50	2,500.00		937 기준	125,000
2.3-50	CAD Operator 2	MM	50	2,500.00		937 기준	125,000
2.3-51	Procurement Officer	MM	50	3,500.00		937 기준	175,000
2.3-52	Personal Officer	MM	50	2,500.00		937 기준	125,000
2.3-53	Secretary	MM	50	2,500.00		937 기준	125,000
2.3-54	Secretary	MM	39	2,500.00		937 기준	97,500
2.3-55	Driver	MM	50	2,500.00	18,000	937 기준	125,000
2.3-56	Direct Labor	MM	216	2,500.00	4인 x 54 = 216MM	투입계획 외 별도	540,000
2.3-57	Legal Advisor	LS	1	300,000.00		투입계획 외 별도	300,000
2.3-58	연말 상여 (Year-end bonus)	LS	1	903,833.53	납품 담당 급여 지급분	투입계획 외 별도	903,834
2.3-59	급료인상분 (착공 당해년도 제외)	LS	1	292,695.00	년 평균 급여의 5%		292,695

No.	구분	단위	수량	U/Price	Description	Reference	금액(S$)
							14,253,235
3. 경상비							
	간접원급료 : N/A (한국인기능직원 미투입)						-
							-
1. 복리후생비							3,308,961
3.2-1	식대 (한국직원)	MM	538	1,350.00	15 S$ × 3 식 × 30 days	913 현장 실적치	726,300
3.2-2	식대 (현지인+삼국인)				N/A		-
3.2-3	간식대 (한국직원)	MM	538	180.00	6 S$ × 1 참 × 30 days	913 현장 실적치	96,840
3.2-4	간식대 (현지인+삼국인)	MM	2,405	52.00	2 S$ × 1 참 × 26 days	913 현장 실적치	125,060
3.2-5	회식대 (한국직원)	MM	538	60.00	60 S$ × 1 회/인/월	913 현장 실적치	32,280
3.2-6	회식대 (현지인+삼국인)	MM	2,405	60.00	60 S$ × 1 회/인/월	913 현장 실적치	144,300
3.2-7	수수 및 음료 (열대기준 - 한국+현지+삼국)	MM	2,943	60.00	60 S$ × 1 회/인/월	913 현장 실적치	176,580
3.2-8	작업복 (전직원)	men	73	240.00	120 S$ × 2회/인	913 현장 실적치	17,520
3.2-9	침구 (열대) (한국직원)	men	12	8,432.20	100 S$ × 2회/인/월	913 현장 실적치	101,186
3.2-10	기념품대 (한국직원)	LS	1	33,668.14	직원 복지카드 연 60만원 (12인 × 년 × 60만원)	913 현장 실적치	33,668
3.2-11	기념품대 (현지인+삼국인)	LS	1	44,840.00	직원당 연 2회 100,000원 상당 선물지급	913 현장 실적치	44,840
3.2-12	치료	mon	50	1,500.00		913 현장 실적치	75,000
3.2-13	의료, 고용, 연금보험 (한국직원)	LS	1	521,672.00	한국직원 총 급여의 8.185%(의료 2.385%/국민연금 4.5%/고용보험 1.3%)		521,672
3.2-14	체력단련비 (한국직원)	MM	538	146.00	130,000원/인/월	국내 현장실적 기준의 1.3배 적용	78,548
3.2-15	CPF - 의료, 고용, 연금보험 (상가폴 직원)	LS	1	1,135,166.67	총 소득 × 14% (년)	싱가폴 현지 법규 (913 현장)	1,135,167
2. 여비교통비							360,397
3.3-1	부임여비 (한국직원) - 부장이하	men	12	1,113.00	항공료 및 일당 적용	별첨 8. 참조	13,356
3.3-2	출장비 (현지 ↔ 본사)	회	25	1,113.00	년 2 회 3 인 기준 (항공료+일당)/회		27,825
3.3-3	출장비 (현지에서 인근국가)	회	25	1,113.00	년 3 회 2 인 기준, 5월 기준 (항공료+일당)/회		27,825
3.3-4	출장비 (현지에서 현지)	Mon	50	236.00	210,000원/월 기준		11,800
3.3-5	임원출장비 (현지 ↔ 본사)	회	8	1,983.00	년 2 회 1 인 기준		15,864
3.3-6	직원후가비 (한국직원) - 부장이하 (항공료)	회	135	873.00	항공료 / 회		117,419
3.3-7	시내교통비	MM	50	1,500.00	50 S$/day x 30days		75,000
3.3-8	이전비 (한국직원)	men	12	1,459.00	서울-대전구간 이주비 적용 1,459 S$/인		17,508
3.3-9	차량주차비 & ERP통행료 (한국직원)	MM	538	100.00	100 S$ / mon		53,800
							-
3. 통신비 및 TPMS 설치비							808,450
3.4-1	국제전화요금 (현장사무실)	Mon	50	700.00		913 현장 평균 실적치	35,000
3.4-2	시내전화요금 (감독 사무실 + 원청사무실)	Mon	50	1,000.00		913 현장 평균 실적치	50,000
3.4-3	인터넷요금 (감독 사무실 + 원청사무실)	Mon	50	5,300.00		913 현장 평균 실적치	265,000
3.4-4	PDA 통신료	MM	538		N/A		-
3.4-5	PDA 기기	ea	12		N/A		-
3.4-6	핸드폰 통화요금 (한국직원)	MM	538	150.00		913 현장 실적치	80,700

233

0.78

No.	구분	단위	수량	U/Price	Description	Reference	금액(S$)
3.4-7	핸드폰 구입 (한국직원)	ea	12	1,000.00		913 현장 실적치	12,000
3.4-8	핸드폰 요금 (현지인+실국인)	MM	2,405	50.00	월 50 S$ 지원 (현장 지원금)	913 현장 실적치	120,250
3.4-9	핸드폰 구입(현지인+실국인)	ea	61		N/A		-
3.4-10	인터넷폰 설치	LS	1	5,000.00		913 현장 설치 반영분	5,000
3.4-11	LAN 설치비(인터넷)	LS	1	16,000.00		913 현장 설치 반영분	16,000
3.4-12	Lead in Power Line	LS	1	140,000.00		913 현장 설치 반영분	140,000
3.4-13	Lead in Telephone Line	LS	1	50,000.00		913 현장 설치 반영분	50,000
3.4-14	Lead in Internet Line	LS	1	22,000.00		913 현장 설치 반영분	22,000
3.4-15	Network setup	LS	1		TPMS items (적용안함)	IT기획팀 견적가	-
3.4-16	Exclusive line for TPMS	Mon	50		TPMS items	IT기획팀 견적가	-
3.4-17	RFID reader installation	LS	1		TPMS items	IT기획팀 견적가	-
3.4-18	TPMS line maintenance	LS	1		TPMS items	IT기획팀 견적가	-
3.4-19	Sky(web) Camera, Sony PCS-G50	LS	1		TPMS items	IT기획팀 견적가	-
3.4-20	Sky(web) Camera Installation, 4대	LS	1		TPMS items	IT기획팀 견적가	-
3.4-21	본사(IT기획팀)인원 출장비	LS	1		IT기획팀 견적가 5% 적용		-
3.4-22	국제특송 DHL	Mon	50	250.00		913 현장 실적치	12,500
4	**수도광열비**						**350,000**
3.6-1	난방유류비	Mon	50		N/A		-
3.6-2	수도비	Mon	50	2,000.00		913 실적치	100,000
3.6-3	전력비	Mon	50	5,000.00		913 실적치	250,000
5.	**지급수수료**						**2,223,094**
3.7-1	착공준공비	LS	1	100,000.00	착공식 and 준공식 (각 50,000 S$)	913 실적치	100,000
3.7-2	Employment Pass (한국직원)	회	25	96.00	96 S$/men/2yr	913 실적치	2,400
3.7-3	Visa 발급수수료	회	-		미적용		-
3.7-5	시험실운영비 (Out-Sourcing)	Mon	25	15,000.00	(50개월) - 순수 TBM 공기(25개월) = 25개월반영	실행기준	375,000
3.7-7	외부시험의뢰비(Independent Third Party)	LS	1	200,000.00		실행기준	200,000
3.7-8	인찰TFT 예산	LS	1		반영안함		-
3.7-9	측량기 Calibration Fee	LS	1	8,894.00	측량기자재비용의 10% 적용	913 실적치	8,894
3.7-10	현장경비 용역비	LS	1	676,800.00	현장사무실 4인, Engineer 2인기준	913 실적치	676,800
3.7-11	측량외주비	Mon	44	15,000.00	Structure Completion 까지 반영	913 실적치	660,000
3.7-12	Approval from the authorities (정부인허가 비용)	LS	1	200,000.00	공사금액의 0.05 % 반영	913 실적치	200,000
6.	**지급임차료**						**2,675,940**
3.8-1	Rent Car (한국직원용)	LS	1	1,395,490.00		별첨 5. 참조	1,395,490
3.8-2	Rent House (한국직원용)	LS	1	1,050,500.00		별첨 4. 참조	1,050,500
3.8-3	Temporary Rent Office (3개월)	Mon	3	76,650.00		별첨 7. 참조	229,950

No.	품명	단위	수량	단가	비고	금액
7. 소모품비						812,408
3.9-1	사무용품비	Mon	50	926.00	국내기준(₩550,000원의 1.5배 적용) 913 현장 실적치	46,300
3.9-2	전산용지 및 소모품	Mon	50	1,178.00	국내기준(₩700,000원의 1.5배 적용) 913 현장 실적치	58,900
3.9-3	공사사진대	Mon	50	1,459.00	국내기준(₩325,000원의 4배 적용) 1. Preliminaries	
3.9-4	Survey Instruments	LS	1	88,940.00	Total station 2, Level 4 1. Preliminaries	
3.9-5	Radio (walkie-talkie)	ea	52	330.00	GS 12, Local Staff 50%(30), 여유분(10) 913 현장 실적치	17,160
3.9-6	Photo Copier (incl. printer, scanner function)	Mon	150	1,900.00	복합기 3대 임대 (프린트, 복사 및 스캐너) 913 현장 실적치	285,000
3.9-7	노트북 (현지직원)	ea	12	1,683.00	913 현장 실적치	20,196
3.9-8	데스크톱 (현지인+성국인)	ea	61	1,000.00	913 현장 실적치	61,000
3.9-9	프린터 (레이저)	ea	8	1,500.00	913 현장 실적치	12,000
3.9-11	플로터	ea	1	12,000.00	913 현장 실적치	12,000
3.9-12	디지털카메라	ea	19	350.00	한국인 직원 12, 현지직원 7 913 현장 실적치	6,650
3.9-13	Key Phone equipment and installation	LS	1	15,000.00	913 현장 실적치	15,000
3.9-14	Key Phone single line telephone	ea	53	70.00	913 현장 실적치	3,710
3.9-15	Misc. (10%)	LS	1	53,791.60	913 현장 실적치	53,792
3.9-17	수선비	Mon	50	1,000.00	913 현장 추정치	50,000
3.9-18	수방자재	LS	1	100,000.00	913 현장 추정치	100,000
3.9-19	빔프로젝트, Video Camera & Fax	LS	1	7,700.00	925 현장 실적치	7,700
3.9-20	출력장치	LS	1	63,000.00	925 현장 실적치	63,000
8. 도서인쇄비						240,000
3.10-1	AS-Built Drawings	LS	1	200,000.00	913 현장 추정치	200,000
3.10-2	Setting Out Drawings	LS	1	100,000.00	913 현장 추정치	100,000
3.10-3	인쇄 및 복사대	Mon	50	1,500.00	국내기준 1.5배 적용 913 현장 추정치	75,000
3.10-4	도면인쇄비	Mon	50	1,000.00	국내기준 1.5배 적용 913 현장 추정치	50,000
3.10-5	도서신문대	Mon	50	300.00	국내기준 1.5배 적용 913 현장 추정치	15,000
9. 기술개발비						338,578
3.11-1	CD-ROM 제작비 (동영상 제작비)	LS	1	93,600.00	DECIBEL & LUX PTE LTD 견적가	93,600
3.11-2	P3 구입비 (or MS Project 2007)	set	1	4,494.00	913 현장	4,494
3.11-3	3D Modelling	LS	1	33,484.00	913 현장	33,484
3.11-4	공정관리 용역	LS	1	207,000.00	925 현장	207,000
10. 교육 훈련비						53,800
3.12-1	어학교육비 (한국직원)	MM	538	100.00	중국어회화 교육 913 현장	53,800
11. 차량 유류비						234,890
3.13-1	임대차량 유류비	LS	1	234,890.00	3.863SGD/대 별첨 4. 참조	234,890
12. 하자보수						1,382,558
3.14-1	하자보수충당금	LS	1	768,868.00	0.192217% × 400,000,000 S$ (Contract Sum) × 1.0 국내기준	768,868
3.14-3	광고선전비 (Donation)	Mon	50	1,500.00	913 현장	75,000
3.14-4	접대비 (홍보비)	Mon	50	10,773.81	전사기준 반영(9.6백만원)	538,690

No.	구분	단위	수량	U/Price	Description					Reference	금액(S$)
3.14-5	보상비	LS	1	150,000.00	미반영					1. 삭제요망	
3.14-2	안전관리비	LS	1	601,600.00	1.880000%				0.1	1. Preliminaries	
13. Bank Warranties (외환팀 계시환율 적용 예정)											**1,246,500**
3.15-1	B-Bond	LS	1	6,500.00		1,000,000	S$	x	1.0 x	0.65%	1. Preliminaries	6,500
3.15-2	P-Bond (50 + 34 month) : 공사비 5%	LS	1	1,120,000.00	400,000,000	S$ (C/sum) x	5.00%	x	7.0 x	0.80%	1. Preliminaries	1,120,000
3.15-3	AP-Bond : 공사비 5%	LS	1	120,000.00	400,000,000	S$ (C/sum) x	5.00%	x	1.5 x	0.80%	1. Preliminaries	120,000
3.15-4	R-Bond (12 + 1 months) : 공사비 2.5%	LS	1	0.00	400,000,000	S$ (C/sum) x	2.50%	x	1.1 x	0.95%	해당없음	-
3.15-5	L/C Open Charge (18 months)	LS	1	0.00		S$ (C/sum) x			0.2 x	0.40%	해당없음	-
14. Insurances											**90,500**
3.16-1	시공사보험 (CAR)	LS	1		미적용						-
3.16-2	해외근로자 재해보험 (한국직원)	LS	1		해당사항 없음						-
3.16-3	화재보험 (현장 사무실, 감독 사무실)	Yr	4.2	2,520.00		x	0.1%			1. Preliminaries	10,500
3.16-4	해외공사보험	LS	1	80,000.00	80,000,000	주요기자재의 0.1%				1. Preliminaries	80,000
15. Tax and Duties											**32,159**
3.17-1	Custom Duty				미적용						-
3.17-2	Local Taxes				미적용						-
3.17-3	Stamp Duty	LS	1	0.00	0.00% x	400,000,000	S$ (공사비)				-
3.17-4	Personnel Income Taxes				국내납부세액을 초과하는 현지납부세액만 반영 (세무회계팀 검토의견)						-
3.17-5	- 소장	LS	1	11,730.25	1인					별첨 8참조	11,730
3.17-6	- 부장	LS	1	12,751.50	2인					별첨 8참조	12,752
3.17-7	- 차장	LS	1	6,499.50	3인					별첨 8참조	6,500
3.17-8	- 과장	LS	1	0.00	해당사항 없음					별첨 8참조	-
3.17-9	- 대리	LS	1	0.00	해당사항 없음					별첨 8참조	-
3.17-10	세금인상분 (직원급여 인상률 동일적용)	LS	1	1,177.32	5% 적용						1,177
16. 지급이자											**95,000**
3.18-1	지급이자 (현지차입금 금융비용)	LS	1	95,000.00	사업심의 기준						95,000

0.78

Contingency

- A construction contingency is the amount of money allocated to pay for additional or unexpected costs during the construction project.

시공과 관련한 Contingency는 Project에 Negative한 영향을 끼칠 가능성이 있는 시공 외적인 상황과 시공 과정에서 발생하는 예상치 못한 상황으로 인한 손실에 대한 대비로 나눠진다.

Escalation

견적은 현재 시점 기준이다. 자재, 노임, 장비 사용료 모두 현재 시장의 가격이 적용된다.
Escalation 보상이 계약에 포함되지 않았거나 포함되었더라도 100% 보상이 반영되지 않으므로 Contingency에 고려해야 한다.
개발도상국에서는 노무비가 급등하거나 환율 변동으로 수입 자재, 장비의 가격 상승 있을 수 있으므로 가능성과 영향을 신중하게 평가해야 한다.
Escalation과 반대로 견적 시 조사, 반영한 자재, 장비 가격이 시공 중 납품 경쟁과 Negotiation을 통해서 내려갈 수 있으므로 이러한 부분까지 고려하여 Contingency 반영금액을 결정해야 할 것이다.

환율 변동

해외공사 계약에서 지급되는 통화는 외화이다. 대부분 USD와 현지화로 이루어지며 원화 대 달러 환율, 달러 대 현지화 환율의 변동에 따라 공사 수행 원가에 영향을 미친다.

기성 지급 통화가 달러일 때 계약 시 환율보다 현지화 가치가 상승하면 현지에서 사용되는 통화는 현지화이므로 손실을 안게 된다. 반대로 현지화 가치가 하락하면 원가를 절감하게 된다.

현지화가 계약 통화이면 달러 대 현지화 환율 변화가 현지 구매 자재나 외주업체 등에 현지화 지급에 아무런 영향이 없다.

그러나 현지화 가치 하락 시 수입 자재 원가가 증가하게 되며 국내로 송금되어야 할 한국 직원급료와 Overhead & Profit 등에서 환 손실이 발생하게 된다. 또한 현지화 가치 하락은 현지의 수입 물품 가격과 노임 상승 결과로 연결되며 이는 Escalation의 원인이 된다.

대부분의 입찰 시 달러화와 현지화 비율을 입찰자가 제시하도록 하고 있으며, 이러한 계약통화 방식은 Project 자금원이 World Bank나 산하의 기관인 경우 일반적으로 적용된다.

하지만 달러 대비 현지화 환율이 하락하는 상황이 비일비재한 개발도상국 Project에서는 가능한 현지화 비율을 줄이고 달러 금액을 높여서 현지화 가치 하락 시 반사 이익을 도모하는 경향이 대부분이다.

현재 아시아에서 싱가포르를 제외하고 100% 현지화를 계약 통화로 삼는 경우는 거의 없으며, 만약 있다면 환 Risk를 감당할 수 없어 Project 참여를 피하는 것이 통례이다.

해외 민자 발전사업(Independent Power Producer-IPP)은 사업자가 자금을 조달하여 발전시설을 건설하고 전력을 판매하여 투자한 자금과 이익을 회수하는 사업구조로, 판매하는 전력 요금과 지급 통화가 사업 협상의 가장 중요한 부분이다.

전력 판매 요금의 지급 통화를 현지화로 하겠다는 현지 정부와 달러로 받아야 한다는 사업주 간의 치열한 협상은 환 Risk를 상대방에게 넘기기 위한 것이다. 이로 인해 사업 진행이 상당 기간 지연되거나 사업이 무산되는 경우가 있을 정도로 Big Issue로 다뤄지는데, 사업자의 발전시설 운영과 전력 판매 사업 기간이 30년 이상으로 누구도 이만한 장기간에 환율이 변동을 예측할 수 없기 때문이다.

싱가포르 Project의 경우 싱가포르화의 환율 변동 Risk를 Contingency에 반영하지만 다른 국가에서 달러와 현지화를 계약통화로 지급하는 경우 환율 Risk를 고려하지 않는 경향이 있다.

국내에서 Project 자금을 지원하는 EDCF 사업의 경우 계약 통화는 달러지만 국내에서 실수령은 원화로 이루어지는데 때문에 원화를 달러로 바꾸어 현지에 송금하고 현지에서 달러를 현지화로 환전하여 자금을 집행하는 과정이 필요하다.

여기서 달러 강세일 경우 환 손실이 발생하는데 달러 강세일 경우 대부분 개발도상국에서도 달러가 강세이므로 원화를 달러로 환전하는데 입은 손실을 달러를 현지화로 환전하는 이익으로 만회할 수 있게 된다.

환율 변동 Risk의 Contingency 반영은 계약 통화와 환율 그리고 현지 경제 전망에 따른 환율 예상 그리고 공정 계획에 따른 Cash Flow를 종합하여 결정한다.

Other Uncertainties

Project 시공 계획과 공사비 견적에 있어 모든 사항에 대한 정보가 100% 명확하게 주어지거나 파악될 수 없으며 다소의 차이는 있으나 불확실성(Uncertainty)이 존재한다.
이러한 불확실성이 내재된 작업을 계획하거나 견적할 때, 작업기간(Duration)에 여유를 두거나 비용 산출 시 Markup을 하게 되는데 이를 Buried Contingency Estimates라고 하며 General Contingency와 달리 직접공사비 내에 묻혀 있어서 파악이 쉽지 않다.
이 때문에 불확실성이 많은 Project의 견적은 공사비가 상승하는 결과를 보이는 경향이 있다.
불확실성은 Risk로 간주되기에 입찰자의 공사금액이 높아지게 되므로 발주자에게도 손해이다. 따라서 발주자도 가능한 불확실성을 제거하여 입찰자가 Risk를 공사금액 상승으로 해소하지 않도록 최선을 다해야 한다.
입찰 과정에 현장 설명회나 Q&A는 불확실성을 줄이기 위한 과정이다.

견적담당자는 공사 수행 전반에 걸쳐 불확실성의 유무를 확인하고 불확실성이 작업에 미치는 파급력의 크기와 가능성을 가늠하여 적정한 대비금액을 산출하여 정리할 필요가 있다.

작업 불확실 Risk 대비금액 산출 예시 (금액 단위 : 천불)

작업	공사비	Risk Impact	Risk 비용	발생 가능 %	Risk 반영	비고
A	2,000	20%	400	10%	40	우기
B	1,000	50%	500	30%	150	
C	3,000	10%	300	20%	60	
계	6,000		1,200		250	4 %

불확실성이 Negative Impact로 작업에 미치는 상황을 Simulation하고 상기 표와 같이 정량화하여 Consensus를 거쳐 결정하는 것이 바람직하다. 절대로 피해야할 것은 견적 실무자가 임의로 불확실성을 공사비에 태우는 것이다.

Contingency는 Project에서 손실이 발생할 수 있는 부정적인 상황에 대한 대비 비용이다. 때에 따라서 대비한 상황이 긍정적인 결과를 보여 Contingency 비용의 지출이 일어나지 않을 수도 있다. 사용되지 않은 Contingency는 Profit가 되기도 한다.
그러므로 현지 사정에 익숙하고 뚜렷한 Risk가 나타나지 않는 경우 굳이 Contingency를 고려하기보다 Profit로 Cover한다는 개념을 갖는 것도 고려해 볼 만하다.

본사 관리비
(Overhead Cost)

본사 관리비는 본, 지사의 운영관리비로 기술개발비도 여기에 포함한다.

견적에서는 현장 공사비를 Base로 본사에서 정하는 비율을 곱하여 본사관리비를 산정하는데, 본사 관리비율은 전년도 회사의 매출 대비 본사 관리비의 비율이다. 즉, 회사의 연 매출이 1,000억 원이었는데 본사에서 발생한 관리 비용이 60억 원이라면 본사 관리비율은 6%가 되는 것이다.
회사에 따라 토목, 건축, 플랜트 등 본부별로 본사 관리비율을 산출하여 적용하기도 한다.

따라서 Project를 많이 수주하여 매출이 늘어나면 본사 관리비율은 줄어들게 되고 입찰 경쟁에서 유리한 입장에 서게 된다.
또한 상반기에 충분한 수주 성과를 올려서 본사 관리비를 확보한 경우, 하반기 입찰에서는 본사 관리비를 고려하지 않고 Profit만을 적용하여 입찰 경쟁력을 제고하는 것도 가능해진다.

이윤
(Profit)

Project의 시공 주체는 건설 회사이고 대부분의 건설 회사는 주식회사로 주주의 이익을 위한 영리활동이 회사의 경영 목적이다.
따라서 Project 수행을 통하여 적정한 이윤을 추구하는 것은 합리적인 사항으로 간주 되기에 설계변경으로 공사비를 증액할 때 당초 계약과 동일한 이익 비율의 적용을 발주처가 인정하는 것이다.

입찰을 위한 이윤을 몇 퍼센트나 적용할지는 Project에 대한 전략적 차원의 결정이므로 견적 실무자의 영역이 아니라고 볼 수 있다.
대체로 국내 건설 회사들의 해외 입찰 시 적용 이익 비율은 경쟁하는 외국 회사보다 낮은 경우가 많다고 볼 수 있다.

경쟁 입찰 과정에서 Overhead & Profit 비율은 상황에 따라 변화무쌍하게 움직이지만, 수주 후 실행예산 승인 과정에서 회사의 O&P 기준이 나타난다.
저가 수주의 경우 90%, 그렇지 않으면 80~90%의 실행률을 Guideline으로 적용하는 것이 통상적인 수준이다.

입찰에서 가격 경쟁력을 위하여 O&P를 낮추거나 아예 적용하지 않는 경우가 있는데 이는 해당 Project가 전략적으로 중요하여 향후 회사의 이익에 부합하는 충분한 이유가 있어야 하며 그렇지 않음에도 저가 입찰을 계속하여 저가 수주 Project가 누적된다면 회사의 경영을 악화시키고 역성장하는 상황을 피할 수 없을 것이다.

- 견적금액 총괄표 예시

Contract T000, Station and Cut and Cover Tunnel for Thomson Line

구분	입찰 내역			
	외주(S$)	자재 (S$)	계	%
1. 직접공사비				
(1) Earthworks	15,650,039		15,650,039	5.37
(2) Concrete Works	28,745,534	49,611,499	78,357,034	26.90
(3) Piling Works - ERSS (SBP)	25,530,867	13,064,772	38,595,640	13.25
(4) Piling Works - Bored Pile / Micro Piles	19,547,388	5,771,165	25,318,553	8.69
(5) Temporary Steel Works	24,727,546		24,727,546	8.49
(6) Permanent Steel Works	2,547,937		2,547,937	0.87
(7) Transfer Link	1,539,815	95,093	1,634,908	0.56
(8) Waterproofing Works	1,998,791	142,713	2,141,504	0.74
(9) Architecture / E&M Works	27,170,343	49,312	27,219,656	9.34
(10) Road Works / Landscape / Drainage	6,444,516	70,933	6,515,448	2.24
(11) Misc	5,190,318	5,787	5,196,105	1.78
Sub Total (Direct Cost)	**159,093,096**	**68,811,275**	**227,904,371**	**78.23**
2. 간접공사비				
(1) Preliminary			6,444,714	2.21
(2) 가설공사비			3,830,708	1.31
(3) 직원급료			16,448,350	5.65
(4) 경상비			12,808,618	4.40
Sub Total (Indirect Cost)			**39,532,390**	**13.57**
3. 설계비				
(1) Detailed Design			1,800,000	0.62
(2) Accredited Checker			300,000	0.10
Sub Total (Indirect Cost)			**2,100,000**	**0.72**
4. 직접비+간접비+설계비 총계 (1+2+3)			**269,536,761**	**92.52**

구분		입찰 내역	
		금액(S$)	%
5. Contingency			
	(1) 이종통화환Contingency	665,416	0.23
	(2) PJ Contingency	1,456,690	0.50
	(3) 노무비및LEVY 인상분	2,198,772	0.75
Sub Total (Contingency)		4,320,878	1.48
6. 직접금리			
Sub Total (직접금리)			
7. 현장실행계(4+5+6)		273,857,639	94.00
8. Overhead & Profit			
	간접금리	815,746	0.28
	본사 관리비	14,566,896	5.00
	이윤	2,097,633	0.72
Sub Total (O&P)		17,480,275	6.00
9. 총계(7+8)		291,337,914	100.00
10. Provisional Sum		586,250	
Sub Total (P/S)		586,250	
11. 견적금액총계(9+10)		291,924,164	S$
BOQ 제출금액		291,924,000	S$
환율 1 USD = 1.244 S$			
USD 환산금액		234,666,000	USD

비고	
1. 외환팀 환율 (2013. 6. 3)	
1) S$ / USD	1.24 (1S$ = 0.80 USD)
2) KRW / USD	1,129.50
2. Contingency	
1) 이종통화 환 Contingency	0.228 %
2) Lump Sum / ERSS 설계	0.50 %
3) 노무비 및 LEVY 인상분	2,198,772 S$
3. 직접금리: Cash Flow 검토후반영	
1) Cash Flow 검토 결과 직접금리 미반영	
4. Provisional Sum	
1) Bearing Replacement for NSL Viaduct 75,000 S$	
Profit 15%	11,250 S$
2) Additional Safety and Environment Enhancement Provision	
	500,000 S$
	586,250 S$
5. 구매장비상각률	

비고		
5-1. 구조물공 (구매장비 Mobile Crane 85Ton 5대, Lorry Crane 1대)		
1) 장비 구입가(A)	4,735,753 S$	
2) 투입 상각비(B)	1,011,964 S$	(상각률 21%)
3) 잔존가	3,723,789 %	
5-2. 파일공 (구매장비 7대 : PRD 3대, RCD 2대, BG40Set 2대)		
1) 장비구입가(A)	18,568,655 S$	
2) 투입상각비(B)	5,447,098 S$	(상각률 29%)
3) 잔존가	13,121,557 %	

견적과 입찰은 각자 입장에 따라 다른 생각을 가지게 된다.

견적 실무자는 견적 작업 결과 과소금액이나 과다금액 산출에 대하여 직접적인 책임을 지게 된다.

입찰 결과 Lowest가 되었지만 2nd Lowest와 금액 차이가 크다면 당연히 과소금액 견적이라는 생각을 하게 된다. Project 수주의 기쁨보다 긴 시간 동안 적자 수주로 마음고생을 해야 할 것이다.

반대로 Lowest와 비교하여 큰 금액 차이로 뒤쪽 서열을 차지하면 견적을 잘못했다는 소리가 여기저기서 나올 것이다. 견적팀이 견적을 잘못했다는 얘기는 능력이 없다는 의미이니 기술자에게는 이보다 더한 욕은 없을 것이다.

Project를 수주하기 위한 Tight한 견적도, 적자를 피하기 위한 넉넉한 견적도 견적 실무자가 취해야 할 올바른 방향이 아니다. 공사를 수행하기 위한 최적의 방법과 비용을 찾아가는 견적이 실무자가 견지해야 할 사고방식이다.

Project 입찰과 관련한 금액적 의사 결정은 경영자의 업역으로 넘겨야 하는 것이다. 즉, 사업 수행에 필요한 비용은 실무자의 손에서 만들어지고 이를 Base로 Project를 어떻게 수주할 것이냐는 경영자의 몫이 되는 것이다.

수주잔고가 많고 인력 운용에 여유가 없는 상태라면 경영자는 사업 수행에 있어 Profit를 생각할 것이므로 공격적인 입찰금액을 피할 것이며 반대의 상황이라면 O&P를 줄여서라도 수주를 하려고 할 것이기 때문이다.

수주한 사업을 시행하는 공사관리부서는 신규사업이 해결책 없는 적자 사업이 아니기를 기대한다. 또한 실행예산을 검토하여 적자가 예상되면 가장 높은 강도로 견적에 대한 불만을 내놓는데 어쨌든 Project는 진행되고 결과에 대하여 책임이 있는 부서이기 때문이다.

사우디아라비아 주베일 산업항 입찰 Story를 살펴보자.

현대건설은 뒤늦게 입찰에 참여했다. 사우디아라비아는 이미 입찰 예정 10개 업체 중 9개 사를 선정해 놓은 상태였는데 뒤늦게 뛰어든 현대건설에게도 한 장의 티켓을 줬다. 주베일 산업항 공사의 입찰 예정가는 10억 달러. 입찰 보증금으로 공사액의 2%인 2,000만 달러를 내는 조건이었다.
현대건설은 입찰 보증금을 낼 여력이 없었다. 바레인 수리조선소 공사 관계로 거래를 하고 있던 바레인 국립은행에 도움을 요청했다. 바레인 국립은행은 입찰 마감 나흘 전에 입찰 보증을 섰다.

입찰 자격은 얻었다. 이제는 입찰 가격으로 고민하게 됐다.

현대건설은 공사에 실제로 들어가는 비용을 12억 달러로 계산했다.
여기에서 25%를 깎고 다시 5%를 더 깎아서 입찰 가격을 8억 7천만 달러로 결정하였다.

1976년, 리야드 여행자 숙소에 묵고 있던 견적 실무진들은 1주일 동안 방에서 한 발자국도 나오지 않고 최종 응찰가격을 협의했다. 입찰 담당 임원인 전갑원 상무는 10억 달러를 불렀다. 하지만 8억 6천만 달러가 적정선이라는 의견이 우세했다. 누군가는 8억 달러를 주장했다.

결국 정주영 회장이 최종 입찰금액을 결정했다. 8억4천만 달러였다. 비슷한 규모의 육상공사에 수중공사 가격만 단순 덧셈한 가격이었다.

여기에 44개월의 공사 기간을 아무런 조건 없이 8개월 단축시키겠다는 제안도 덧붙였다.

정주영 회장은 10억 달러 미만의 입찰자는 없다고 확신했다.

너무 싼 값이라고 불만인 직원도 있었으나 정주영 회장은 자기주장을 굽히지 않았다. 그의 논리는 다음과 같았다.

"입찰에서 2등은 꼴찌다. 밑지더라도 우리 기능공들이 달러를 벌어들이는 일터를 만드는 일이고, 기능공이 버는 달러는 우리나라가 버는 돈이다. 우리나라 자재를 파는 것도 우리나라의 이익이다. 그리고 우리 현대는 이 공사를 했다는 것만으로도 국제적인 명성을 얻게 돼, 장차 해외 수주에 큰 도움을 받을 수 있다. 싼값에라도 입찰은 받는다."

그런데 프로젝트를 진두지휘했던 전갑원 상무는 입찰 가격이 너무 낮다고 판단했다. 정주영 회장의 지시를 어기고 9억 3,114만 달러를 적어 냈다. 입찰 결과 2등은 네덜란드의 스티븐사로 15억 2,070만 달러를 응찰하였다.

최종 수주업체는 현대건설이 되었다. 현대건설의 수주 금액 9억 3,114만 달러는 당시 한국 총예산의 4분의 1에 해당하는 천문학적인 액수였다. 현대건설은 선수금으로 2억 달러를 받았다.

결과적으로 기술자들이 산정한 12억 달러도 수주에 문제가 없었지만, 견적금액 그대로 입찰이 불안했다면 10억 달러 미만의 다른 입찰자가 없을 것이라는 정 회장의 확신대로 가서 9억 9천만 달러를 적어 냈어야 했다. 하지만 결정권자인 정 회장조차 확신을 짓누르는 조바심에 눌려, 8억 4천만 달러라는 금액을 내놓았다.

직원들의 반발은 당연하게 여겨진다. 처음 해 보는 대형 공사이고 난공사로 인한 Risk가 많은데 수주만 바라보고 무턱대고 금액을 깎는 일로 말미암아, 회사가 몰락하고 한국 건설업체의 해외 시장 진입이 차단당하는 최악의 사태로 갈 수도 있다고 생각하였기 때문이다.

주베일 산업항 Project 입찰 과정과 결과에서, 현대건설은 경험과 Knowhow가 없던 해상공사 부분에 대한 계획과 비용 산정에 어려움이 있었던 사실과 입찰금액에 대한 정 회장의 강력한 수주 의지와 입찰 총괄이었던 전원갑 상무의 기술자적 판단 사이의 갈등을 볼 수 있다.
어쨌든 2nd Lowest보다 약 40% 낮은 현대건설의 입찰금액으로 볼 때 저가 입찰 논란의 여지가 있음은 분명하다.

다만 현대건설이 Project 수행과정에서 창의적인 시공 방법을 찾아내고 직원과 기능공의 열정을 끌어내 저가 수주된 Project를 이익이 나도록 반전시킨 것은, 성공적인 Project 수행의 진수를 보여 줬다고 할 수 있다.

무모하다고 볼 수도 있는 현대건설의 주베일 산업항 Project는 당시 61세로 바닥부터 시작한 건설업의 베테랑 기술자이자 경영자였던 정주영 회장의 도전으로 시작되어 불굴의 의지에서 탄생한 기상천외한 시공 Idea와 직원들 그리고 기능공의 피땀 어린 노력이 어우러져, 약속한 공기 단축과 이익 실현 2가지 과제를 성공적으로 완수하며, 현대건설은 20세기 최대 역사를 끝내고 세계 건설시장에 명함을 내밀게 된다.

그 후, 1977년 3월 사우디아라비아 라스알가르 항만과 그해 6월 쿠웨이트 슈아이바 항만, 1978년 1월 두바이 발전소 수주까지, 중동 지역의 대형 공사를 연거푸 따내, 1975년 중동에 진출한 이후 1979년까지 무려 51억 6,400만 달러를 벌어들였다. 주베일 산업항 Project가 성공했기 때문에 가능한 일이었다.

현대건설의 성장은 물론 우리나라 건설업계의 중동 진출 기폭제 역할을 해냄으로써 우리나라 경제가 비약적으로 발전하는 결정적 계기를 마련했다.

어떻게 Project에서 손실이 발생하는지 알아 두자
(Cost Overruns on Project)

Project 견적 즉, 비용 산출과 Risk 평가가 잘못된 경우와 Project Management를 제대로 수행하지 못한 결과에 기인한 것 2가지로 Project의 손실 초래 사유를 대분할 수 있다.

견적 오류

- 수량 산출 오류

베트남 Hanoi-Hi Phong 고속도로는 전 구간이 연약지반으로, 상태에 따라 4개의 연약지반 처리공법이 적용되었고, 그중에 주를 이루는 것이 Pack Drain 공법이었다.
Pack Drain 공법은 모래를 채워 넣은 직경 10cm의 합성섬유 Pack을 설치하여 배수를 촉진하는 공법으로 시공 장비는 4개의 Pack을 동시에 시공하게 된다.
이에 따라 입찰 시 주어진 B.O.Q의 Pack Drain 수량은 Pack Drain 4개를 묶어 1m로 표기하였는데 견적 실무자는 이를 하나의 Pack Drain 1m로 이해하고 단가를 산출함으로써 1/4에 해당하는 단가를 적용하였다.

입찰 결과 Lowest로 발표되었으나 2nd Lowest보다 20%나 낮은 금액에 의구심을 가지고 견적 자료를 재검토하여 오류가 있음을 확인하였다.

또한 입찰 시 함께 제출한 주요 Item의 Detailed Price Analysis와 B.O.Q에 계상된 단가의 불일치로 7.5백만 불에 달하는 금액을 Discount당하였다.

시공 과정에서 이러한 금액을 Recover하는 것은 굉장히 힘든 일이므로 Project의 경제적인 성공은 견적에 달려 있다고 봐도 틀린 말은 아닐 것이다.

- 도로 성토용 모래 구입, 운반 수량 계산 시 토량 변화율 미적용.
- 연약지반 침하에 따른 추가 성토 물량 미고려.

• Scope 누락

Sri Lanka Colombo 시내에 건설되는 2개의 Strom Water Discharge Tunnel Project의 계약서 General Condition of Contract의 Operation and Maintenance 관련 조항에 Defect Liability Period 3년간 운영과 유지관리에 필요한 자재와 장비를 시공자가 제공하도록 규정되었으나 시공자는 입찰 시 이를 파악하지 못하였다.

도심지 배수터널이기에 우기가 지나고 나면 Slime과 쓰레기가 터널 내부에 쌓이므로 청소를 해야 하는데 내공 3m의 원형 터널 내부의 청소를 위해서는 다수의 청소용 장비가 필요한 실정이었고 적지 않은 금액을 지출하게 되었다.

• 요구 품질/안전 기준 간과
- 교면포장에 Latex 아스팔트를 사용하도록 규정되었으나 일반도로용 아스팔트 적용하여 견적.
- Drill & Blast 공법의 터널 공사에 굴착 후 지반 보강을 위해 건식 숏크리트 작업을 계획하고 견적에 반영하였으나 시공 과정에서 Team Leader는 작업자의 건강과 품질을 생

각할 때 건식을 허용할 수 없고 습식으로 원격 조정하는 Robot Arm을 이용하여 숏크리트를 시공할 것을 주문하였다. Robot Arm을 탑재한 Wet Shotcrete Machine을 구입하는 비용도 문제지만 신규 장비를 조달하는 기간 때문에 터널 착공이 지연되는 상황이 되고 말았다.

- **현장 조사와 시공 계획 미비**
    - 계획한 현장 진입 도로 구간에 환경 보전 지역이 포함되어 시공 허가가 불투명하고 시일이 오래 걸릴 것으로 나타남
    - 골재원, 토취장 개발 상세 조건 미확인, 채취 가능량 추정 오류
    - 현지 적용 불가한 공법 계획 오류
    - 가설공사 설계 미비

- **외주업체 견적 검증 소홀**

싱가포르 지하철 Project 입찰에 필요한 Slurry Wall 공사를 위하여 국내 전문 건설 회사 3개 사의 견적을 받아 다른 2개 사보다 20%가량 저렴한 C사의 공사비를 입찰 견적에 적용하였다.
수주에 성공하여 C사에 연락하여 Mobilization 관련 협의를 진행하고자 하였으나 C사는 적자가 예상된다는 것을 이유로 참여를 거절하였다.

부랴부랴 다른 업체들을 수배하였으나 이미 다른 Project에 참여키로 하여 추가 시공 여력이 부족하다며 거절하였고 결국 현지 업체와 C사보다 40% 상승한 금액으로 외주 계약을 체결할 수밖에 없었다.

    - 외주업체 견적서 비교 검토 시 한 업체가 특별히 낮은 가격을 제시하였다면 먼저 금액에 문제가 없는지 의구심을 가지고 살펴봐야 할 것이며 의문점이 있다면 업체의 담당자와 Meeting을 해서 확인을 하는 것이 필요하다.

전문 건설업체들은 해당 분야에 충분한 Knowhow를 보유하고 있어서 견적금액 차이가 크지 않은 것이 일반적이므로 가격 차이가 크다면 분명한 이유를 꼭 확인해야 한다.

- Risk 과소평가
    - 베트남 Project 관련 현지의 노임 상승 Risk에 대한 조사를 진행하였으나 정부나 민간에서 발행하는 직종별 노임 변동에 대한 통계 자료 자체가 없었으므로 정부에서 발표하는 Consumer Price Index로 갈음할 수밖에 없었다. CPI로 보았을 때 노임의 변동률은 완만한 상승세로 문제가 되는 수준이 아니었다.
    그러나 막상 Project를 진행하는 시기에 건설 Boom이 일어나 건설 노임만 2배로 뛰어오르는 상황이 나타났다. 그러함에도 다른 산업군의 노임은 큰 변화가 없었고 CPI도 건설 노임 상승과 연관되는 변화를 보여 주지 않았다.

Poor Construction Management

- Project Manager 역량 부족
    - 감리/발주자와 협상 능력 부족
    - 불합리한 조직 운영
    - 현지 사업 진행방식에 대한 이해 부족

- 현실성 없는 시공 계획으로 작업 대기, 지연, 시행착오 발생

- 불충분한 현지 실정 조사와 이해 부족
    - 전력 부족 상황 간과
    - 현장 접근도로 통행 가능 하중 미확인
    - 현지 보편적인 공법을 외면하고 국내의 공법을 도입

- 현지 주민과 마찰
    - 주민에 의한 현장 진입로 또는 운반로 차단
    - 작업 시간 제한

- 재시공
    - 측량 오류
    - 품질관리 미흡
    - 미승인 자재 사용

- 부적합한 하도급업체 선정과 분쟁, 부실한 외주업체 관리
    - 개발도상국의 현지 건설업체들과 협력을 생각한다면 회사의 시공역량과 재정 상태에 대하여 상세히 조사하고 가능한 실사 즉, 회사와 시공 중인 현장을 방문하여 확인하는 것이 좋다.
    - 일단 현지 회사의 시공역량이 충분하다고 판단되면 충분한 협의와 이해를 통한 합리적인 조건과 공사비로 계약을 체결함으로써 현지 업체가 불만스럽게 생각하지 않도록 해야 한다.
    - 해외공사에서 원청사와 외주업체의 관계는 국내의 갑과 을로 이루어진 관계와 사뭇 다르다. 해당 Project 단발성 관계일 수 있고 사회 통념상 대등한 관계로 인식되어 있기에 계약 조건이나 작업 여건 다르게 되면 Claim을 청구하는 것을 당연하게 여긴다.

> 대구경 Bored Pile 공사 중 현지 업체의 레미콘 공급이 계속적으로 이루어지지 않아 대기 시간이 빈번하게 발생하였다.
> Pile 공사 협력업체는 견적 시 제출한 작업조건에 근거하여 레미콘 공급 중단에 따른 1시간을 초과하는 작업 대기 시간은 원청사가 보상의 의무가 있음을 통지하며 작업 동원된 인력과 장비는 물론 작업 Cycle time에 의한 작업 지연 손실에 대하여 Claim을 제기하였다.
>
> 원청사는 외주업체 견적서의 작업조건에 대하여 신경 쓰지 않았고 레미콘 공급회사와 계약 시 공급 지연에 대한 아무런 제재 조항이 없었기에 모든 보상 책임은 원청사가 떠안을 수밖에 없는 상황이 되었다.

- Poor Mobilization & Procrastination
    - Mob. 기간 중 공사 준비가 제대로 되지 않고 지연되어 시작부터 잔여 공기 부족이 예상되고 이에 따른 Resource 추가 투입 필요.
    - 시공 계획을 통하여 Consultant와 발주자에게 시공자의 역량을 증명하지 못하고, 품질관리에 요구되는 사항들을 만족시키지 못하여 작업이 정상적으로 진행되지 못하게 됨.

- 세금 폭탄
    - Project와 관련하여 투입되는 많은 비용 항목들 중 Percentage로 결정되는 가장 큰 항목이 세금이다.

    건설 기간 중 신경을 쓰지 않고 보내다가 준공 후 Project 원가 정산과 세무 신고 과정에서 여러 가지 이유로 세금 폭탄을 맞아 Project 손익이 반전되는 일이 벌어지는데, 경우에 따라 세금 불성실 신고나 납부 지연에 따른 과태료까지 물게 되기도 한다.

    법인세의 경우 이익 금액에 대하여 정해진 세율 %로 부과되는데 공사 원가로 인정받지 못한 부분은 모두 이익으로 간주되게 된다.

    예를 들어 Project 계약금액의 10% 정도의 비용에 대하여 원가로 인정받지 못하게 되면 25%의 법인세율이 적용되는 것으로 가정할 때 전체 금액의 2.5%를 세금으로 추가 납부해야 하는 것이니 결코 적은 금액이 아니다.

    사실 시공을 통한 1%의 원가 절감도 정말 어려운 점을 생각하면 %로 좌우되는 세금 관련 문제는 철저히 현지 세무 법규와 관행을 이해하여 대비하여야 한다.

4장 MOBILIZATION

A good beginning makes a good ending.

Mobilization01
반이다

'시작이 반이다'라는 말처럼 Mobilization의 중요성을 잘 표현하는 말은 찾기 힘든 것 같다.

흔히 줄여서 Mob.라 하는 말의 의미는 Project의 계약 또는 수주가 확정된 후 사업 수행을 위한 모든 준비 과정을 일컫는데 이는 공사를 시작하기 위한 Hardware(인력, 자재, 장비, 외주업체, 사무실 & Camp)와 Project 수행을 위한 Software(운영 System, Plan, 실행예산, 법인설립, 인허가)를 완비하는 것을 말한다.

해외 Project는 현지 법인의 형태로 운영되게 되므로 해외 자회사와 유사하지만, Project 기간에만 한시적으로 운영되는 조직이라는 점에서 차이가 있다. 조직원 대다수가 현지인과 3국인으로 이루어지고 현지 법규와 상황에 맞추어 사업을 수행해야 하므로 이에 맞는 관리체제(System)를 정립해야 한다.

System은 현장 운영체제로서 Project의 Vision과 목적, 조직의 구성, 역할, 업무 진행 절차, 구성원의 권한, 보고 체계 등을 의미한다.
Vision과 목적이 조직의 구성원을 하나로 묶어 결속력이 강한 공동체로 만들어 주는 '접착제'이고 운영 규칙은 구성원 간의 상호작용을 원활하게 해 주는 '윤활제'라고 할 수 있다.

즉, 현장 직원들이 목적의식을 가지고 업무 진행 체계를 이해하는 것이 혼선을 방지하고 업무를 효율적으로 진행하기 위하여 현장 운영 System은 필수적이며 매우 중요한 준비 사항이다.

다시 말해 System이 구축되어야 일을 정상적으로 수행하기 위한 준비가 끝나는 것이다. 물론 System은 공사 진행과 더불어 드러나는 Detail한 현지 사정에 맞추어 개선되어야 할 것이다.

예로 근무시간을 생각해 보자.

국내 현장처럼 아침 7시부터 오후 6시를 업무 시간으로 하는 것이 좋을 것 같다. 아침 7시부터 일을 하는 것이 무리가 없을까? 먼저 현지 직원들이 출근하기 위한 대중교통이 운행하는지 확인하고 문제가 있다면 통근버스 등 교통수단을 강구해야 한다. 아시아 국가들의 경우 출근해서 아침 식사 하는 것을 일상으로 여기기도 하므로 이런 경우 7시 30분까지를 아침 식사 시간으로 정하고 식사를 위한 공간도 마련하는 것이 필요하다.

7시부터 6시까지 11시간이 근무시간인데 이는 노동법이 정하는 1일 8시간 근로 기준을 상회한다. 그러므로 아침 식사 시간 30분, 점심시간을 1시간 30분으로 정하여 근로시간에서 공제하고 직원들이 점심 식사 후 휴식을 취하도록 하여 업무 효율을 높이는 것도 좋을 것이다.

그러면 1일 1시간의 Overtime이 발생하는데 이 Overtime은 고용계약 시 월급에 포함되는 것으로 하자. 즉 8시간 + 1시간 Overtime이 급여에 포함된 근무시간이 되는 것이다.

다음은 정규 근무시간 외 Overtime과 휴일 근무이다. 현지의 노동법 규정에 따라 어떻게 대가를 지급할지 정하고 이러한 OverTime 근무 승인과 확인 절차를 규정해야 한다.

또한 출퇴근 시간을 어떻게 관리하고 지각이나 조퇴 등 근태관리는 어떻게 할지도 명문화해서 관리해야 한다.

현지인 입장에서 낯선 외국업체의 업무 진행방식을 이해하고 자신의 역할을 찾는 것은 쉽지 않은 일이고 단시간 내 적응하기 힘들다. 기본적인 사항들이 정해지고 관리되지 않으면 혼란과 무질서가 조직을 망가뜨리고 정상적인 Project 수행이 이루어지지 않을 것이다.

건설의 모든 일은 사람에 의해서 이루어지기에 Mobilization 역시 필요한 사람들을 모으고 조직화하고 조직의 운영시스템을 구축하는 것으로 시작한다. 조직화는 개인별 부서별로 업무를 할당하는 것이고 운영시스템은 개인과 부서가 유기적, 효율적으로 업무를 수행할 수 있도록 업무의 Rule을 정하는 것이라 할 수 있다.

Mobilization 중
해야 할 일들

신규 진출 국가의 경우 Mobilization에 더 많은 조사와 준비를 위한 시간이 필요하므로 가능한 조기에 착수하는 것이 바람직하다. Project의 수주가 확정되거나 수주가 확실시될 때 신속하게 Project Manager와 핵심 인력으로 Project Team을 구성하도록 한다.

Project Team 구성

- Project Manager와 현장에 배치될 모든 인원이 초기부터 참여하는 것이 이상적이나 어려울 경우라도 Key Member로 공무 2인, 공사 2인은 반드시 포함해야 하며 관리직 1인은 현지 이동 전 합류하도록 한다.
- 현장에 근무할 소수의 인원으로 Mob. 업무를 감당하는 것이 여의치 않으므로 본사에서는 Mob. 지원인력을 Project Team에 파견하여 계획과 준비의 완성도를 높이는 것이 필요하다.

지원인력에는 견적에 참여했던 인원 중 1인, 본사 해외사업관리팀에서 1인을 포함하는 것이 바람직하다. 전자는 입찰 견적을 통하여 Project에 대한 이해도가 높고 관련 정보를 보유하고 있기 때문이며 후자는 해외사업관리를 통하여 타 Project 수행 자료와 Feedback 정보를 보유하고 있어 신규 Project Mob.에 이들 자료를 제공하여 활용하도록 할 수 있기 때문이다. 또한 Mob.에 참여함으로 해당 Project에 대한 이해도가 높아져 본사의 사업 지원과 관리를 원활하게 한다.

Project 인수

- 입찰/계약 자료 인수
- 해외견적팀/해외영업팀과 Project 인계인수 회의를 갖고 입찰 중 만난 발주처 인물들과 현지 업체 정보, 그리고 Project 관련 수집된 정보 전달

Project 검토

- 수집한 자료 검토, 주요 사항 요약
- Daily Team Meeting으로 의견 교환
- 엔지니어링팀 기술 검토 요청
- 주요 작업에 대한 국내 전문업체 참여 의사 타진과 견적 요청
- Mob. 계획 수립

현지 임시 Base 개설

- Project Team 현지 이동
  - Project Manager용 POA(Power Of Attorney)와 은행 거래를 위한 관리자용 POA 필요
  - 회사 정관, 이사회 결의서. 사업자등록증은 번역, 공증하여 준비
- 현지 임시 사무실, 숙소, 차량 임차
- 현지 기술자 2~3인 선채용 하여 Guide로 활용

현지 조사

- 현장 방문
  - 현장 정밀 답사 : 토질(습지/암반), 지장물(가옥/농작물), 배수로 등
  - 접근도로 조사 : 대형장비 접근 가능 여부, 포장 상태, 추가 접근로 개설 필요성
  - 배후 도시 답사 : 인력, 자재 조달 가능 여부, 직원 거주 주택

- 발주처 방문 : Project Director와 Client Representative 면담. 공사 관련 정보 수집
    - 본 공사 향후 추진 일정
    - Project 관련 진행 상황
    - 용지보상 진행 상황 및 Hand over 계획
    - 공사 관리 조직 및 역할(발주처 조직도 입수)
    - 감리 조직 및 수행 계획
- 설계 자료 추가 입수
    - 설계도면 CAD file
    - 토질 조사 보고서
    - 구조계산서
    - 설계가 산출 관련 자료
    - 수량 산출서
    - 측량 관련 자료
    - 설계변경 관련 절차 확인
- 현지 건설업체 Meeting
- 현지 시공 중인 국내업체 현장 방문

현지 법인 설립 및 은행 계좌 개설

- 사업자 등록 & 납세번호
- 현지 은행 계좌 개설
    - 기성 수령 계좌의 경우 발주처 지정 은행 개설
    - 발주처가 기성 수령 은행을 지정하지 않았거나 기성 수령 외 사용 목적의 계좌는 현지 외국계 은행 개설이 바람직함

선급금 신청

- P-Bond가 계약에 명시된 기한에 의거 제출되어 있어야 하나 제출되지 않았을 경우 선급금 신청 시 AP-Bond와 함께 제출한다.

현장 사무실, 숙소 개설

- 현장 사무실은 위치가 매우 중요하다.
- Project의 공사 내용과 현장 위치에 따라 다르겠지만 도심지 지하철 공사처럼 현장이 짧은 거리 안에 집중되어 있는 경우 도보로 현장 접근이 가능한 거리에 사무실이 위치하는 것이 편리할 것이다.
하지만 도로공사처럼 현장이 긴 거리에 펼쳐져 있는 경우 현장 특정 지점에 사무실을 세울 필요가 없다. 어차피 현장 접근은 거의 차량을 이용할 것이기 때문이다.
- 현장 ROW 내 현장 사무실을 세울 계획이라면 공사와 간섭이 발생하는지 잘 따져 보아야 한다. 공사가 끝나기도 전에 사무실을 철거해야 하는 번거로움을 피하여 공사용지 외 지역에 사무실을 세우는 것이 유리할 수도 있다.
- 예를 들어 도로 공사이면 도로 중간지점에 사무실을 세우기보다 도시에 가까운 도로 시점이나 종점에 위치를 잡는 것이 좋겠다. 현장 직원의 1/3정도가 공사 Part로 현장에서 일하지만, 나머지는 주로 사무실에서 일을 하고 현장을 찾아오는 외부 관계자도 적지 않기 때문이다. 또한 직원들 모두가 매일 출퇴근하는 거리를 단축하는 효과도 있다.

필리핀 Dam Project 건설 때 현장 사무실을 산 가운데 위치한 현장 내에 세웠다. 일반적인 통념이 현장 사무실은 현장과 가까워야 한다는 것이었다.

하지만 우기가 되자 일반도로에서 현장까지 1시간 거리의 포장이 되지 않은 접근로는 4륜 차량조차 통행이 불가할 정도로 죽탕이 되었고 자재의 공급이 끊기어 공사가 중단되는 것은 물론 생필품과 발전에 필요한 유류까지 부족하여 생활에 큰 불편을 겪게 되었다.
현장에 접근하는 일반도로 인근에 현장 사무실과 Main Camp를 세우고 현장에 공사용 간이사무실을 설치하였다면 이 같은 어려움을 겪지는 않았을 것을 깨닫고 후회막급하였다.

사실 대형 댐 공사 특성상 관련한 자재, 장비, 설계, 외주업체들과 협의할 일과 횟수가 많았는데 모두에게 현장 사무실 방문이 시간적 Loss가 많아지는 비효율적인 일이 되었다.

- 숙소는 가급적 현장 사무실 옆에 짓지 말고 인근 도시에 주택을 임차하여 거주하는 것을 권장한다. 업무 효율은 적절한 휴식이 이루어져야 상승하는데 현장 내 숙소에서는 휴식을 취할 여건이 제공되지 않기 때문이다.
- 사무실은 개설 후 현지 Security 회사와 보안 용역 계약을 체결하여 24시간 경비가 이루어지도록 조치하여야 한다.

현지 직원 채용

- 먼저 조직도 작성하여 Position과 Ability별 인원 소요를 파악한다.
- 인원 모집은 신문 광고를 게재하고 현지 직원들의 추천을 받는 것을 병행한다.
- CV를 검토하여 외국 건설 회사 근무 경력이나 유사한 Project 경험을 지닌 사람을 우선하여 면접을 진행한다.
- 제출된 CV의 경력이 사실이 아니거나 근무 경력을 과대 포장하는 사례가 있으므로 면접 시 구체적인 질문리스트를 준비하여 사실 여부를 확인하여야 한다.
- 현지인으로 필요한 인력 수급이 충분치 않을 시 본사에 도움을 요청하여 3국인 채용을 추진한다.

현장 인수 및 측량

- 측량좌표 인수와 확인 측량, 현장 측량망 구성(현장 내 Bench marks 설치)
- 용지보상 현황 Follow up
- 현장 착공 전 상태 기록 보존용 사진 및 동영상 촬영

외주업체 선정

- ITB/현장 설명
- 견적 접수, 평가
- 업체 선정 & 계약 협상
- 본사 승인 & 계약
- P-bond & AP-bond 접수 및 선급금 지급
- 💡 수락 가능한 Bond 발급 현지 은행 List를 본사 금융팀에서 받아 사전에 외주업체에 통보

소요 장비 조달계획 수립 및 장비 발주

- 공사별로 필요한 장비를 구체적인 성능 요구사항과 함께 정리
- 장비 제조사 현지 or 국내 대리점에 소요 장비에 대한 제안 Model과 성능설명서, 견적서를 요청
- 장비 제안서 비교, 검토 후 장비 선택 후 Spare Parts 포함 구매 계약
- Concrete Batch Plant, 아스콘 Plant, Crusher Plant 장비는 설치 시 운전을 포함한 구매가 필요하며 계약 시 설치 작업 관련 현장과 장비 제조 회사간 책임 소재를 명확히 규정해야 한다.
  Concrete Batch Plant, 아스콘 Plant는 운영관리에 별 어려움은 없는 편이나 Crusher Plant의 경우 장비 종류에 따른 구성과 Model 선택, 운영과 유지관리 Knowhow에 따라 생산 효율과 원가 측면에 상당히 큰 차이가 발생하므로 가급적 전문업체에 맡기는 것이 바람직하다.

> 중부고속도로는 국내에서 2번째 시멘트 포장 고속도로이지만 1차선 전폭 포장 시공이었던 첫 번째 88고속도로와 달리 2차선 전폭 포장으로 시공되었다.
> 그렇다 보니 국내 처음으로 소개되는 2차선 전폭 시멘트 콘크리트 포장을 위한 Concrete Slipform Paver 제작회사별 Model과 성능에 관심이 집중되었다.

10개 공구로 나누어 시공된 중부고속도로의 10개 시공사는 나름 연구와 비교, 검토를 통하여 장비를 구매하였고 비슷한 시기에 시멘트 콘크리트 포장에 착수하게 되었다.

미국의 Gomaco사와 Caterpillar사의 장비들을 대부분 선택하였고 벨기에의 SGME사 장비가 1공구에 투입되었다.

시멘트 콘크리트 포장 완료 후 포장 평탄성 시험 결과가 장비 선택의 공과를 갈랐다. 다른 두 제조회사의 장비에 비하여 SGME사의 Slipform Paver를 사용한 1공구의 PRI 결과가 훨씬 양호하였고 Grooving 작업을 해야 할 면적이 다른 공구들에 비해 적었다.

상대적으로 PRI 결과가 떨어졌던 다른 공구들은 적지 않은 비용을 투입하여 Grooving 작업을 해야만 했다.

이후 고속도로 시멘트 콘크리트 포장은 SGME사(현재 Wirtgen) Slipform Paver가 전담하고 있다.

- Drill & Blast 공법 터널 굴착에서 Main 작업이 천공 작업이고 여기에 사용되는 장비가 Jumbo Drill이다.

  최신 Jumbo Drill은 다양한 기능을 장착하고 있지만, Jumbo Drill의 가장 중요한 기능은 터널 천공이고 이를 담당하는 Part가 Boom 끝에 장착되는 Rock Drill이다. Rock Drill의 성능은 천공속도로 대표되지만 이에 못지않은 것이 형상과 제원이다. 터널의 Contour Line 천공 시 Rock Drill 크기가 클수록 천공 각도가 내공단면 바깥쪽으로 커지므로 이에 비례하여 발파 시 여굴이 증가하게 되며 5m 이상의 장공 발파에서는 더욱 여굴량이 증가하게 된다.

  여굴의 증가는 버럭 처리, Lining Concrete 수량 증가로 비경제적인 굴착의 원인이 된다. 그러므로 터널 굴착을 위해 Jumbo Drill을 고른다면 Rock Drill 제원을 꼭 비교, 확인하자.

시험실 개설

- 직영 or 외주 or Hybrid(시험빈도가 높고 소규모 시험 장비로 가능한 시험은 현장에서 그 외 시험은 외부 시설에서 하는 방식) 운영 결정
- 외주 시 업체 제출 시험실 운영 Proposal 검토 후 선택
- 시험 운영 계획 수립

자재 발주

- 레미콘 업체와 납품 계약(가능한 2개 업체 이상 계약 바람직함)
- 토취장, 골재원 및 운반업체 계약
- 화약류는 취급 허가를 포함하여 구매 절차가 복잡하고 긴 시간이 소요되며, 특히 현장에 임시 화약보관소 설치가 필요한 경우 화약보관소 공사 기간까지 고려하여 구매 진행이 필요
- Long Lead Item 선 발주
- 해외 자재 구매/조달 절차
    - 자재 제조회사 or 대리점 물색
    - 자재 상세, 시험성적서 및 견적서 요청
    - 요구 Specification 만족 여부 검토와 견적서 비교
    - 자재 승인 신청 to Consultant
    - 자재 승인
    - 자재 발주
    - 제조사 생산
    - 운반 및 통관
    - 현장 반입 및 검사

Casecnan Hydropower Project in Philippines 시행착오 사례

가장 가까운 도시까지 2시간이나 걸리는 산 가운데 위치한 현장 여건상 Concrete Batch Plant를 현장에 세워 운영하기로 하였다.

현지의 시멘트 가격이 국내와 비교하여 비싼 이유로 국내에서 시멘트를 수입키로 계획하였는데, 막상 Bulk 시멘트를 국내에서 들어오려고 알아보니 필리핀 항만에 가용할 수 있는 Bulk 시멘트 Silo가 없어 배가 도착해도 하역을 할 수 없는 사정이었다.

할 수 없이 다른 방법을 찾아보니 40kg Bag과 1Ton Pack 포장 시멘트가 있었다. Bag보다 Pack 시멘트가 사용상 나을 것으로 보이나 Pack 시멘트 사용을 위해서는 Silo에 Pack Lifter와 투입설비가 있어야 하는데 이런 상황을 예상치 못하고, Bulk 시멘트만 생각한지라 관련 설비가 없었.

상황 파악 후 서둘러 Pack 시멘트 투입설비를 발주하였는데 제작, 운반, 설치에 3개월이 소요되었다.

그동안 40kg Bag 시멘트를 인력으로 Silo에 투입하여 가까스로 Batch Plant를 운영하였는데 Bag 시멘트를 뜯어서 Silo에 쏟아붓는 작업으로 전신은 물론 눈썹과 콧구멍까지 하얗게 시멘트 가루로 덮인 현지 인력들을 보면서 정말 못할 짓이라 생각했다. 1990년대 중반 필리핀 산속이었기에 넘어갔지만 지금 같아서는 있을 수 없는 일이다.

현지 상황에 대한 조사가 부족하고 시멘트 수입에 대한 문제점을 파악하지 못했기 때문에 엄한 사람들이 고생했다.

필리핀 시멘트 시장 가격이 높게 형성되어 있는 관계로 현지의 시멘트 생산회사들이 외국의 시멘트 반입을 막고자 부두의 Silo 시설을 매점한 것이었다. 단순하게 현지 시멘트 가격이 비싸다고 국내 시멘트를 반입하려 하면서 시멘트 수입 과정에 대한 조사를 제대로 하지 않아 시멘트 수입을 막기 위한 현지 시멘트 업체의 횡포를 알아채지 못함으로써 이러한 시행착오를 겪고 말았다.

Pre-Construction Meeting

- 착공에 앞서 Project 수행 방안 Presentation을 하고시공 관련 Key Issues에 대하여 발주자, Consultant와 토의를 위한 회의로 다음과 같은 Agenda(예시)로 진행된다.

No	Agenda	Items for discussion
1	Objective and key issues for project implementation	- Project objectives - Scope of works - Key Issues
2	Project organization and staff assignment	- Organization and staff assignment - Communication network - Staff mobilization schedule
3	Work schedule and monitoring	- Baseline schedule & S-curve - Disbursement schedule - Equipment and material schedule - Progress monitoring
4	Work procedure	- Work days and working hours - Inspection request and approval - Instruction and recording - Measurement and billing preparation
5	Material sources and borrow pit	- Planned material sources - Borrow pit development plan

6	Quality control	– Quality test and approval – Laboratory plan and testing equipment – Accredited material engineer
7	Base camp, plant yards and waste areas	– Planned location of Contractor's office – Engineer's office – Plant yards – Disposal sites – Land arrangement for facilities
8	Preparatory works	– Land arrangement for the facilities – Supply of shop drawings – Control points and as-staked survey
9	Traffic diversion and control	– Existing road detour plan – Traffic control and road maintenance plan
10	EMP(Environment Management Plan)	– Environment Management Plan and approval – Current status of ROW including land acquisition and resettlement
11	Reporting	– Monthly progress report preparation – Daily and weekly report preparation – Monthly material quality control report – preparation
12	Others	– Weekly and monthly progress meetings – Coordination meeting with Regional Offices – Labor welfare and safety – Utility relocation

IT 활용

현지 사정에 따라 다르겠지만 국내와 비교해 인터넷 환경이 열악하고 이로 인하여 업무 효율이 떨어지는 것이 일반적이다.
소수의 한국 직원들은 국내에서 누리던 편리함이 제공되지 않는 현지 업무 환경에 낯선 감정 이상의 당혹감을 느낄 수도 있다. 업무 효율을 높이는 OA 시스템 구축과 보안에 넉넉히 투자하자.

문서와 자료의 공유를 쉽고 신속하게 하되 가능한 문서의 출력은 지양해야 한다. 회의자료도 전산화하여 사전 공유하고 회의 시 프로젝터를 통하여 자료를 올려놓고 진행하고 자료의 공유도 NAS를 통하여 관리하는 것이 좋다.

Office IT Facilities

No	Item	용도	비고
1	Internet + 고속 WiFi Mesh 공유기	인터넷, NAS, Copy Machine 공유	
2	Network Allocated Storage 4Bay	문서와 도면 저장/Backup과 공유 외부에서 자료 접근 가능	보안시스템 중요
3	Color Copy Machine with Auto Feeder	수발신 문서 Scanning PDF file로 저장 문서와 도면(A3 size) 출력	다량의 문서 Scan을 위한 Auto Feeder option 필수
4	Projector	회의자료 인쇄물 대체 화상회의 필수 장비 NAS 저장 자료 회의 중 사용 가능	FHD 해상도, 3000Ansi 이상 밝기
5	WiFi CCTV + LCD TV	현장 주요 작업 Monitoring & 기록	NAS와 연결하여 영상 저장
6	Camera Drone + 동영상 Camara	주요 작업 동영상 기록 착공 전후 동영상 촬영	FHD 이상 해상도
7	화상회의 전용 마이크 & 스피커	화상회의 증가 추세	음성 인식률이 높은 장비 필요

Mobilization 중
주요 업무

Initial Program

- Mob. 기간 중 수행해야 할 가장 중요한 사항으로 Initial Program 발주처 제출과 승인을 꼽을 수 있다.
  Initial Program은 Mob. 최종 결과물 중의 하나로서 Project를 어떻게 수행할 것인지를 보여 주고 공사 방법에 대한 발주처의 이해와 승인을 얻는 수단이 된다.
  Initial Program을 통하여 발주처의 이해를 넘는 신뢰를 얻을 수 있다면 공사 수행에 청신호를 받은 것이라 볼 수 있다. Initial Program은 다음과 같다.
    - Construction Baseline Schedule
    - Overall Project Execution Plan
    - Q.A / Q.C Plan
    - HSE Management Plan

실행예산

- Project Team이 수립한 시공 계획에 대한 발주처의 청신호를 받기 위한 결과물이 Initial Program이라면 실행예산은 회사 내부에서 시공 계획의 타당성을 검증하고 Project Team에게 경영 측면의 Mission을 부여하기 위한 대상이 된다.
  건설 회사에서 Project 현장은 실제적인 생산활동이 이루어지고 손익이 발생하는 최일선으로, 실행예산은 이러한 생산활동과 손익의 기준이 되기 때문에 현장이나 본사 모두에게 그 중요성이 특별하다고 볼 수 있다.

- 실행예산은 본사 실무팀의 검토를 거치며 조정이 있을 수 있지만, 최종 결정은 경영층에서 나와야 한다. 때문에, Project 시공 계획 발표회를 열어 Project의 기술적인 부분과 Project Team의 시공 전략을 경영층에 소개하여 실행예산이 나오게 된 배경을 납득시키는 것이 실행예산의 승인은 물론 향후 원활한 공사 수행을 위한 본사의 협조와 지원을 얻기 위하여 중요한 일이다.

Project Document 계획

- Report : Daily Report Form / Monthly Progress Report Contents
- Interim Payment Application 양식과 첨부 Documents 종류
- Document Control Plan
- 이러한 Documents 양식은 Mob. 기간 중 발주처에서 사용하는 기존 양식을 참고하여 준비하고 Consultant, 발주처와 협의하여 확정한다.

운영시스템 [Project Management System]

- Vision and Goal
- Organization
- 업무 Manual
- 인사관리 규정과 근무 지침

Value Engineering

- 경쟁 입찰을 거쳐 수주한 Project는 할 수 있는 만큼 공사비를 Squeeze한 상태로 Project Team은 수행 계획과 실행예산을 작성하며 시공 원가 절감에 심각하게 어려움을 느낄 수밖에 없다. 이러한 상황에서 탈출구 중 하나가 Value Engineering 이다.
- 대부분의 해외 Project 계약은 Value Engineering에 관한 조항을 포함하고 있으며 요점은 목적물에 동등하거나 상위의 품질을 제공하는 설계나 Requirements의 변경은 가능하며 이로 인한 시공자의 이익은 발주자와 50%씩 나누어 가진다는 것

이다. 하지만 변경에 따른 이익의 산정은 시공자에 의해 이루어지므로 시공자에게 유리(?)하게 변경 공사비가 계산되는 것이 통상적이라 할 수 있다.

Sri Lanka Colombo Storm Water 배수터널 Project 사례

입찰 시 발주자가 제시한 Drawings에서 터널은 1차 Precast Concrete Segment Lining을 Shield TBM 굴진과 함께 시공하고, 굴진 종료 후 2차 Lining을 추가 시공하는 것으로 설계되었다.

계약 후 Detail Design에서 시공자는 2차 Lining을 생략하고 1차 Segment Lining의 두께를 증가시키는 V.E 제안을 하였다.
기본적으로 고강도의 1차 Segment 두께 증가가 내구성 측면에서 유리하며 Lining 표면의 조도계수나 요철이 터널의 배수에 미치는 영향이 없음을 내세워 발주처의 승인을 받게 되었다.

이로 인하여 터널 굴착 직경이 20cm 감소되어 굴착과 버럭 처리 수량이 줄어들었고 Lining 콘크리트 수량도 아낄 수 있었다. 그리고 2차 Lining을 위한 Lining Form과 터널 내 콘크리트 운송, 타설 장비 그리고 직업 인력 투입이 생략되었으며 무엇보다 2차 Lining 시공 기간만큼 공기를 단축하여 장점이 크게 두드러진 Value Engineering이었다.

Method Statements

- Method Statements는 시공자가 특정 공사에 대한 작업 방법, 동원될 장비와 인력, 작업 일정 그리고 품질과 안전관리에 대하여 기술한 것으로, Consultant의 승인을 받아야 해당 공사를 착수할 수 있다.
그러므로 Mob. 중 주요 작업에 대한 Method Statements를 준비하여

Consultant의 검토와 협의를 진행하여 작업 착수에 지장이 없도록 준비하여야 한다.
- Method Statements는 계약에서 요구하는 사항에 따라 목적물이 시공되는지를 확인하기 위한 절차로서 작업 방법의 타당성에 대하여 1차 확인된 후 실제 작업 수행 단계에서는 Method Statements에서 계획한 대로 작업이 이루어지는지 점검하는 기준 역할을 하게 된다. 그러므로 시공 중 작업 방법을 바꾼다면 Consultant는 작업을 중단시키고 변경하고자 하는 방법에 대한 새로운 Method Statements 제출을 요구할 것이다.

Mobilization 중
명심해야 할 사항 2가지

첫째로 'A good beginning makes a good ending 시작이 좋으면 끝도 좋다'라는 영미권의 속담이 있다.
Mobilization이 시작이고 Mobilization을 통해 발주처의 신뢰를 얻으면 이것이 좋은 시작이 된다.

허술한 시공 계획을 제출하여 퇴짜를 맞고 작업 준비 과정이 계획대로 진행되지 않는다면 발주처와 Consultant는 걱정 어린 눈으로 시공자를 보게 될 것이고 매사를 의심하게 될 것이다.
당연히 공사가 순조로울 수 없다. 공사를 규정대로 수행할 의지가 있고 Project를 제대로 시공할 기술 역량이 충분하다는 것을 Mobilization을 통하여 발주처와 Consultant에게 보여 줘야 한다.
Mobilization에서 발주처와 Consultant의 신뢰를 얻는 것은 좋은 첫인상을 주는 것과 같아 공사 수행에 Advantage가 될 것이다.

Project를 계약에서 약속한 대로 완수하면 신뢰가 Reputation으로 남는다.
건설 회사의 가장 Valuable한 자산 중 하나이며 쉬이 얻기 힘든 '엑스칼리버' 역할을 하는 것이 Reputation이다.
고난도의 시공이 요구되거나 초대형 규모의 Project 건설을 계획하는 발주처는 세계 유명 건설 회사에게 참여를 요청하고, Reputation이 높은 건설사는 적자를 각오하는 피 말리는 가격 경쟁 없이 '우아'하게 Project를 수주한다. 대표적인 회사가 벡텔이다.

현대건설이 주베일 산업항 Project를 약속대로 완공하며 Reputation을 얻었고 이전에는 바라만 보던 'Major League'에 입성하여 많은 대형 Project를 수주할 수 있었다.
우리나라 건설업체는 Reputation의 가치를 일찍이 깨닫고 있기에, 계약서에 서명한 이상 Project가 적자일지라도 완공하기 위하여 최선을 다한다.
하지만 외국 건설사 특히 중국 업체들의 경우는 적자가 나는 공사를 계속하지 않는다. 아마 그들은 Reputation의 가치보다 당장의 이익을 더 중요하게 보는 것 같다.

주베일 산업항 Project 해상 운반 강재 구조물 파손 Case

현대건설은 주베일항만 공사에 필요한 해상 Jetty 강재 구조물을 울산조선소에서 제작하여 바지선에 실어 주베일 현장으로 운반하였다. 출발해서 도착까지 35일이 걸렸는데, 매달 한 번씩 바지선이 출항했다.

구조물 하나의 무게가 550Ton, 높이는 36m로 10층 빌딩과 같았다.
총 운반회수를 19회로 계획하였는데 11번째 운반 중 태풍을 만나 강구조물이 파손되는 상황이 발생하였다.
새로 제작하려면 6개월의 공기가 지연되는 상황에서 현대건설은 파손된 강구조물을 현장으로 운반, 수리하여 사용키로 하고 영국의 Halcrow 소속 Consultant에게 관련 계획을 제출하였다.

> Consultant 입장에서는 매우 부담되는 상황이었으나 시공자의 계획을 검토하고 협의를 거친 후 승인해 주었다.
> 이러한 Consultant의 결정이 아니었다면 현대건설은 입찰 시 제시한 공기 단축을 지키지 못하였을 것이고 성공 신화도 희석되었을 것이다.
>
> Consultant가 위험 부담을 안고 중대한 결정에서 현대건설에 Green Light를 보내 준 것은 앞서 도저히 가능하지 않다고 여겼던 국내 제작된 강구조물의 해상 운반을 10번이나 수행하면서 현대건설의 작업에 대한 신뢰가 구축되었기 때문이라 볼 수 있다.

둘째는 시간을 볼모로 내주지 말아야 한다.

작업을 착수하기 위해서는 Initial Program 외에 Method Statements, Shop Drawing 등을 준비해서 Consultant의 승인을 받아야 한다. Design-Build 계약이면 Detail Design 승인도 필요하다.

이러한 서류들이 Consultant에게 제출되면 계약에 의거 14일의 검토 기간이 주어지는데, 대부분 Comments와 함께 보완을 요청하는 회신이 올 것이다. 이러한 보완 요청이 1회에 그치고 승인이 되면 문제가 없겠으나 보통 2회 이상 재제출과 보완 지시를 받으면서 작업 착수 시기가 늦어지게 된다.

직업 착수가 지연되기 시작하게 되면 Consultant의 다소 불리한 지시 사항에도 대응하지 못하고 받아들이게 되는 상황이 발생한다.
때에 따라 노회한 Consultant는 의도적으로 이러한 상황을 연출하여 시간을 볼모로 잡고 유리한 입장에서 자신들의 의도대로 공사를 진행시키려고 하기도 한다.

이러한 상황을 피하려면 작업 착수 전 충분한 시간을 가지고 Method Statements나 Shop Drawing을 제출하도록 준비하고 반복되는 보완 요청은 작업에 대해 이해가 부족하다는 인상을 줄 수 있으므로 시간을 가지고 제대로 작성하여 제출하는 것이 중요하다.

5장   TO BE A SUCCESSFUL PROJECT MANAGER

실패하면 거울을 보고,
성공하면 창가로 가 많은 사람들을 보며 감사하라.

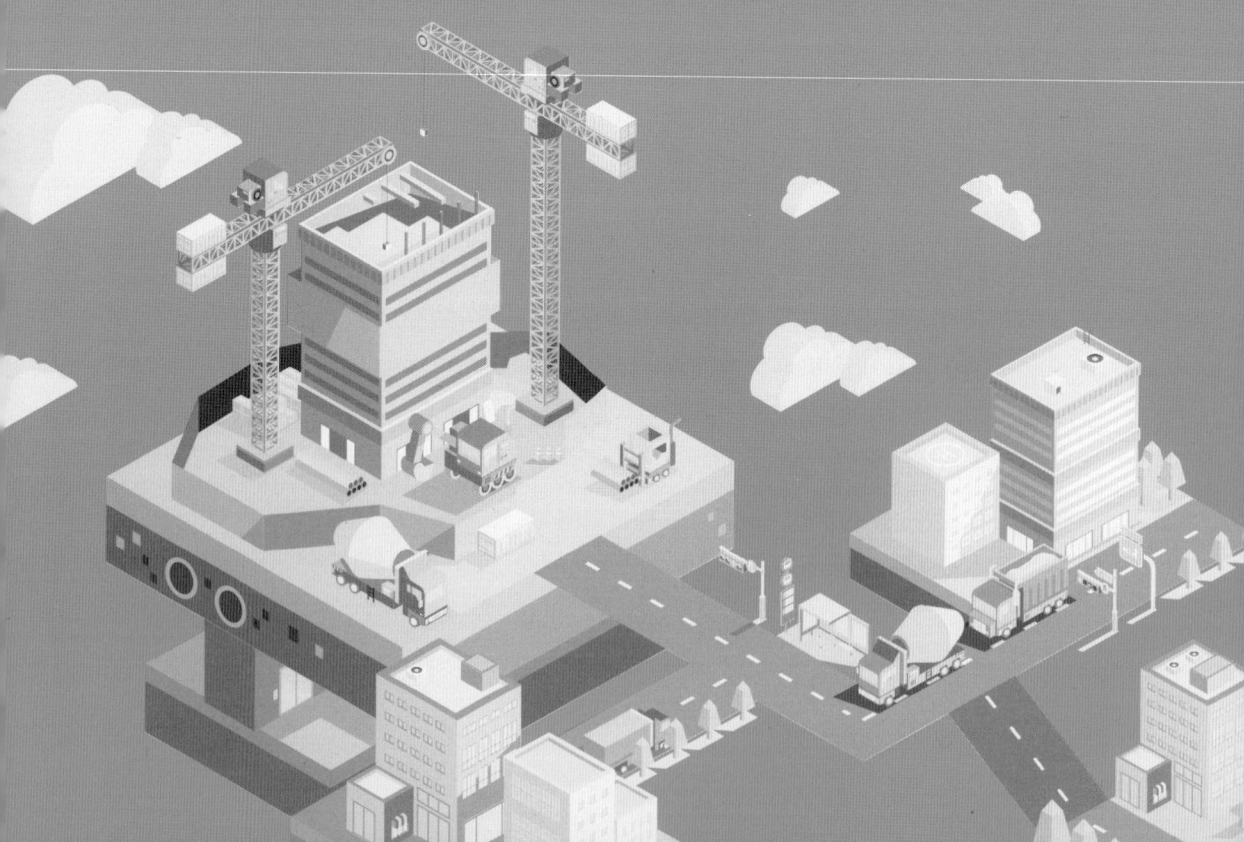

Project Manager는 CEO다

해외 Project 수주 후 현지에서 행정적으로 가장 먼저 해야 하고 또 중요한 일이 현지 법인 설립이다. 현지 법인이란 별도의 회사를 현지에 설립하는 것을 의미한다.

Project Manager는 본사가 보증하는 POA(Power of Attorney)를 기반으로 현지의 자회사 사장으로 등재된다. 2억 불 규모의 공기 4년짜리 Project라면 연 매출 600억 원을 상회하는 회사의 CEO가 Project Manger이다.

성공적으로 해외 Project를 완성하기 위하여 필수적이고 가장 중요한 요소가 Project Manager의 역할이다. 즉, Project Manager의 Leadership과 Decision Making이다.

Leadership은 신뢰에서 나오며 이는 Project Manager가 행동과 결정에서 일관성을 보여 줄 때 강력해진다.

Leadership의 원천은 '지위에 따른 권위'와 'Personal Power'로 볼 수 있는데 존경받는 Leader는 후자에 의한 역량을 발휘하여, 조직원들이 자신의 능력을 발휘하고, 발전해 가도록 하면서 목표를 이루어 내는 Leader이다.

자신이 조직의 주인이고 모든 일은 자신이 다 안다고 생각하는 권위적

Leader는 결국 아무 일도 해내지 못한다.

어떤 제품이든 일의 성공이든 천재 한 사람의 손에서 탄생하는 것은 없다. 다수의 노력이 모여 개인의 합 이상을 이루어 내는 것이다. 이것을 가능하게 하는 조직을 만들고 이끌어 나가는 것이 Leader의 진정한 역할이다.

Project Team 역량 구축에
최선을 다하라

Project Team의 역량은 구성원과 조직을 움직이는 System에서 나온다.

영국 Premier League 축구팀 감독 입장에서 생각해 보자.
Team이 우승이나 이에 근접하는 우수한 성적을 달성하기 위해서 무엇을 해야 할까? 공격진의 Goal 결정력이 부족하다면 걸출한 Striker를, Mid-field에서 공격 Line으로 Ball의 배급이 원활하지 않다면 공격형 Mid-field Player를, Goal Keeper의 방어가 미진하다면 방어율이 높은 선수로, Team의 역량이 우승할 수 있는 전력이 되도록 부족한 부분을 채워 줄 우수한 선수를 영입해야 할 것이다.
다음으로는 선수들의 능력을 고려한 Team 전술을 짜고, 훈련하고, 선수들이 최상의 컨디션을 유지하도록 관리하는 것이다.

Project 건설도 프로축구팀 운영과 다르지 않다. 시공은 사람이 주체가 되어 이루어지므로 분야별로 능력이 있는 Team Member를 끌어들이고 이들이 보유하고 있는 역량을 마음껏 발휘할 수 있도록 판을 짜 주는 것이 Team 역량을 증폭시키는 길이 될 것이다.

축구와 마찬가지로 Project의 건설도 혼자 할 수 있는 일이 아니다.

Team의 목표를 세우고 협력하여 주어진 Mission을 성취할 수 있도록 효율적인 업무 System을 구축하는 것이 Team 역량 성장의 동력이라 할 수 있다. 그러므로 Team 구성원 선발에 있어 기술적 능력도 중요하지만, Teamwork를 위한 인성 측면에서 신중한 고려가 필요하다. 또한 Senior와 Junior를 적절히 배분하여 경험과 열정이 공존하는 조직을 구성하는 것이 바람직하다.

Project Team의 힘은 공동의 목적에서 나온다. 공동의 목적에서 중요한 것은 '무엇을 하느냐'보다 '왜 하느냐'이다. 목적이 왜 존재하는지, 목적을 왜 달성해야 하는지, 목적이 무엇에 도움이 되는지가 중요하다.
누구나 자신이 조직의 일원으로 중요한 일을 하고 있다고 느낄 때 일을 잘하려는 의지와 욕구가 생기고, 조직에 활력을 불어넣고 대의를 실현하는 데 힘을 보태고 싶어 한다. 조직의 목적을 달성하는 것이 자신에게 달렸다고 생각하는 것이다.

Project Team 역량의 한계를 인식하고 그 이상의 Task로 Load를 주지 말아야 한다. 결국 과부하는 Teamwork의 파열과 정상적인 Routine에 문제를 발생시킨다.
이러한 상황은 회사의 Tight한 Project Team 인력 운영 기조에 따른 것으로 Team 업무 수행에 Overload로 작용할 것 같은 추가적인 업무는 본사에 지원 요청을 하거나 외부 용역으로 해결하도록 하자.

공사 중 팀원 교체를 쉽게 생각하지 마라.
아무리 유능한 사람이 와도 전임자와 동등한 업무 역량을 갖추는 데 최소 3개월 이상이 필요하다. 또한 Project 초기의 전임자가 담당했던 업무 History는 결코 Recovery될 수 없다. 특히 Project Key Person이 교체되는 경우

Consultant와 발주처 담당자들과 관계를 재구축하는 과정에서 야기되는 삐거덕거림은 Project 진행에 적지 않은 영향을 미칠 수 있음을 알아 둬야 한다.

Project Team 구성원의 대부분을 차지하는 현지인들이 회사의 업무 추진 방식과 무엇을 중요하게 여기는지를 이해하고 일을 추진하는 데 머뭇거림이 없도록 Orientation 과정을 마련하고 Team 구성원 서로에게 결속감을 진작시킬 수 있는 Program을 운영하도록 한다. 현지 직원들이 능동적으로 행동해야 일이 제대로 추진되는 것이다.

Project의 목표를 향한 과정에서 직원들이 얻는 작은 성공을 축하하여 열정을 더 크게 키워 주고, 작은 실패는 격려하여 목표를 향한 의지가 위축되지 않도록 독려하는 것이 Leader의 책임이다.

존중하는 Leadership 자세를
보여 주자

Project Leadership은 참여자 모두가 존중받고 있다고 생각하는 것에서 출발한다. Project Manager는 Project를 책임지는 Leader로 직원, 현지인, 외주업체 모두를 잘 대우하여 그들이 자존감을 가지고 일할 수 있게 해야 한다.

이러한 존중하는 마음이 실제로 나타나고, 가장 중요한 것이 먹고 사는 것이다. 직원들은 물론 현지인 그리고 Project 참여자라면 누구라도 잘 먹고 힘을 내어 일할 수 있도록 식당 운영과 식사의 질에 대하여 사려 깊게 계획하여야 한다. 특히나 한국의 식자재 구입이 여의치 않은 국가에서는 본사의 지원을 통해 정기적으로 한국 식자재를 수입하는 성의(?)를 발휘해야 한다.
또한 직원들이 편히 휴식을 취할 수 있는 숙소와 업무 스트레스를 해소할 수 있는 근무시스템을 마련해야 할 것이다. 잘 먹고 잘 쉬는 것이 곧 일을 잘할 수 있는 원동력이기 때문이다.

현지 직원들에 대한 세심한 배려가 중요하다.
현지인이 대부분의 실무를 담당하는 실정으로 그들이 업무를 잘할 수 있도록 Orientation 같은 Training Program을 마련할 필요가 있다. 또한 성과에 대한 보답이 느껴지도록 우수근무자들의 한국 본사와 현장 방문 Program도 입도 고려하면 좋을 것이다.

Project 참여자,
관계자와의 소통 Channel을 열어라

우선은 Project 수행 핵심 참여자인 직원들과 소통을 하는 것이 중요하다. Mobilization 중에는 매일 회의를 가져 업무 진행 상황을 공유하고 가치 있는 의견을 모으는 것이 필요하고, 이후에는 주 2회 정도 빈도를 조정하여도 무방하다.

다만 항상 직원들의 의견을 경청하는 자세를 견지하여 직원들이 소통을 위하여 다가가는 것이 어렵게 느끼지 않도록 해야 한다.

또한 WhatsApp 같은 SNS를 통하여 직원들이 정보와 의견이 공유될 수 있도록 소통 환경을 조성할 필요가 있다.

Consultant의 수장인 Team Leader는 시공 관련 모든 사항에 대한 승인 권한을 가지고 있는 Project의 가장 핵심적인 멤버 중 한 사람이다.

가능하면 매일 아침 Consultant 사무실을 방문하여 Team Leader와 차 한 잔 나누며 금일 작업 사항이나 Issue에 대해 의견을 교환하는 것이 바람직하다. 이렇게 사전에 의견을 조율하고 이에 따라 작업을 준비하게 되면 시행착오가 줄어들고 신속하게 작업 추진이 가능해진다.

시공은 건설사의 원맨쇼가 아님을 명심해야 한다. Consultant와 함께하지 않으면 원활한 시공의 진행을 기대할 수 없고 Consultant의 동의와 승인을 받지 못한 일은 제대로 한 것으로 인정되지 않는다.

외주업체는 직접적으로 작업을 수행하여 실질적인 결과를 만들어 내는 참여자이다. 외주업체가 작업을 제대로 할 수 있게 판을 짜는 것이 원청사의 역할이며 책임이다. 그러므로 주 1회 이상 회의를 통하여 작업 상황과 협조 사항에 대한 논의를 진행하여 작업이 순항하도록 지원하여야 할 것이다.

또한 월 1회 외주업체와 회의에는 외주업체 본사 담당자를 참여하도록 하여 외주업체 본사도 현장 상황을 파악하고 지원할 수 있는 System을 만드는 것이 필요하다.

이렇게 현지 업체와 소통을 통하여 긍정적인 이미지를 현지에 퍼뜨리는 것은 씨를 뿌리는 것과 같아서 매우 중요하다.

발주처는 Project의 기획자이자 최종 인수자이다. 또한 시공자에게 대가를 지급하고 계약금액의 변경을 승인하는 결재권을 보유하고 있는 가장 Powerful한 참여자이다.

발주처에는 Project Director와 실무 담당자가 Project에 직접적으로 관여하며 필요한 지원을 제공한다. 발주처가 Project에서 가장 원하는 것은 공기 내 제대로 건설된 인프라를 대중에게 제공하는 것이다.

또한 인프라 건설은 특성상 정부의 다른 기관에 영향을 미치거나 관여하게 만드는 경우가 일반적이므로 발주처는 Project의 계약기간 내 준공에 매우 민감하게 된다. 때문에, 발주처 역시 시공이 문제없이 진행되기를 누구보다 원하고 있다고 보면 된다.

그러므로 발주처와 정기적인 미팅 외에도 중대한 사안이 있을 경우 발주처를 방문하여 구체적인 내용을 설명하고 발주처의 의견을 수렴하여 사전에 협조를 구하는 것이 바람직하다.

더하여 골프나 테니스 등 운동 등을 통하여 업무 외 시간을 함께 보내는 것은 친밀함을 높여 Project에 부정적인 영향의 개입을 차단하는 효과를 기대할 수 있다. Close Rapport는 소통의 원활함을 촉발하기 때문이다.

Project가 위치하는 지역의 관공서와 마을 유지들도 직, 간접적으로 Project에 관여하는 사람들이다. 인허가는 물론 민원 등으로 Project에 부정적인 영향을 줄 수도 있고 도움을 주는 관계가 될 수도 있다. 무시당한다는 기분이 들지 않도록 관계 유지에 각별히 신경 쓸 필요가 있다.

다양한 Project 참여자와의 소통이 주는 장점 중 하나는 보고 싶은 것만 보고, 듣고 싶은 것만 듣는 '확증 편향(Confirmation Bias)'이나, 더 나은 방법을 찾지 않고 자신의 경험이나 익숙하고 쉽게 떠오르는 방법을 그대로 이용하고, 통계 정보보다 그럴듯한 이야기에 많이 끌리게 되는 '가용성 편향(availability bias)'에 제동을 걸어 주는 것이다.

이러한 확증 편향이나 가용성 편향이 나타나는 이유는 무엇보다도 자신의 생각이 틀렸다는 것을 스스로 인정하기가 싫기 때문이다. 그래서 우리는 우리와 생각이 같은 사람들끼리 어울리는 것을 좋아하고, 우리 생각과 다른 생각은 듣고 싶어 하지 않는다. 한마디로 사람들은 새로운 이야기를 듣기보다는 자신의 믿음을 확인받고 싶어 한다.

확증 편향이나 가용성 편향에 빠지지 않기 위해서는 자신과 다르게 생각하는 사람들, 전혀 다른 경험을 가진 사람들과 소통하는 것이 필요하다. 이러한 측면에서 다양한 사람들을 만나 그들의 의견을 듣고 생각하는 것이 매우 유용한 것이다.

자신의 생각과 다른 일이 일어났을 때, 그 일이 아무리 사소한 것이라 할지라도 결코 무시하지 말아야 한다. '우리는 언제든 틀릴 수 있다'는 생각을 지닌 열린 사람이 되어야 상황을 정확히 파악하고 올바른 판단을 내릴 수 있다.

P3 리포트에
익숙해져라

필리핀에서 Casecnan Hydropower Project 건설에 참여하고 있을 때였다. 매주 영미 Engineer로 구성된 Consultant와 회의를 하는데, 첫번째 Agenda가 안전관리였고 그다음이 P3 Progress Report를 펼쳐 놓고 공사 진행사항에 대한 질의와 답변을 주고받는 것이었다.

A 작업이 왜 착수가 늦어지고 있는지, B 작업은 계획보다 작업 진행 속도가 떨어지는데 원인이 무엇이고 대책이 있는지, 보고서를 보면서 질문을 해 왔다. 또한 앞으로 착수할 작업에 대한 준비상황에 대해서도 일일이 체크 하는 과정이 이어졌다.

이렇게 P3 Report를 놓고 질의를 하면 현장에서 일어나고 있는 문제점들이 모두 테이블 위로 드러날 수밖에 없었고 대책을 협의하게 되고 다음 회의 시 Consultant는 대책들이 제대로 시행되는지 확인하였다.

국내에서 경험하지 못한 회의 방식과 P3의 활용에 적응이 필요했으나 곧 이러한 관리 방식이 매우 효율적이고 유용하다는 것을 깨닫게 되었다.

또한 기성 대가 산정에 Milestone Payment 방식을 적용하였는데 P3의 완료된 Activity 기준으로 공정률을 산정하여 기성 대가를 지급함으로써 어느 Project에서보다 활용도가 높았다.

P3와 같은 Project 관리 Tool을 잘 사용하면 공사 관리를 효율적으로 관리할 수 있고 참여자들과 수월하게 Detail한 진행 상황을 공유할 수 있다.

그러므로 P3를 능숙하게 다루는 직원을 투입하여 주마다 공사 진행 상황을 Update하여 나온 Report를 면밀히 검토하여 계획의 진척 상황을 확인하고 필요한 자원의 조달과 장애물에 대하여 파악하도록 해야 한다.

〈 Progress Report 〉

- Critical activities (shown in the critical path, includes all delayed works)
- Longest path (activities which are not only delayed but are also responsible for the maximum estimated duration to complete)
- Comparison of current progress against previous (to determine just how much has been done, or not, since last update)
- Four Week and 2 Months Look Ahead
- All Activities by Early Start Description (This layout report contains all activities in a schedule sorted in chronological order. Typical Use Review upcoming work in chronological order (what is coming next). Note: consecutive activities may be on unrelated logic paths)

안전과 품질에
신경 써라

Infrastructure Project는 공공시설물을 만드는 것이다.
즉 많은 사용자의 편익과 안전을 보장해야 하기에 설계, 건설 모든 과정이 검증되고 시험을 거치는 것은 너무도 당연하다.
이러한 인정받기의 본질을 이해하고 적극적으로 나서야 한다.

규정을 준수하지 않은 행동이나 품질이 허용되면, 근로자들은 안전에 무관심해지고 품질을 지키려고 노력하지 않아도 된다는 결론을 내리게 될 것이다. 이러한 규정을 무시하는 행위는 파급력이 커서 한 사람에서 다수로, 하나의 작업에서 다른 작업으로 퍼져나가 Project에 악영향을 초래하게 된다.
Project 초기부터 교육과 안전과 품질관리를 강조하고 규정 준수를 위한 현장 교육과 감독을 강화하여 안전 품질 지향적인 작업 분위기를 조성하는 것이 중요하다.

안전과 품질 규정을 준수하지 않는 작업자는 자신의 작업 노력에 대한 자부심을 잃게 되는 경향이 있을 수 있으며 이는 재시공 또는 안전사고의 가능성을 증가시키게 된다. 안전관리 조직에 권한을 부여하고 그들의 활동에 대하여 관심을 가지고 지켜보는 것이 필요하다.

Project Manager must look out
for everyone's future

Project는 한시적이다. 하지만 Project에서 함께 일한 시간과 기억은 각자에게 인생의 일부분-4년이면 인생의 1/20, 즉 5%를 차지하므로 그 비중이 작지 않다-으로 영원할 것이다. 또한 이러한 인연은 무형의 소중한 자산이기도 하다. 그러므로 project 기간 중 동료와의 인연을 굳건히 하고 그들의 앞날을 염려하는 것은 당연하고 Leader로서 꼭 해야 할 책무이다.

특히 Local Engineer와 3국 Engineer의 경우 Project가 종료되기 전 충분한 시간을 두고 그들의 다음 직장을 챙기는 것을 소홀히 하면 안 된다. 회사나 한국 회사가 건설 중인 다른 Project에 자리를 알아봐 주거나 어려운 경우 최소한 칭찬이 구구절절한 추천서를 써 주어야 한다.

그리고 Project가 끝나고 헤어져도 잊지 않도록 SNS를 통하여 안부를 묻는 메시지를 보내며 관계를 이어 가는 것이 중요하다.

한번 Project를 함께한 사람과 다음 Project를 하게 된다면 서로에 대한 이해와 신뢰가 바탕이 되어 부드럽고 효율적으로 일을 해 나갈 수 있게 된다.

Project에 문제 발생 가능성을 알리는
Warning Sign을 간과치 마라

Project Manager는 전체 Project를 보고 있어야 하고 볼 수 있어야 한다. 전체를 본다는 것은, Project가 효율적으로 돌아가고 있는지를 판단하고, 문제가 있을 수 있는 징후들을 찾아서 지켜봐야 하는 것을 말한다.

여기에는 다음과 같은 사항들이 포함될 수 있다.

- Project 초기에, 계획 대비 실시 일정 지연이 더 커지기 시작한다. 만회할 수 있다고 생각할 수 있지만, 작업이 지연되는 추세를 빨리 바로잡지 않아 일정 지연이 커지면 이후 만회하는 데 추가적인 Resource의 투입이 요구되거나 회복될 수 없는 충격으로 남을 것이므로 이러한 일정 지연 경고를 인식하고 점검해 보는 것이 필요하다.
- 이미 완료됐어야 하는 용지보상과 지장가옥 이전이 여전히 진행 중임을 알게 되며 이와 관련한 대책에 대하여 알려진 것이 없다.
- 예정에 없던 초과 근무가 시작된다.
- 직원들의 분위기가 침체되는 것이 느껴지고 불만이 들려온다.
- Consultant 혹은 발주자로부터 시공 품질에 대한 불평이 늘어난다.
- 안전관리 활동이 생략되고 소소한 안전사고들이 발생한다.

이와 같은 상황이 나타나면 상황을 개선하거나 시정하려는 노력이 진행되고 있는 것인지, 노력의 결과가 효과적인지를 지켜보고, 도움이 될 만한 지원을 제공하는 것이 필요하다.

문제가 성공적으로 해결되지 않으면 문제를 공론화하여 적극적으로 대처함으로써 Project가 정상 궤도에 오를 수 있도록 한다.

6장 한계를 넘어서
(BEYOND THE LIMITS)

발견으로 가는 진짜 항해는
새로운 풍경을 찾는 것이 아니라,
새로운 눈을 갖는 것이다.

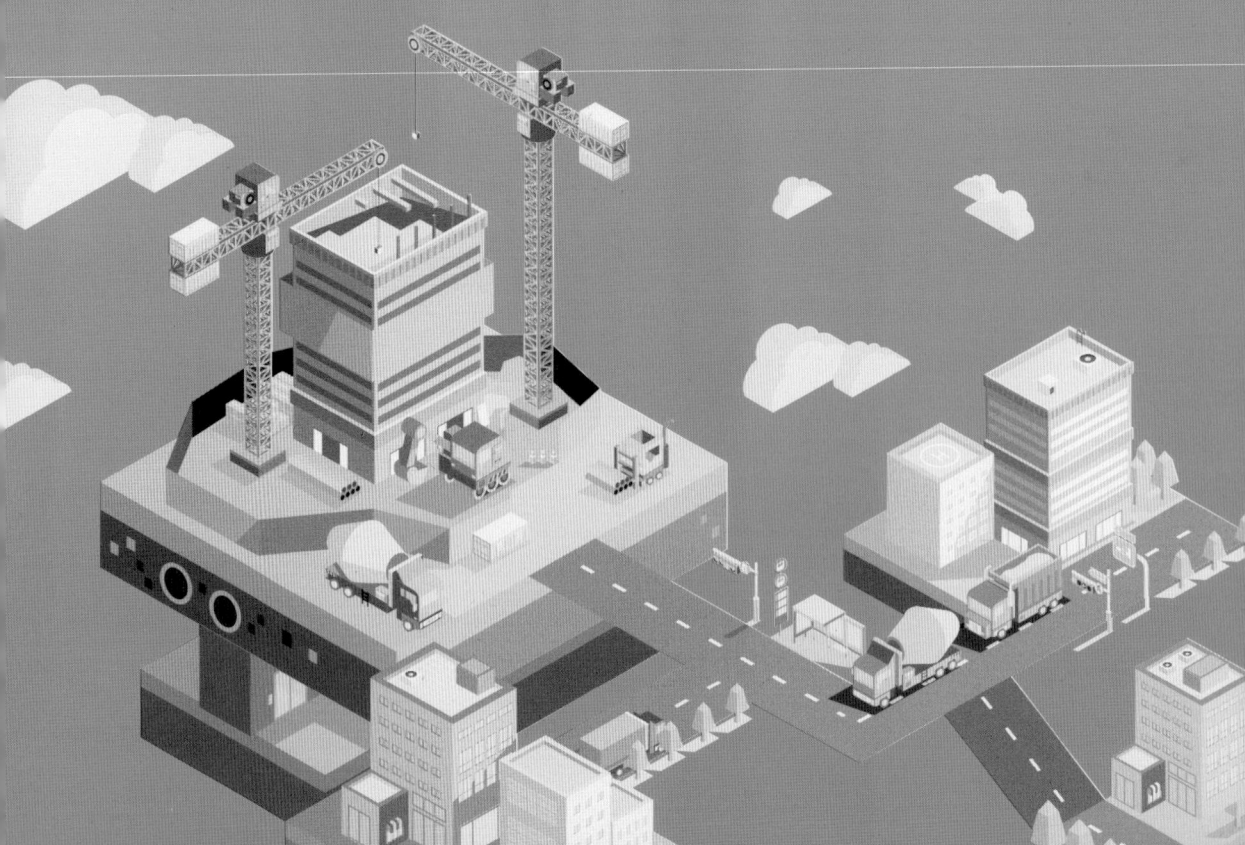

France의 'Millau Viaduct'이다. 교량 형상이 아름답기도 하지만 설계 자체가 파격적이다. 도대체 에펠탑보다 높게 교각을 세운다는 생각을 어떻게 하게 되었을까?

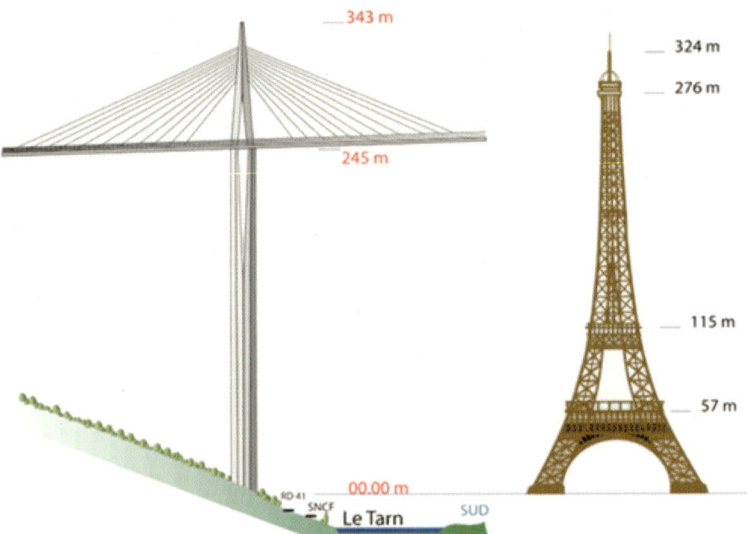

The P2 pylon of Millau Viaduct is the tallest structure in France, taller than the Eiffel tower

Arabian Canal Project
by Limitless

02 Arabian Canal, Dubai, UAE

PROJECT DESCRIPTION
- The largest civil engineering project in Dubai's history, the Arabian Canal will be approximately 75 kilometres long and 75 metres wide
- The new canal will be an innovative development of living, working, leisure, retail and entertainment facilities
- The project includes a 10,000 hectare mixed-use waterfront development, with residential, commercial, retail, entertainment, leisure and civic centres, complemented by green open spaces, public areas and visual attractions
- The Arabian Canal will become a major attraction for the UAE — a place to live, work, shop, dine and relax

OUR ROLE
- Master planning
- Design and development
- Building design and construction
- End-to-end project management and delivery ranging from feasibility to services
- Management of the delivery of the Arabian Canal and co-ordination of stakeholders in the canal component

301

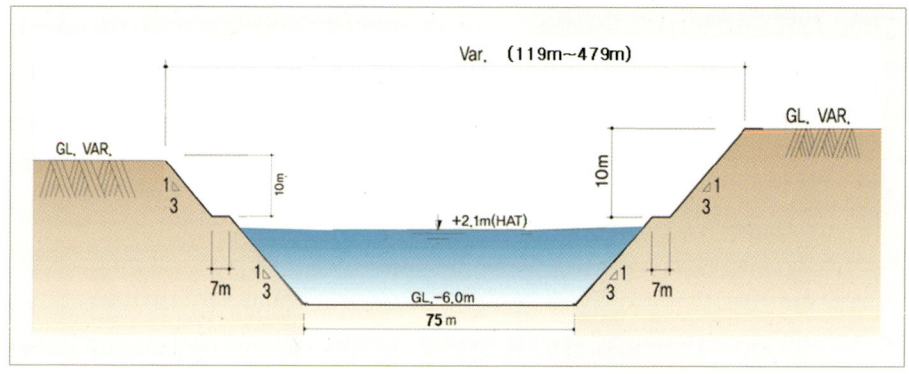

• 절토물량

Soil	2억 5천만 m³
연암	7억 5천만 m³
경암	1천만 m³
계	10억 m³

2007년 10월, Dubai 정부 소유 부동산개발 업체로서 The Palm Jumeirah 와 The World Projects를 진행하고 있던 Limitless사에서 Arabian Canal Project 발주한다는 정보를 입수하였다.

The Palm Jumeirah와 The World Projects가 바다에 준설과 매립을 통하여 새로운 땅을 만들어 도시를 확장하는 사업이라면 Arabian Canal Project

는 내륙 사막 지역으로 수로를 만들어 바닷물을 끌어들임으로써 해변과 같은 환경으로 지역을 개발하는 것으로 목적은 같지만, 건설 방법은 상반된다고 볼 수 있다.

총연장 75km, 저면 폭 75m의 수로 굴착 물량은 10억㎥나 되는데 주어진 공기가 3년이었다. 3년의 공사 기간 중 Mobilization과 후속 작업 공기를 제외하면 굴착 가능 작업 일수는 600일 정도이며 1일 굴착 작업량이 1.7백만㎥ 정도 되어야 한다는 계산이 나온다.

이러한 작업량은 일반 장비로는 답이 없다. 그리하여 찾아낸 방법이 Bucket Wheel Excavator와 Belt Conveyor의 조합이었다.
BWE는 대규모 노천 석탄 광산에서 주로 사용하는 장비로 Conveyor와 조합하여 연속적으로 굴착 작업이 가능하며 최대 용량 장비의 경우 1일 최대 30만㎥의 굴착이 가능하였다.
하지만 제작 기간이 1년 이상 소요되어 우선은 세계 각지의 탄광에서 보유하고 있는 BWE를 조사하여 투입 가능 여부를 확인하였다.

1. **Bucket Wheel Excavator** : 현존하는 최대 자주식 광산용 굴착장비

2. 주요 제작사 : Thyssen Krupp / 독일

3. 종류

구분	소형	중형	대형	
Bucket Wheel Boom 길이	6~20m	20~60m	60m 이상	
효율	100~3,000 m³/Hr	1,500~4,500 m³/Hr	4,000~24,000 m³/Hr	
기타			규격 (m³/Hr)	가격 (Mil. USD)
			1,500	20~30 (추정)
			4,500	50 (추정)
			10,000	80
			20,000	120

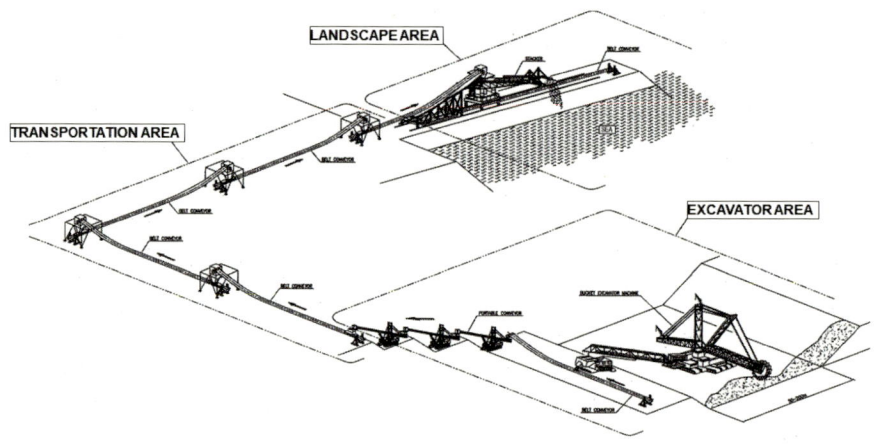

영화 〈Mortal Engines〉의 한 장면과 같은 Bucket Wheel Excavator의 거대한 모습은 잊히지 않는다.

Arabian Canal Project는 100억 불을 훌쩍 넘는 공사금액과 규모를 가지고 세기의 토목 공사로 기록될 수 있었지만 아쉽게도 Dubai의 Financial Crisis로 중단되고 말았다. 하지만 불모지인 사막을 해변으로 바꾸어 쾌적한 삶이 주어지는 환경으로 탈바꿈시킨다는 발상의 전환과 그 계획을 실현하기 위한 시공 Idea는 그야말로 한계를 뛰어넘는 인프라 건설사업의 진수를 보여 주었다고 해도 과언은 아닐 것이다.

South-North Railway Project
100m 높이 성토

Saudi Arabia에서 총연장 1,200km의 철도 건설사업인 Land Bridge Project 입찰 과정으로, 2주에 걸친 Site Survey를 하던 중 건설 공사가 진행되고 있던 South-North Railway Project 현장을 방문하게 되었다.

거기서 목격한 것은 골짜기를 통과하는 구간을 구조물이 아닌 성토로 시공하는 것이었다. 100m가 넘는 높이를 모래로 성토하고 있었는데 사면 경사가 1:3 정도이므로 노선 좌우로 300m가 성토 폭이 되었다.
성토 물량도 대단하여 대형 덤프트럭으로 모래를 운반하고 대형 Dozer로 포설 작업을 하고 있었다. 인근 사막에 모래가 널려 있기는 하지만 100m 높이를 성토한다는 것은 정말 상상 밖이었다.
작업은 대형 덤프트럭으로 운반해 온 모래를 Dozer가 1m 두께로 포설하여 20Ton 중량의 진동롤러로 다짐하는 것으로 진행되었다.

1m 두께를 한 층으로 다지는 것을 화제로 현장 Resident Engineer와 얘기를 나누었는데 사전에 시험시공을 통하여 요구하는 다짐률을 얻었으며 이러한 시공 방법은 다른 Project에서 이미 경험한 것이라는 설명을 들었다.

이러한 성토 방법에 대하여 우리가 당혹감을 느낀 것은 '성토 시 한 층의 높이는 30cm 이하로 한다'는 시방서에 묶여 우리의 생각이 고정되었기 때문이라는 것을 곧 알게 되었다.

성토 작업의 본질은 필요한 지반 강도를 얻는 것이고 성토 재료와 다짐 장비의 다짐 강도에 따라 한 층의 높이는 변화하는 것이 당연한데, 국내에서는 10Ton 진동롤러로 한 층은 30cm가 불변의 정답이라고 생각하고 있었다. 사실 다짐률을 만족시키려고 성토 구간으로 흙을 잔뜩 실은 덤프트럭을 통과시키도록 작업 동선을 짜는 것을 생각해 보면 다짐 작업의 속성을 이해하고 있지만 시방 규정에 속박되어 대놓고 적용할 수 없는 것이 국내 현실이라는 것을 알 수 있다.

Difficulty is Blessing
in disguise

우리는 살아가며 우리의 삶에 울타리를 세운다. 울타리는 익숙함에서 오는 편안함을 제공하고 우리는 만족하며 지내고 있다.

하지만 세상은 진화하고 미래로 나아간다. 변화가 세상의 기본 현상이며 흐름이다. 변화를 울타리 안에서 맞이하느냐 아니면 스스로 변화를 찾아 나가느냐는 선택이다.

후자를 도전이라 부르고 변화에 대처하며 새로운 삶을 만들어 간다. 울타리를 뛰어넘기 위해서는 견실한 디딤대가 필요하다. 기본을 충실하게 이해하고 그 너머에 무엇이 있는지, 호기심과 상상력을 가지는 사람만이 보지 못하던 세상을 볼 수 있다.

인류는 진화를 통해 최적화된 Model이다. 특히, 인간의 뇌는 에너지 절약에 최적화되어 있어 평상시는 최소한의 사고와 활동에 필요한 만큼만 가동하는 에너지 절약 Mode를 유지한다. 문제나 위험에 맞닥뜨릴 때 뇌와 신체는 이를 해결하기 위하여 에너지 절약 Mode에서 벗어나 본격 가동 Mode로 전환하게 된다.

새로운 환경은 우리의 뇌가 에너지 절약 Mode보다 활동 Mode로 남아 있게 하고 New Project가 가져오는 Mission은 최대 부하 상태까지 끌어올리도록 만들 것이다. 이러한 새로움에 대한 도전은 마치 고속도로를 달리고 난 자동차처럼 우리의 능력의 한계치를 높이고 부드럽게 발휘할 수 있도록 만들 수 있다.

먼 길을 떠나는 사람, Homeland를 벗어나 새로운 세계로 발을 내딛는 사람들은 강한 사람들이다. 허약한 심신으로는 낯선 환경에서 모험을 감당할 수 없기 때문이다.
익숙한 국내를 떠나 해외에서 인프라를 건설하는 것도 비슷하다. 해외 건설을 생각하고 있다면 강해져야 한다. 우선 체력적으로 해외에서 생활을 감당할 수 있어야 한다. 시차에서 오는 호르몬 체계의 교란과 기후, 섭생의 다름에서 오는 몸의 Damage를 이겨 낼 수 있는 체력적 저력이 받쳐 줘야 일을 해 나갈 수 있다.

호기심을 가지고 능동적으로 행동하며 새로움을 찾는 여정을 고정 관념과 편견이 이끌어서는 안 된다. 고정 관념과 함께하는 여정은 땅만 보고 걷는 것과 같아서 하늘과 멀리 있는 산을 보며 방향을 잡을 수 없어서 목표를 찾아가는 것을 힘들게 한다.
그러므로 신체적으로 강인함을 추구하는 것과 같이 정신적으로는 유연함을 지키는 것이 중요하다.

경험과 기술에 대한 이해도는 기술자의 가치와 자존감을 지켜주는 척도이고 기술자의 세상은 경험과 알고 있는 지식의 크기와 동일하다. 그렇기에 호기심과 상상력으로 더 큰 세상으로 나아가기를 갈망하는 기술자에게 해외 건설은 새로운 세상을 보여 주고 최고의 기술자로 성장할 수 있는 Momentum을 제공할 것이다.

우리가 기술자로 일을 하는 것은 삶의 방편이지만 또한 삶의 일부로서 의미가 있다. 다만 얼마만큼의 성취감과 만족함을 기대하고 얻느냐는 각자의 선택이다. 그리고 해외 건설이 선택지로 있다는 것은 건설기술자에게 좋은 Merit임이 분명하다.

마치며
(CLOSING)

슬기로운 생활

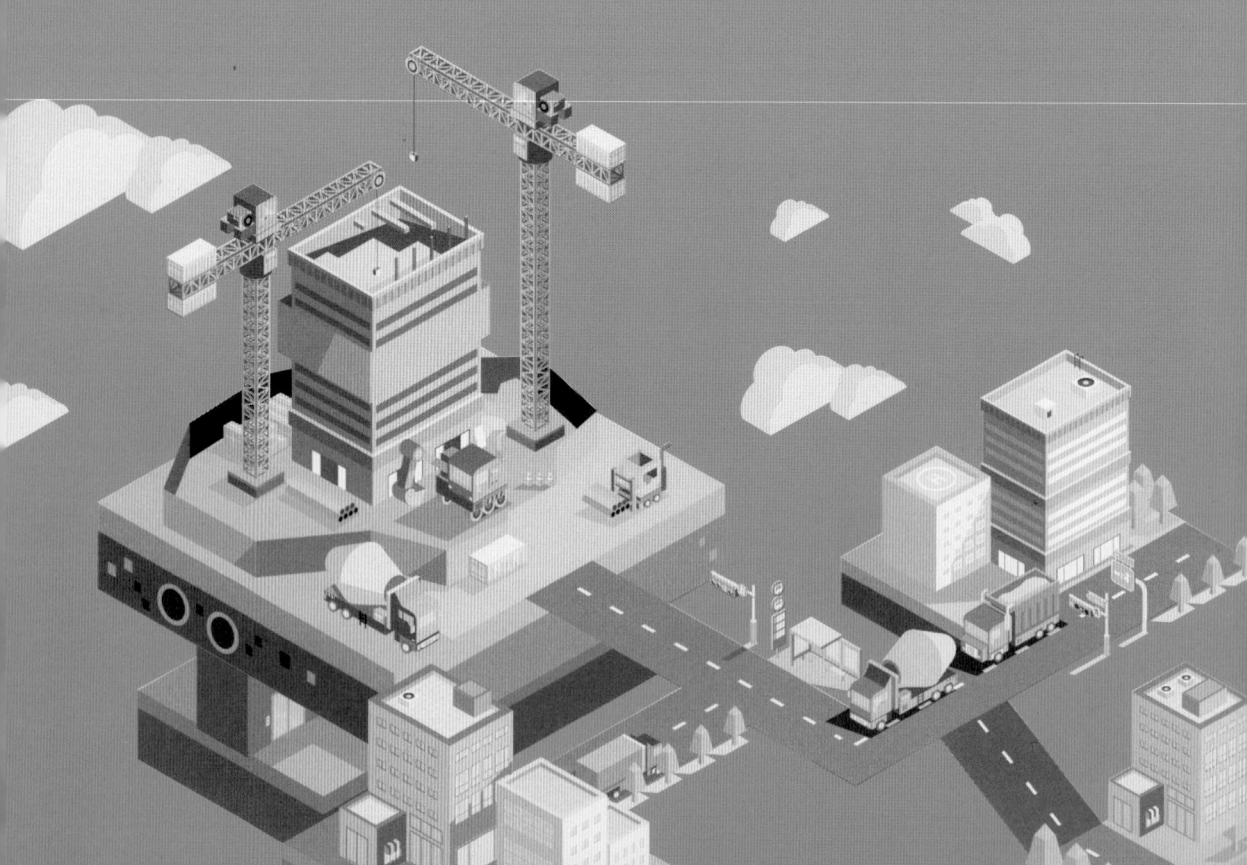

해외 근무의 기본은
건강을 지키는 것에서 시작한다

회사 내 해외 감리 단장으로 근무하시는 선배들이 여러 분 계시다. 대부분 70대인데 얼마 전에는 아프리카 탄자니아 Project에 근무하시던 80대 최고령 단장이 본사의 소환으로 돌아오시기도 하였다.

모두 해외 시공 경험이 빵빵하신 분들로 건설 회사 퇴직 후 해외 감리 분야로 옮겨 활동하고 있다. 이분들은 해외 시공 경력을 가지고 있음으로써 해외 감리 분야에 자리를 잡고 70세를 넘어서까지 일을 할 수 있지만, 국내 시공만 계속했던 다른 기술자들은 극소수만이 퇴직 후 건설 관련 회사에서 경제 활동을 이어 가지만 오래 근무하지는 못하고 건설업계를 떠나게 되는 것이 일반적이다.

사실 50대 후반에 퇴직하면 그런대로 신체적으로 충분한 활동이 가능한 70대 중반까지 20년을 뭘 하며 지내야 할지 막막하다. 직장 생활을 벗어나 여유로운 노후 생활을 생각할 수 있지만 바쁘게 움직였던 직장 생활에서 여유 시간이 진가를 가지는 것이지 일이 없어 시간이 남아도는 상황에서는 오히려 남는 시간이 부담스럽기까지 하다.
취미 생활도 한계가 있어 퇴직 후 남는 시간을 Cover하지는 못한다. 이러한 상황을 생각하면 퇴직 후 해외 감리로 다시 일할 기회를 가지는 것은 소득이 있다는 경제적인 측면과 의미 있는 활동을 하는 노후 생활이라는 점에서 아주

근사하다고 볼 수 있다.

그런데 70대의 감리 선배들을 보고 있으면 다들 여기저기 몸이 고장 나 있다. 하기야 해외 생활을 하다 보면 국내와 달리 신체적인 Damage가 누적될 수밖에 없다.
제일 먼저 느껴지는 이상이 치아이다. 해외 근무 오래 한 사람들은 다들 치아에 문제가 있어 고생한 기억들이 있고 임플란트 몇 개씩은 기본으로 하고 있다. 수면 시간이 바뀜에서 오는 치아의 흔들림, 산도가 높은 열대 과일, 더운 날씨에 많이 마시게 되는 찬 음료 등이 치아 건강을 위협하는 요인들이다.

그 외에도 여러 가지 문제들로 고생을 하고 있는데 이는 기후와 환경으로 인하기도 하지만 균형 잡힌 영양 섭취를 제대로 하지 못한 것이 주원인이라 볼 수 있다. 야채와 수산물로 균형 잡힌 식단 위주의 집밥과 달리 해외에서 식생활은 우리 몸을 건강하게 유지시켜 주지 못한다.
더구나 상남자인 건설 기술자들은 먹는 문제에 신경 쓰는 것을 좀스럽게 생각하며, 있는 대로 먹기도 한다. 사실 신경을 써도 제대로 된 식사를 하기는 쉽지 않다. 수면과 식생활이 우리의 건강을 유지하는 기본임을 생각하면 해외 생활에서 어떻게 건강을 관리할지가 보인다.

해외 근무의 기본은 건강을 지키는 것에서 시작한다.

불편한 몸으로 제대로 일을 할 수 없기 때문이다. 국내 같으면 병원에서 제대로 된 치료를 받으면서 직장 생활을 계속할 수 있고 필요하면 휴가를 낼 수도 있으나 해외 근무는 국내와 같이 할 수 없다.
무엇보다 의료시설이 낙후되고 Capital City에 집중되어 있기에 대도시와 떨어진 현장에서는 혜택을 기대하기 어렵다.

또한 소수의 한국 직원이 투입되는 상황에서 한 사람의 부재도 업무 공백이 커지기 때문이다. Project Manager 입장에서 건강하고 건강한 생활을 하는 직원을 선호할 수밖에 없는 이유이다.

집 떠나면 고생하는 것은 맞는데 건강을 지키지 못하면 집에 돌아와서도 고생하게 된다는 것을 알아야 한다.

우선 자신의 건강을 지키는 것이 가장 중요한 Mission임을 자각하고 Mission을 수행할 Action Plan을 진지하게 고민해 보도록 하자.

해외 생활에서
건강을 지키기 위해서

우선 괜찮은 종합비타민을 준비하여 해외 생활에서 부족할 수 있는 비타민과 필수 미네랄을 보충하자. 여러 가지 이유로 생선 섭취가 어려운 지역은 오메가 3도 필요하다.
이 같은 영양제는 약이 아니라 음식에서 섭취할 수 없거나 부족한 성분을 우리 몸에 보충해 주는 역할을 하므로, 건강을 유지하기 위해 꾸준히 먹는 것이 좋다.

그리고 술 많이 마시지 말자. 더운 나라에서 시원하게 맥주 정도는 괜찮으나 도수가 높은 술을 만취하도록 마시는 것은 삼가는 것이 좋다. 더운 기후와 술의 열기가 더해져 몸이 힘들어한다.

Sun Glass를 착용하자. 우리나라보다 위도가 낮은 지역의 경우 햇빛이 강하므로 야외에서는 꼭 Sun Glass로 눈을 보호해야 눈에 생기는 질환을 예방할 수 있다. Sun Glass는 색이 옅은 것과 진한 것 2개를 마련하여 날씨와 계절에 맞추어 사용하는 것이 좋다.

피부 건강을 위하여 자외선 차단제를 바르고 가급적 외출 시 긴 소매의 옷을 입는 것이 좋다. 햇빛에 자주 노출되어 생기는 증세가 햇빛 알레르기이다. 햇빛을 쬐게 되면 울긋불긋 반점이 생기며 붓기도 한다. 또한 장시간 햇빛에 노출되면 화상을 입을 수 있으므로 귀찮을 수 있으나 매일 피부를 보호하는 것도 신경 쓰며 살아야 한다.

> 베트남 호치민시 Project에 경력직으로 입사한 직원이 충원되었는데 전 직장에서 8년가량 아프리카 Ethiopia와 붙어 있는 Eritrea의 도로 현장에 근무하였다고 자신을 소개하였다.
>
> 얼마 후 현지 연휴에 전 직원 모두 호치민시 남쪽으로, 바다를 끼고 있는 붕따우시 골프 클럽에서 운동을 하게 되었다.
> 모두 자외선 차단제를 얼굴과 팔에 바르고 햇볕을 막기 위한 우산까지 들었는데, 그 직원은 우산도 없이 자외선 차단제도 바르지 않고 맨 얼굴로 나가는 것을 보고 가지고 있던 자외선 차단제를 주며 바르고 나가라고 하였다.
> 그 친구는 "아프리카에서 8년간 근무한 덕분에 피부가 단련되어서 이 정도 햇볕은 문제가 안 된다"고 말하면서 그대로 골프를 시작하였다.
> 9홀을 돌고 클럽하우스에서 앉아 있는 그 직원을 보았는데 노출된 신체 부위가 빨갛게 익었고 얼굴은 부은 것처럼 보였다. "괜찮냐"고 물었더니 몸이 이상해서 후반 9홀은 못 돌 것 같다며 쉬고 있겠다고 하는 것이었다.
>
> 연휴가 끝나고 사무실에 출근한 그 직원의 얼굴과 팔을 보니 온통 크게 물집이 생기고 진물이 나오고 있었다.
> 그 친구 하는 말이 다음 날 병원에 갔더니 햇볕에 과다 노출되어서 발생한 2도 화상이라고 했다며 "베트남이 아프리카보다 자외선이 더 센가 봅니다"라면서 겸연쩍은 표정을 짓는 것이었다.
>
> 그 직원 얼굴에 물집이 가라앉는데 2주가 걸리고 얼굴에 얼룩덜룩하게 남은 상흔은 꽤 오랫동안 사라지지 않았다.

필리핀 댐 Project 현장은 산중에 위치하였기에 Camp에 요리사들을 고용하여 식당을 운영하였다.

더운 나라이고 산중에 있다 보니 냉동 가능한 육류나 가공식품 위주로 메뉴가 구성되고 신선한 야채는 거의 볼 수 없었다.

현장에서 생활한 지 두어 달 정도가 지나자 밑에 직원이 "시내 병원에 가봐야겠다"고 하여 "어디가 아프냐"고 물었더니 "화장실에서 큰일을 보며 항문이 찢어진 것 같다"고 하였다.

그렇게 병원에 다녀온 직원에게 진료 결과를 물어보니 "섬유질이 부족한 식사를 계속해서 그런 일이 생겼다"며 Yellow 망고를 하루에 1~2개 정도 먹으면 아무런 문제가 없을 것이란 의사의 처방을 듣게 되었다.

바로 현장 인근의 농장에서 망고를 사들였고 전 직원 망고 먹기 열풍이 불었다. 다들 같은 문제로 고생하고 있었던 것이었다.

과유불급이라 했던가. 달달한 망고를 너무 좋아해서 저녁 식사 후 4~5개씩 먹어 치우던 직원들이 있었는데 망고 먹기 2달 만에 살이 쪄서 얼굴이 호빵처럼 변했다. Yellow 망고는 섬유질도 많지만, 당분이 많은데 저녁에 4~5개씩 먹으니 살이 찔 수밖에 없던 것이다. 이후 망고를 1개 정도만 먹어도 충분한 것을 몸소 깨달아서 하루 1개 망고가 정량이 되었다.

더운 날씨에 현장에서 일하다 보면 물을 많이 마시게 되는데 마시는 물은 대부분 땀으로 배출되어 하루 종일 소변이 마려운 것을 느끼지 못한다.

몸 안의 물이 순환하고 콩팥에서 걸러져 노폐물과 함께 배출되어야 하는데 더운 환경에서 몸의 온도 조절을 위해 땀으로 다 빠져나가게 되므로 더 이상 콩팥에서 배출할 물이 몸 안에 남아 있지 않게 된다. 결국 기능을 할 수 없게 된

콩팥에서 문제가 생길 수 있는데 매우 심각한 건강상 문제가 된다.

소변을 보지 못한다는 얘기를 들은 현지 Senior Engineer가 물만 먹지 말고 코코넛 Water를 마시라고 알려 주었다. 코코넛 Water를 마시자 얼마 되지도 않아 정말 시원하게 소변을 볼 수 있는 것이 무척 신기하게 느껴졌다.
신토불이. 지역마다 그 지역 환경에 맞게 사람이 사는데 필요한 먹거리가 있다는 말이 맞았다.

인도 고속도로 현장이 Gujarat 주에 위치하였는데 이 지역은 Vegetarian의 본산으로 알려져 있으며 주법으로 금주가 시행되고 있었으나 외국인이었던 우리는 Liqueur Permit을 발급받아 한 달에 맥주 1 box, Whisky 2병을 구입할 수 있었다. 문제는 소고기, 돼지고기를 파는 곳이 없었고 그나마 구할 수 있는 것은 닭고기가 유일했다. 생선류는 바닷가 인근으로 가야 구할 수 있는데 얼음도 없이 더운 날씨에 그대로 내놓고 판매하고 있어서 위생상 피하게 되었다.

이런 상황에서 한국식으로 식사가 쉽지 않아서 점심은 현지식으로 해결하였다. 콩으로 만든 스프인 '달'과 요구르트인 '다히' 그리고 '커리'를 곁들인 '난'이 현지식의 기본으로 이러한 음식과 채소 절임이 곁들여진 인도식 백반인 '탈리'를 주문하거나 가끔은 '탄두리' 치킨을 추가하곤 하였다.

이렇게 인도의 Herb로 풍미를 입힌 채식 위주의 식사를 하자 우선은 속이 편안함을 느끼게 되고 화장실에서 황금색 물건을 만들어 내는 진기를 발휘하게 되었다. 기후와 생활 환경이 우리나라와 많이 달라 고생스럽기는 했지만, 체중이 줄어 다소 Slim해진 건강한 몸으로 인도 Project를 마치고 귀국할 수 있었다. 집에 돌아와 집사람과 포옹하니 체취가 달라졌다고 하는데, 나는 느낄 수 없지만 아마도 인도식 식생활에 따른 Herb 냄새가 나는 것 같았다.

해외 생활 먹거리 중
가장 중요한 것이 '물'이다

우리나라는 대부분 화강암 계열 암반 위주의 지반으로 자연수에 용해 물질이 적고 고도 정수 시설에서 처리된 수돗물이 공급되고 있어 안심하고 먹을 수 있지만, 개발도상국의 경우 그렇지 못한 상황이 대부분이다.
기본적으로 자연수 자체가 깨끗하지 못하고 정수 기술도 떨어져서 음용수 기준에 적합한 물을 제공하지 못하는 것이다.

현지인들은 나름대로 생활의 지혜를 가지고 대처하거나 어느 정도 내성을 지니게 되어 문제가 되지 않지만, 세계에서 최고로 깨끗한 수준의 물을 먹으며 산 우리나라 사람들은 이러한 상황에 탈이 생기지 않을 수 없다.

Project 입찰 관계로 본사 해외영업팀 직원이 전날 현지에 도착하여 인도 New Delhi Hyatt 호텔에 머물면서 함께 아침 식사를 하게 되었다.
Five Star 호텔답게 다양한 음식이 있었으나 가열 조리된 음식 위주로 식사를 하고 있는데 본사 직원은 신선한 야채 샐러드를 가져와 맛있게 먹는 것이었다. 조금 걱정은 되었지만, Hyatt 호텔 자체적으로 2단계 정수 시설을 가동하여 깨끗한 물을 사용한다고 하여 문제가 없을 것으로 생각하였다.

그러나 외부 회의에 참석하고 호텔에 돌아와 저녁때가 되었는데 나오지 않아 연락

> 했더니 설사를 동반한 배탈이 나서 가져온 약을 먹고 쉬겠다고 하는 것이었다. 하지만 증세는 더욱 심해졌고 결국 2일을 더 호텔 방에서 나오지 못하고 고생하다가 치료를 위해 귀국하고 말았다. 국내에서 병원에 입원하고 1주일이 지나서야 나올 수 있었다고 한다.
>
> 해외 출장 와서 제대로 일도 못 하고 항문이 헐 정도로 찐하게 고생한 것이다. 아마도 샐러드의 야채가 제대로 세척이 되지 않은 것이 원인으로 추정할 수도 있지만 그렇지 않더라도 인도에 오는 직원 대부분이 2~3일 안에 정도의 차이는 있지만, 배앓이로 고생을 하는 것을 보면 수돗물의 상태가 문제의 근원이라고 여겨진다.

물에 섞인 대장균을 비롯한 미생물에 기인하는 배앓이 말고도 다른 위험은 용존 석회질이다.
석회질이 녹아 있는 물 때문에 맥주와 와인을 마신다는 유럽 말고도 아시아 많은 지역의 자연수에 석회질이 녹아 있다. 그리고 싱가포르와 일부 국가를 제외하고 정수 기술이 낙후되어 석회질을 제거한 안전한 물을 제공하지 못하고 있기도 하다.

석회질이 녹아 있는 물을 마시게 되면 몸 안에 결석이 생겨 꽤 심각한 문제가 되기도 한다.
인도의 한 현장에서 비슷한 시기에 한국 직원 3명에게 결석이 발생하여 병원 신세를 지게 되었고 조사한 결과 석회질이 검출된 수도물을 그대로 음식 조리에 사용한 것이 결석의 원인으로 추정되었다.

인도 현지인들의 음식은 국물 있는 요리가 거의 없으며 있어도 물이 사용되지 않는다. 커리는 다량의 양파를 볶아 나오는 야채의 물로 만들고 다른 국물이 있는 요리도 야채나 우유를 사용한다.
이렇게 물의 사용을 극히 자제하는 것은 현지의 물이 가지고 있는 문제를 알고 있기 때문이다.

호텔이나 숙소를 얻게 되면 먼저 욕실 세면대나 욕조에 물을 받아 보라.
받아 놓은 물이 깨끗, 투명하면 안심해도 좋다. 그런데 물에 흙이 섞여 있거나 냄새가 난다면 주의해야 한다. 정수 시설도 수준이 떨어지지만, 상수도 공급 Pipe가 노후되고 물탱크 관리가 제대로 되지 않기 때문에, 수돗물에 흙과 같은 이물질이나 심지어 벌레의 사체까지 혼입되는 것이다.
이런 경우 양치질은 꼭 생수를 사용해야 한다.

해외 나가게 되면 우선 마셔도 좋은 물을 찾는 것이 첫번째 할 일이다.
물은 2가지인데 생수(Natural Water)와 Pure Water이다.
우선은 생수를 알아보자. Evian이나 Volvic 같은 수입 생수는 가격도 비싸고 제조일이 오래된 제품이 많으므로 피하고 현지 생수 중에 사람들로부터 인정받는 제품을 선택하는 것이 좋다.
제대로 된 정수 시설 없이 지하수를 담아 판매하는 저렴한 제품도 많으므로 생수라고 다 괜찮을 것이라는 생각은 하지 말기 바란다.

현지 생수 중 신뢰가 가는 제품이 없다면 Pure Water를 찾아보는 것이 좋다. Pure Water는 물에 아무 성분도 남아 있지 않은 100% 물로서 증류수와 같다고 보면 된다. 그러므로 몸에 좋다고는 할 수 없지만 안전한 물이다.

인도 영화 〈Slumdog Millionaire〉에 다 마신 생수통에 수돗물을 채우고 순간접착제로 뚜껑을 붙여 내놓는 장면이 나온다. 인도뿐만 아니라 다른 나라에서도 있는 그대로의 현실이므로 어디서든지 생수를 마실 때는 주의를 하기 바란다.

다음으로는 주방에서 음식 재료를 씻거나 국물 요리에 사용되는 물은 미생물과 석회질을 거를 수 있는 정수기를 설치하여 정수된 물을 사용하도록 하고 주기적으로 필터를 교체하는 것을 잊지 말자.

해외 생활
경계 대상 1호는 모기다

주로 밤에 활동하는 말라리아모기와, 하루살이처럼 작아 눈에 잘 안 띄면서 낮에 활동하며 뎅기열을 옮기는 모기가 있다.
말라리아와 뎅기열 모두 3급 법정 전염병으로 고열과 함께 합병증을 동반하여 매우 고생스러운 질병이다.
말라리아와 뎅기열이 아니더라도 더운 나라 모기에게 물리면 2~3일간 매우 가렵고 진물이 나오다가 피부에 상흔을 남긴다.

현지 사람들은 특이한 향이 나는 고수나 Herb를 음식과 함께 먹기에 모기가 잘 물지 않지만, 우리는 그렇지 않기 때문에 모기가 매우 선호하는 대상이다. 그러기에 한두 방 물리는 것에 그치지 않고 열댓 방씩 물리는 것이 보통이다.
인도 골프장에서 모기에 쫓겨 도저히 운동을 계속할 수 없어서 몇 홀 못 돌고 그만두고 나온 적도 있었다. 그 당시가 인도에 도착한 지 얼마 안 되었을 때인데 너무 열렬한 모기들의 환영을 받았다.

아무튼 모기에 대한 대비는 지나치다 싶을 만큼 준비하여도 부족하여서 말라리아나 뎅기열 환자가 발생하곤 한다.
의외로 현지 사람들은 모기에 대한 경계심이 많지 않다. 아파트나 집 창문에 방충망이 없는 것도 그렇고 모기가 보인다고 애써 잡으려 하지 않는다.

인도 사무실에 들어온 모기를 손바닥으로 쳐서 잡았더니 현지 기술자가 웃으며 잔인하다고 말하는 것을 듣기도 하였다.

모기에 대한 대비로 모기 기피제와 모기장을 사용한다.
모기 기피제는 국내 제품보다 현지에서 잘나가는 제품을 사용하는 것이 더 효과적이다. 해외 모기가 국내 모기 기피제를 무시하고 달려드는 일이 많기 때문이다.
사무실이나 침실에 전자 모기향을 틀어 놓기도 하는데 침실의 경우 밀폐된 상태의 공간으로 장기간 모기향 성분을 호흡하는 것이 신체에 영향이 없다고 생각하기는 힘들다.

그러므로 모기향 대신 좀 불편하긴 하지만 모기장을 사용하면 모기 신경 안 쓰고 숙면을 취할 수 있게 해 주므로 강추한다.

그리고 모기가 싫어하는 Coriander나 Herb가 들어가는 현지 음식을 먹어주는 것이 모기의 습격을 줄이는 데 적지 않은 도움이 되므로 현지 음식과 가까이하는 노력을 하는 것도 좋은 모기 회피 방법이 될 것이다.

뎅기열 감염 사례

아침에 인도네시아 출장에서 돌아와 쉬고 있는데 초저녁부터 미열이 있더니 밤 11시쯤 되자 고열로 증상이 바뀌었다.
왜 갑자기 열이 날까 생각하던 중 전날 인도네시아 자카르타 호텔 야외 테이블에서 점심을 먹으며 모기에 물린 것과 동시에 뎅기열이 떠올랐다. 서둘러 집 인근 대학병원 응급실을 찾아갔다.

열은 더 심해지고 온몸이 떨려 오는데 응급실 담당 의사는 X-ray부터 소변검사, 혈액검사 결과를 봐야 한다며 아무런 치료조치 없이 응급실에 내버려 두는 것이었다. 보다 못해 해외 출장을 얘기하고 뎅기열 같다고 하였으나 열이 나는 질병이 50가지가 넘는다며 필요한 검사를 하여 원인을 알아야 입원 치료가 가능하다고 하는 것이었다.

아침이 되고 딸아이가 지인들에게 알아보더니 "외래 전염병은 국립중앙의료원으로 가야 한다"고 하였다.

국립중앙의료원 외래 전염병 전문의는 증세를 보고 인도네시아 출장 얘기를 듣더니 뎅기열이라고 진단하고 바로 입원하여 필요한 치료를 받게 하였다.

그렇게 입원하여 고열로 온몸이 벌겋게 변하고 열 두드러기가 생기면서 고생하였으나 4일 정도가 지나자 증세가 완화되고 1주가 지나자 미열 수준으로 호전되었다. 그러나 주기적인 혈액 검사 결과 간 수치가 높은 상태여서 좀 더 치료가 필요하여 1주를 더 병원에 있다가 퇴원하였다.

사실 일반 병원 의사는 뎅기열 같은 외래 전염병을 접할 기회가 없고, 공부하지도 않으므로 손대기 어려운 낯선 질병이다.
국립중앙의료원은 국가적으로 이러한 외래 전염병을 전문으로 연구하는 기관이므로, 신속한 진단과 적절한 치료가 가능하다.
담당했던 의사는 얼마 후 브라질 월드컵 선수단 팀 닥터로 파견되었는데 선수들의 외래 전염병에 감염 가능성에 대비한 조치였다.

그러므로 국내에서 뎅기열이나 말라리아 등 외래 전염병을 치료한다면 꼭 국립중앙의료원을 찾아가기 바란다.

자주 에어컨에서
벗어나자

더운 나라에서 일한다고 하루 종일 밖에 있는 것은 아니다. 맡은 일에 따라 다르겠지만 에어컨이 빵빵한 실내에서 근무하는 사람도 있고 공사 Part라 하여도 실내에 있는 시간이 적지 않을 것이다.

에어컨이 시원한 실내에서 생활하게 되면 몸의 체온이 떨어지고 신진대사가 느려진다. 무기력감이 느껴지기도 하고 기초 대사량이 줄어들어 체중이 늘어나기도 한다. 그리고 덥다고 에어컨의 시원함에 움직이지 않고 있으면 냉방병에 걸리기 십상이다.

특히 덥다고 에어컨을 틀어 놓고 자게 되면 냉방병에 걸려 고생하게 되니 자기 전에 에어컨을 틀어 실내 온도를 낮춰 놓은 다음에 에어컨을 끄고 자는 것이 좋다.

그러므로 에어컨이 가동 중인 실내에서 너무 오래 앉아 있지 말고 한 시간마다 밖에 나가 움직여서 몸을 활성화하자.

그리고 땀을 흘리는 운동을 해야 한다. 저녁이나 아침 일찍 하루에 30분 이상 시간을 내어 땀을 흘려 운동을 하게 되면 호흡이 깊어지고 신체를 정상 컨디션으로 유지할 수 있다.

그리고 골프를 시작해 보자. 국내와 비교하여 저렴한 비용으로 골프를 즐길 수 있고 무엇보다 4~5시간을 야외에서 활동함으로써 부족한 운동량을 채울 수 있다. 그리고 동반자와 가까워지는 기회는 덤이다.

현지에서
Master Degree를 받아 보자

Mobilization이 끝나고 Project 진행이 Routine 하게 돌아가기 시작하면 현지 대학의 Master Degree 취득 과정에 대해 알아보기를 강추 한다.
현지 대학에서 Master Degree를 얻는 것은 몇 가지 좋은 점이 있다.

우선 국내와 비교해 학비가 많이 저렴하다는 것이다.
국내라면 석사과정 학비가 수천만 원은 들겠지만 대부분 아시아 국가 대학의 석사과정 등록금은 전혀 부담스럽지 않은 수준이다. 그래서 가능하다.

다음으로 꼽을 수 있는 것이 수업과 Report 그리고 논문을 준비하며 영어 구사 능력을 몇 단계 Level Up 시킬 수 있다는 점이다.
서남 아시아권은 영어를 사용하므로 언어적인 문제가 없을 터이고 동남아시아 국가도 석사과정을 영어로 진행하는 대학이 꽤 있으므로 과목과 위치를 고려하여 선택하면 될 것이다. 과목은 건설 관련이면 좋고 아니면 교통, 환경, 도시공학 그리고 경영 관련 과정도 나쁘지 않을 것이다.

학연 관련 Network는 어디서나 꽤 강력한 Network 중 하나라고 볼 수 있다.
현지 대학의 교수진과 함께 과정에 참여한 교육생과의 인연은 언제라도 필요시 서로 도움을 주고받을 수 있는 현지 Network로 남을 것이다.

CV와 명함에 Master Degree라고 쓰게 되면 생각보다 큰 위력을 발휘한다. 대학을 졸업한 Engineer는 모두 Bachelor Degree이기 때문에 특별히 명시하지 않지만, Master Degree는 특별하기에 관심을 가지고 보게 되고 일단은 전문가로 인정한다.
이러한 인식은 특히 발주처 관계에서 Advantage로 작용해서 발언에 무게감을 주게 되고 부정적 대응을 삼가게 하는 효과가 있다.

Master Degree를 발판으로 추후 Doctor Degree에 도전할 수 있다.
어느 나라 어느 대학에서 받든 Doctor Degree는 Doctor로 인정한다. Master Degree가 있다면 언제든 기회를 만들어 Doctor 과정에 들어갈 수 있고 Doctor가 될 수 있다.

건설 기술자로 Long Run 할 수 있는 강력한 무기가 된다.
외국에서 국내 기술사는 알아주지 않는다. 차라리 Master Degree가 더 인정 받는다. 근래에 들어 해외 감리단장 자격으로 Master Degree를 요구하는 발주처가 늘어나고 있는 것이 이를 뒷받침하고 있다.
굳이 감리용역 회사가 아니라 건설 회사에서도 Master Degree를 가진 Engineer를 우대할 수밖에 없는 것이 그들이 분명히 조금 더 공부했기에 유능하다고 생각하기 때문이다. 그리고 해외 현장에서 Master Degree를 취득한 Engineer는 확실하게 유능하고 해외 Project에 필요한 사람일 수밖에 없다.

해외 근무와
가족생활

직장 생활의 궁극적 목적은 가족과의 삶이다. 아내와 아이들이 삶의 의미를 느끼게 하고 원하는 것을 찾아 나설 힘을 길러 주는 것이 가족을 돌봐야 하는 아빠이자 남편으로서 의무이다. 이런 면에서 해외 근무는 약간의 경제적 여유 외에도 가족에게 줄 수 있는 것이 있다.

해외 근무를 통해 Global Businessman이 되어서 유럽으로 가족 여행을 떠나 보자. 유창한 영어뿐만 아니라 외국 사람들과 자연스럽게 대화하는 자세, 표정을 보여 주며 멋있는 가장이 되는 것이다.

가족의 존경은 세상 그 무엇보다 큰 행복이자 삶의 에너지가 된다. 가족들은 낯선 세상에서 가장의 가이드에 안전함을 느끼고 가장에 대한 신뢰와 친밀감이 급상승하는 계기가 될 것이다.

또한 아이들은 우리의 생각보다 빨리 낯섦이 주는 스트레스를 이겨 내고 익숙하지 않은 환경에 적응하는 잠재력을 발휘하며 새로운 것에 관심을 쏟는다. 더불어 다른 세상으로의 여행은 아이들이 나름의 세계관을 갖게 하고 삶에 있어 선택의 폭을 넓히는 데 큰 도움이 될 것이다.

해외 근무에 가족을 동반할 수 있는 환경이면 같이 해외에서 사는 것을 강력히 추천한다. 서로 떨어져 있는 가족을 그리워하고 걱정하는 것, 그리고 무엇보다 시간과 기억을 공유할 수 없다는 것이 무척 힘들 수 있기 때문이다.

낯선 해외에서의 생활은 두고두고 가족이 공유하는 추억이 될 것이다. 아이들도 현지 학교의 새로운 환경에 적응하며 더욱 성장할 것이다.
다만 가족이 현지로 이사하는 시기는 Mobilization이 끝나는 즈음이 바람직하다. 현지로 가족이 너무 일찍 오게 되면 본인도 현지 사정을 잘 모르기 때문에 가족을 위한 준비가 미비할 수 있고, 무엇보다 Mobilization 기간은 할 일이 많은 가장 바쁜 기간이라 가족에게 신경을 쓸 시간이 거의 없다. 낯선 곳에 와서 불안한데 가장이 돌봐 주지 못하면 원성이 생기고 불만과 함께 해외 생활을 시작하게 되는 것이다.

그러므로 Mobilization 동안 시공 준비를 열심히 하면서, 한편으로는 현지 사정을 파악하며 가족들을 위한 준비를 찬찬히 한 후 가족들이 오도록 하는 것이 최선이 될 것이다.

참고 문헌

1. 유정식, 『Scenario Planning』 지평, 2009
2. 한국건설기술연구원, 『해외공사 손익 분석 및 수익성 제고 방안_2002』
3. FIDIC 2018 Condition of Contract for PLANT and DESIGN-BUILD
4. Dr. Frank T. Anbari Professor of Management Science, 『Project Management Handbook』 The George Washington University, 2006
5. 한미파슨스, 『Construction Management A To Z / CM 프로젝트 이렇게 관리하면 성공한다!』
6. 김승철/이재승, 『글로벌 스탠다드 프로젝트 경영』 한경사, 2010
7. CATERPILLAR, 『CATERPILLAR PERFORMANCE HANDBOOK 48』, 2018
8. 현대건설, 『현대건설 70년사』
9. 현대중공업그룹, 『현대중공업그룹 50년사』